JN441137

예제가 풍부해서
이해가 잘되는

실해석학

조성진 · 이병수 · 강미광 지음

머리말

이 책의 초판은 1998년에 발행되었으며 2007년에 개정판을 내게 되었다. 그러나 많은 노력 끝에 다시 다음과 같은 이유로 2014년에 개정3판을 내게 되었다.

첫째, 임용고사를 준비하는 수험생들과 일반화된 적분개념에 관심이 많은 사람들에게 도움이 되고자 3장과 4장에 다음과 같은 내용을 추가하였다.

3.6절 Riemann-Stieltjes 적분
4.3절 균등수렴과 이상적분
4.4절 매개변수에 의존하는 이상적분

둘째, 개정2판에서의 풍부한 예제들에 덧붙여 더 좋은 예제들을 추가하였다.
셋째, 개정2판에서의 정리들이나 예제들의 증명을 독자들이 보다 쉽게 이해할 수 있도록 증명을 보완하고 풀이를 쉽게 하였다.
넷째, 연습문제의 정답을 보완
다섯째, 내용의 흐름이 원활하게 하기 위해 부분적으로 내용을 수정하고 사소한 오류 정정

이번에는 다음과 같은 이유로 개정4판을 내게 되었다.

무엇보다도 시대적인 요청이 개정4판을 내게 된 가장 큰 이유이다. 지금의 세계는 4차산업혁명과 빅데이터가 주된 관심이 되어 있는, 한마디로 AI시대라 할 수 있다. 이러한 AI시대에는 측도 개념이 중요한 역할을 하므로 이를 부각시키기 위해 좀 더 쉬운 예제와 설명으로 내용을 보완하고 그림을 추가하였다. 전체적으로 곳곳에 설명을 추가하여 독자들의 이해의 폭을 넓히고 금융과 통계처리에서 쉽게 활용할 수 있도록 노력하였다.

아무쪼록 독자들이 개정4판을 통하여 일반화된 적분 개념에 대한 학습이 충실하게 이루어져 AI시대의 응용분야에서 많은 도움이 되길 바라며 저자들은 앞으로 계속해서 이 책을 보완하여 더욱더 좋은 책이 되도록 노력할 것이다.

끝으로 여러 가지 어려움 속에서도 개정4판을 출판하는데 힘과 정성을 쏟아주신 (주)교우 오판근 사장님께 깊은 감사를 드리며 이 책의 교정에 많은 시간과 정성을 다해준 김진경 박사님과 부경대학교 대학원 응용수학과의 강성원 학생에게도 깊은 감사를 드린다.

저자 일동

차 례

집합론

1.1 함수와 집합연산(Function and Set Operation)

정의 1.1.1

두 집합 X, Y에 대하여 f를 X에서 Y로의 **함수**(function)라 함은 X의 각 원소 x에 대하여 Y의 유일한 원소 $f(x)$가 대응되는 규칙을 말한다. f가 X에서 Y로의 함수일 때 $f: X \to Y$로 쓴다.

■

(가) X를 f의 **정의역**(domain)이라 하고 Y를 f의 **공역**(codomain) 또는 공변역이라 하며 f에 의하여 얻어진 값들의 집합, 즉 $\{y \in Y \mid \exists x \in X ; y = f(x)\}$를 f의 **치역**(range)이라 한다. f의 치역이 Y일 때, f를 **전사함수**(onto function 또는 surjective function)라 한다.

(나) $A \subset X$일 때 다음을 f에 의한 A의 **상**(image)이라 한다.

$$f(A) = \{y \in Y \mid \exists x \in A ; y = f(x)\}$$

(다) f의 치역은 $f(X)$이다.

(라) f가 전사함수일 필요충분조건은 $Y = f(X)$이다.

(마) $B \subset Y$일 때, f에 의한 B의 **역상**(inverse image)을 다음과 같이 정의한다.

$$f^{-1}(B) = \{x \in X : f(x) \in B\}$$

(바) $f(x_1) = f(x_2)$ 이면 $x_1 = x_2$일 때, f를 **단사함수** 또는 **일대일함수**(one-to-one function 또는 injective function)라 한다.

(사) 단사함수이며 전사함수인 함수 $f: X \to Y$를 **전단사함수**(bijective function) 또는 **일대일대응**이라 한다. 이 경우에 함수 $g: Y \to X$가 존재하여 모든 x, y에 대하여 $g(f(x)) = x$이고 $f(g(y)) = y$이다. 함수 g를 f의 **역함수**(inverse function)라 하고 f^{-1}라 쓴다.

(아) 두 함수 $f: X \to Y$와 $g: Y \to Z$에 대하여 $h: X \to Z$를 $h(x) = g(f(x))$라 하자. h를 f와 g의 **합성함수**(composition function)라 하고 $h = g \circ f$라 쓴다.

(자) $f: X \to Y$이고 $A \subset X$일 때, 각 $x \in A$에 대하여 $g(x) = f(x)$를 만족하는 함수 $g: A \to Y$를 f의 A로의 **제한**(restriction)이라 하고 $f|_A$로 쓴다.

(차) $A \subset \mathbb{R}$라 하자.

$$\chi_A(x) = \begin{cases} 1, & x \in A \\ 0, & x \notin A \end{cases}$$

로 주어지는 함수 $\chi_A: \mathbb{R} \to \{0, 1\}$를 A의 $\mathbb{R}$에 관한 **특성함수**(characteristic function)라 한다.

정의 1.1.2

자연수 전체의 집합 $\mathbb{N}$을 정의역으로 하고 실수들의 집합을 공역으로 갖는 함수 U를 **무한수열**(infinite sequence)이라 한다. 특히 어떤 $n \in \mathbb{N}$에 대하여 $\{i \in \mathbb{N} \mid i \le n\}$를 정의역으로 갖는 함수를 **유한수열**(finite sequence)이라 한다. U를 수열(유한 또는 무한)이라 할 때 n의 상 $U(n)$을 x_n이라 적는다. 유한수열은 $< x_i >_{i=1}^{n}$라 쓰고 무한수열은 $< x_i >_{i=1}^{\infty}$라 쓴다. 혼동할 염려가 없을 때는 간단히 $< x_i >$로 쓴다. 수열 $< x_i >$의 치역은 $\{x_i\}$로 적는다. ■

(가) U를 무한수열이라 하고 $k: \mathbb{N} \to \mathbb{N}$를 $n < m$이면 $k(n) < k(m)$인 성질을 갖는 함수라 하자. 이 때 합성함수 $U \circ k$를 U의 **무한부분수열**(infinite subsequence)이라 한다. 원소 $(U \circ k)(n)$을 $U_{k(n)}$이라 쓰고 부분수열 $U \circ k$를 $< U_{k(n)} >$라 쓴다.

(나) $\mathbb{N}$을 정의역, 집합들의 모임을 공역으로 하는 함수를 **집합열**(sequence of sets)이라 한다.

주어진 집합 X에 대하여 $\mathscr{P}(X)$를 X의 모든 부분집합들의 집합이라 하자. $\mathscr{P}(X)$의 원소들 사이의 연산을 다음과 같이 정의한다.

정의 1.1.3

(1) $A, B \in \mathscr{P}(X)$일 때, $A \cap B = \{x : x \in A$ 이고 $x \in B\}$를 A와 B의 **교집합**(intersection)이라 한다.

(2) $A, B \in \mathscr{P}(X)$일 때, $A \cup B = \{x : x \in A$ 또는 $x \in B\}$를 A와 B의 **합집합**(union)이라 한다.

(3) $A \in \mathscr{P}(X)$일 때, $A^c = \{x \in X : x \notin A\}$를 A의 **여집합**(complement)이라 한다.

(4) $A, B \in \mathscr{P}(X)$일 때, $A - B = \{x : x \in A$ 이고 $x \notin B\}$를 B의 A에서의 **상대적 여집합**(relative complement)이라 한다.

■

다음 정리의 증명은 생략한다.

[정리 1.1.4]

(1) $A \cup B = B \cup A$

(2) $A \cup (B \cup C) = (A \cup B) \cup C$

(3) $A \subset A \cup B$

(4) $A = A \cup B \Leftrightarrow B \subset A$

(5) $A \cap (B \cup C) = (A \cap B) \cup (A \cap C)$, $A \cup (B \cap C) = (A \cup B) \cap (A \cup C)$

(6) $A \cup \varnothing = A$, $A \cap \varnothing = \varnothing$, $A \cup X = X$, $A \cap X = A$

(7) $\varnothing^c = X$, $X^c = \varnothing$, $(A^c)^c = A$, $A \cup A^c = X$, $A \cap A^c = \varnothing$, $A \subset B \Leftrightarrow B^c \subset A^c$

(8) $(A \cup B)^c = A^c \cap B^c$, $(A \cap B)^c = A^c \cup B^c$

(9) $A - B = A \cap B^c$

정의 1.1.5

두 집합의 교집합이 공집합일 때, 그 두 집합은 **서로소**(disjoint)라 한다.

■

두 집합의 합집합 그리고 교집합의 정의를 확장하여 임의의 집합들에 대하여 다음과 같이 정의한다.

정의 1.1.6

I를 첨자들(indices)의 집합이라 하고 X를 주어진 집합이라 하자. $\{A_i\}$를 X의 부분집합들의 집합족이라 할 때

(1) $\bigcap_{i\in I} A_i$를 $\{x\in X \mid \forall\, i\in I,\ x\in A_i\}$로 정의하고 A_i 들의 **교집합**(intersection)이라 한다.

(2) $\bigcup_{i\in I} A_i$를 $\{x\in X \mid \exists\, i\in I: x\in A_i\}$로 정의하고 A_i 들의 **합집합**(union)이라 한다.

■

(가) 이때에도 De Morgan의 법칙은 성립한다. 즉

$$[\bigcup_{i\in I} A_i]^c = \bigcap_{i\in I} A_i^c,\ [\bigcap_{i\in I} A_i]^c = \bigcup_{i\in I} A_i^c$$

(나) 함수 $f: X\to Y$가 주어지고 $\{A_i\}_{i\in I}$를 X의 부분집합들의 집합족이라 하면

$$f(\bigcup_{i\in I} A_i) = \bigcup_{i\in I} f(A_i)$$

가 성립한다. 또한 $\{B_j\}_{j\in J}$를 Y의 부분집합들의 집합족이라 할 때

$$f^{-1}(\bigcup_j B_j) = \bigcup_j f^{-1}(B_j),\ f^{-1}(\bigcap_j B_j) = \bigcap_j f^{-1}(B_j)$$

가 성립한다.

(다) $B\subset Y$에 대하여

$$f^{-1}(B^c) = [f^{-1}(B)]^c$$

(라) $A\subset X,\ B\subset Y$에 대하여

$$A\subset f^{-1}[f(A)],\ f[f^{-1}(B)]\subset B$$

연습문제 1.1

1. 다음이 동치임을 보여라.

(1) $A \subset B$　　(2) $A \cap B = A$　　(3) $A \cup B = B$

2. $A \subset B$일 필요충분조건은 $B^c \subset A^c$임을 보여라.

3. $A \Delta B = (A - B) \cup (B - A)$라 정의할 때, 다음이 성립함을 보여라.

(1) $A \Delta B = B \Delta A$　　(2) $A \Delta (B \Delta C) = (A \Delta B) \Delta C$

(3) $A \Delta B = \varnothing$ 일 필요충분조건은 $A = B$이다.

(4) $A \Delta B = X$일 필요충분조건은 $A = B^c$이다.

(5) $A \Delta \varnothing = A$　　(6) $A \Delta X = A^c$

(7) $(A \Delta B) \cap E = (A \cap E) \Delta (B \cap E)$

4. 임의의 합집합과 교집합에 대한 De Morgan의 법칙을 증명하여라.

(1) $[\bigcup_{i \in I} A_i]^c = \bigcap_{i \in I} A_i^c$　　(2) $[\bigcap_{i \in I} A_i]^c = \bigcup_{i \in I} A_i^c$

5. 다음을 증명하여라.

(1) $f(\bigcup_{i \in I} A_i) = \bigcup_{i \in I} f(A_i)$　　(2) $f(\bigcap_{i \in I} A_i) \subset \bigcap_{i \in I} f(A_i)$

6. 다음을 증명하여라.

(1) $f^{-1}(\bigcup_j B_j) = \bigcup_j f^{-1}(B_j)$　　(2) $f^{-1}(\bigcap_j B_j) = \bigcap_j f^{-1}(B_j)$

7. 함수 $f : X \to Y$에 대하여 $A \subset X$이고 $B \subset Y$일 때,

(1) ① $A \subset f^{-1}[f(A)]$, ② $f[f^{-1}(B)] \subset B$임을 보여라.

(2) (1)에서 등호가 성립할 필요가 없음을 예를 들어 보여라.

(3) $f : X \to Y$가 전사함수이면 $f[f^{-1}(B)] = B$임을 보여라.

1.2 집합대수(Algebras of Sets)

정의 1.2.1

주어진 집합 X의 부분집합들의 집합족 $\mathscr{A}$가 다음 두 조건을 만족할 때, $\mathscr{A}$를 **집합대수**(algebra of sets)라 한다. (단, $\mathscr{A} \neq \varnothing$)

① $A \in \mathscr{A} \Rightarrow A^c \in \mathscr{A}$

② $A, B \in \mathscr{A} \Rightarrow A \cup B \in \mathscr{A}$

■

(가) De Morgan 법칙에 의하여

③ $A, B \in \mathscr{A} \Rightarrow A \cap B \in \mathscr{A}$

가 성립한다. 따라서 $\mathscr{A}$가 ①과 ③을 만족하여도 집합대수가 된다.

(나) $\mathscr{A} \neq \varnothing$가 X의 부분집합들의 집합대수이면 $\varnothing, X \in \mathscr{A}$이다.

(다) 집합대수는 유한 합집합과 유한 교집합에 대하여 닫혀있다. 집합대수 $\mathscr{A}$가 **σ-대수**(σ-algebra)라는 것은 $< A_n >$이 $\mathscr{A}$의 원소들의 집합열로서 $\bigcup_{n=1}^{\infty} A_n \in \mathscr{A}$을 만족할 때를 말한다.

명제 1.2.2

$\mathscr{B}$를 X의 부분집합들의 집합족이라 하면 $\mathscr{B}$를 품는 최소의 σ-대수 $\mathscr{A}$가 존재한다.

증명 $\mathscr{F}$는 $\mathscr{B}$를 품는 σ-대수들의 집합족이라 하자. 그러면 X의 모든 부분집합들로 이루어진 집합 $\mathscr{P}(X)$는 σ-대수이므로 $\mathscr{F} \neq \varnothing$이다. $\mathscr{A} = \bigcap \{D : D \in \mathscr{F}\}$라 두면 $\mathscr{A}$는 σ-대수이다. 만일 $\mathscr{U}$가 $\mathscr{B}$를 품는 σ-대수라면 $\mathscr{U} \in \mathscr{F}$이고 $\mathscr{U} \supset \mathscr{A}$이다. 따라서 $\mathscr{A}$는 $\mathscr{B}$를 품는 최소의 σ-대수이다.

■

(가) 명제 1.2.2의 σ-대수 $\mathscr{A}$는 $\mathscr{B}$에 의해서 생성된(generated) σ-대수라 한다.

(나) 명제 1.2.2는 "σ-대수" 대신에 "집합대수"일 경우에도 성립한다.

예제 1.2.3

(1) $X=\{1, 2, 3, 4\}$라 하고 $\mathscr{B}=\{\{1\}, \{2\}\}$라 하면 $\mathscr{B}$에 의해서 생성된 σ-대수는 $\mathscr{A}=\{\varnothing, X, \{1\}, \{2\}, \{1, 2\}, \{3, 4\}, \{1, 3, 4\}, \{2, 3, 4\}\}$이다.

(2) $X=[0, 1]$라 하고 $\mathscr{B}=\{\{0\}, \{1\}\}$라 하면 $\mathscr{B}$에 의해서 생성된 σ-대수는 $\mathscr{A}=\{\varnothing, X, \{0\}, \{1\}, \{0, 1\}, (0, 1], [0, 1), (0, 1)\}$이다.

명제 1.2.4

$< A_n >$을 집합열이라 하자. 또 다른 집합열 $< B_n >$이 $B_1 = A_1$ 그리고 자연수 $n(>1)$에 대하여 $B_n = A_n - \bigcup_{k=1}^{n-1} A_k$이라 하자. 그러면 $\bigcup_{n=1}^{\infty} A_n = \bigcup_{n=1}^{\infty} B_n$이다. (단, B_n들은 서로소(pairwise disjoint)이다.)

증명 $x \in \bigcup_{n=1}^{\infty} A_n$이라 하면 $x \in A_n$인 $n \in \mathbb{N}$이 존재한다. $n_0 = \min_{n\in\mathbb{N}}\{n \mid x \in A_n\}$라 하자. $n=1, 2, \cdots, n_0-1$일 경우는 $x \notin A_n$이므로 $x \in B_{n_0} \subset \bigcup_{n=1}^{\infty} B_n$이며 따라서

$$\bigcup_{n=1}^{\infty} A_n \subset \bigcup_{n=1}^{\infty} B_n$$

이다. 한편 모든 $n \in \mathbb{N}$에 대하여 $B_n \subset A_n$이므로 $\bigcup_{n=1}^{\infty} B_n \subset \bigcup_{n=1}^{\infty} A_n$이며 따라서 $\bigcup_{n=1}^{\infty} A_n = \bigcup_{n=1}^{\infty} B_n$이다. 마지막으로, $m \neq n$이면 $m > n$ 또는 $m < n$이므로 $m < n$이라 가정하자. $m < n$이면 $B_m \cap B_n = \varnothing$이다. 왜냐하면 $x \in B_n$이면 $x \notin \bigcup_{k=1}^{n-1} A_k$이고 $x \notin A_m$이므로 $x \notin B_m$이다. ■

연습문제 1.2

1. $< A_n >_{n=1}^{\infty}$을 집합열이라 하고 $B_n = \bigcup_{k=n}^{\infty} A_k$이고 $C_n = \bigcap_{k=n}^{\infty} A_k$라 할 때, 다음을 증명하라.

(1) $\bigcup_{n=1}^{\infty} A_n = \bigcup_{n=1}^{\infty} B_n$ (2) $\bigcap_{n=1}^{\infty} A_n = \bigcap_{n=1}^{\infty} C_n$

2. $< A_n >_{n=1}^{\infty}$을 집합열이라 할 때, $\bigcap_{n=1}^{\infty} A_n = \left[\bigcup_{n=1}^{\infty} A_n^c\right]^c$ 임을 보여라.

3. $f : X \to Y$가 단사함수이고 A, B가 X의 부분집합일 때, $f[A \cap B] = f[A] \cap f[B]$ 임을 보여라.

4. $f : X \to Y$가 단사함수이고 $< A_i >$를 X의 부분집합열일 때, $f(\bigcap_{i \in I} A_i) = \bigcap_{i \in I} f(A_i)$ 임을 보여라.

1.3 선택공리와 무한 직적(The Axiom of Choice and Infinite Direct Products)

선택공리(Axiom of Choice) : $\mathscr{C}$를 공집합이 아닌 집합들의 모임이라 하자. 그러면 $\mathscr{C}$ 위에서 정의된 함수 F가 존재하여 각 $A \in \mathscr{C}$에 대하여 $F(A) \in A$이 된다.

(가) 함수 F를 선택함수라 부른다.

정의 1.3.1

$\mathscr{C} = \{X_\lambda\}$를 첨자가 Λ의 원소인 첨자가 있는 집합들의 모임이라 하면 **직적**(direct product) $\prod_{\lambda \in \Lambda} X_\lambda$를

$$\prod_{\lambda \in \Lambda} X_\lambda = \{\{x_\lambda\} : x_\lambda \in X_\lambda\}$$

라 정의한다.

(가) $\lambda \in \Lambda$가 존재하여 $X_\lambda = \varnothing$이면 $\prod_{\lambda \in \Lambda} X_\lambda = \varnothing$이다.

(나) 선택공리는 다음과 동치이다 : "모든 $\lambda \in \Lambda$에 대하여 $X_\lambda \neq \varnothing$이면 $\prod_{\lambda \in \Lambda} X_\lambda \neq \varnothing$이다."

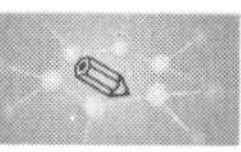

연습문제 1.3

1. 주어진 전사함수 $f : X \to Y$에 대하여 $f \circ g$가 Y 위에서 항등함수가 되는 $g : Y \to X$를 구하여라.

1.4 가산집합(Countable Sets)

정의 1.4.1

집합 A가 공집합이거나 유한 수열의 치역과 같을 때, A를 **유한**(finite)하다고 한다. A가 공집합이거나 수열의 치역과 같을 때, A를 **가산집합**(countable set)이라 한다.

(가) 정의역이 가산집합인 함수의 치역은 가산집합이다.

명제 1.4.2

가산집합의 부분집합은 가산집합이다.

증명 $A=\{x_n\}$를 가산집합이라 하고 E를 A의 부분집합이라 하자. E가 공집합이면 가산집합이다. E가 공집합이 아니면 $x\in E$를 택하자. $x_n\in E$이면 $y_n=x_n$이고 $x_n\notin E$이면 $y_n=x$인 수열 $< y_n >$을 구성하자. 그러면 E는 $< y_n >$의 치역이다. 그러므로 E는 가산집합이다.

■

명제 1.4.3

A를 가산집합이라면 A의 원소로 이루어진 모든 수열들의 집합은 가산집합이다.

증명 A가 가산집합이므로 A는 자연수의 집합 $\mathbb{N}$의 부분집합과 일대일 대응된다. 그러므로 자연수들로 이루어진 모든 유한 수열들의 집합 S가 가산집합임을 보이면 된다. $<2,\ 3,\ 5,\ 7,\ 11,\ \cdots,\ p_k,\ \cdots>$를 소수들의 수열이라 하자. 그러면 각 $n\in\mathbb{N}$은

$$n=2^{x_1}3^{x_2}\cdots p_k^{x_k},\ \ x_i\in\mathbb{N}\cup\{0\},\ x_k>0$$

의 형태로 소인수분해 된다. 각 $n\in\mathbb{N}$에 대하여 $f(n)=<x_1,\ \cdots,\ x_k>$라 정의하자. 그러면 S는 f의 치역의 부분집합이다. 그러므로 S는 명제 1.4.2에 의하여 가산집합이다.

■

명제 1.4.4

유리수들의 집합은 가산집합이다.

■

명제 1.4.5

가산집합들의 가산 합집합(countable collection)은 가산집합이다.

증명 $\mathscr{C}$를 가산집합들의 가산 모임이라 하자. $\mathscr{C}$에 있는 모든 집합들이 공집합이라면 그들의 합집합도 공집합이 되어 가산집합이다. 그러므로 $\mathscr{C}$가 공집합이 아닌 집합을 가진다고 가정하자. 더욱이 공집합은 합집합에 영향을 미치지 않는다. 그러므로 $\mathscr{C}$에 있는 모든 집합들이 공집합이 아니라고 가정하자. 따라서 $\mathscr{C}$는 모든 무한집합열 $< A_n >_{n=1}^{\infty}$의 치역이며 각 A_n은 무한수열 $<x_{nm}>_{m=1}^{\infty}$의 치역이다. 그러나

$< n, m >$을 x_{nm}에 대응하는 함수는 자연수들의 순서쌍들의 집합에서 $\mathscr{C}$의 집합들의 가산 합집합으로의 전사함수이다. 자연수들의 순서쌍들의 집합은 가산집합이므로 $\mathscr{C}$의 집합들의 가산 합집합은 가산이다.

■

연습문제 1.4

1. 유한집합의 모든 부분집합은 유한집합임을 보여라.

2. 명제 1.4.4를 증명하여라.

1.5 부분순서와 극대원리(Partial Orderings and the Maximal Principle)

정의 1.5.1

관계 R이 다음을 만족할 때 주어진 집합 X의 **부분순서**(partial ordering)라 한다.

(1) R이 **추이적**(transitive)이다. 즉, $x, y, z \in X$에 대하여 xRy, yRz이면 xRz이다.

(2) R이 **반대칭**(anti-symmetric)이다. 즉, $x, y \in X$에 대하여 xRy, yRx이면 $x = y$이다.

■

임의의 두 원소 x, y에 대하여 부분순서 R이 xRy이거나 yRx일 때, R을 **선형순서**(linear ordering)라 한다. $x \not R x$인 선형순서를 **순부분순서**(strict partial ordering)라 한다. $E \subset X$일 때, $a \in E$가 다음을 만족하면 a를 E의 **첫째원소**(first element) 또는 E의 최소원소라 한다.

$$x \neq a \Rightarrow aRx$$

마지막원소(last element) 혹은 최대원소에 대하여도 마찬가지 방법으로 정의한다. $a \in E$가 다음을 만족할 때, a를 **극소원소**(minimal element)라 한다.

$$\not\exists x \in E\,;\, x \neq a,\ aRx$$

극대원소(maximal element)에 대하여도 마찬가지 방법으로 정의한다.

다음 원리는 선택공리와 동치이며 적용하기가 편리하다. 이것의 증명은 생략한다.

- **Hausdorff 극대원리** : R을 집합 X 위에서의 부분순서라 하면 X의 극대 선형순서 부분집합 S가 존재한다. 즉, R에 의한 선형순서 부분집합 $S \subset X$가 존재하여 $S \subset T \subset X$이고 T가 R에 의한 선형순서 부분집합이면 $S = T$이다.

1.6 정렬 순서와 가산 순서수(Well Ordering and the Countable Ordinals)

X 위에서의 순부분순서 $<$에 대하여 X의 모든 공집합이 아닌 부분집합이 첫째원소를 갖는다면 $<$을 **정렬순서**(well ordering)라 하고 $(X, <)$을 **정렬순서집합**(well ordered set)이라 한다. 예를 들어 $(\mathbb{N}, <)$은 정렬순서집합이다. 그러나 $(\mathbb{R}, <)$은 정렬순서집합이 아니다. 다음 원리는 선택공리와 동치이다.

- **정렬순서 원리** : 모든 집합 X는 정렬순서집합이 될 수 있다. 즉, 관계 $<$이 존재하여 $(X, <)$은 정렬순서집합이다.

명제 1.6.1

다음을 만족하는 비가산 정렬순서집합 $(X, <)$이 존재한다.

(1) 마지막원소 $\Omega \in X$가 존재한다.

(2) $x \in X$이고 $x \neq \Omega$이면 $\{y \in X : y < x\}$은 가산집합이다.

증명 Y가 비가산집합이라 하자. 정렬순서 원리에 의하여 정렬순서집합 $(Y, <)$이 존재한다. Y가 마지막 원소를 갖지 않는다면 $\alpha \notin Y$를 택하고 Y를 $Y \cup \{\alpha\}$로 대신한다. 부분순서 $<$를 확장하여 모든 $y \in Y$에 대하여 $y < \alpha$를 만족한다고 하자. 이 새로운

집합$(Y, <)$은 정렬순서집합이다. $\{y \in Y \mid \{x \in Y : x < y\} : \text{비가산}\}$은 공집합이 아니다. 왜냐하면 이 집합은 Y의 마지막 원소를 갖기 때문이다. Ω를 이 집합의 최소원소라 하고

$$X = \{x \in Y : x < \Omega \text{ 혹은 } x = \Omega\}$$

라 하면 $(X, <)$은 (1)과 (2)를 만족하는 정렬순서집합이다. ■

(가) Y가 명제 1.6.1의 (1)과 (2)를 만족하는 정렬순서집합이라면 X와 Y 사이에 $1:1$ 순서 보존 대응관계가 존재한다. 이러한 의미에서 (1)과 (2)를 만족하는 정렬순서집합은 유일하다.

(나) X의 마지막 원소 Ω를 **첫 번째 비가산 순서수**(first uncountable ordinal)라 하고 X를 Ω보다 작거나 같은 순서수들의 집합이라 부른다. $x < \Omega$인 x를 **가산 순서수**(countable ordinal)라 한다.

(다) $\{y : y < x\}$이 유한집합이면 x를 **유한 순서수**(finite ordinal)라 한다.

(라) ω가 첫 번째 유한이 아닌 순서수라면 $\{x : x < \omega\}$은 유한 순서수들의 집합이고 순서집합 $\mathbb{N}$과 동치이다.

연습문제 1.6

1. (a) 정렬순서집합의 모든 부분집합은 정렬순서집합임을 보여라.

   (b) 부분순서집합 $(X, <)$의 공집합이 아닌 모든 부분집합이 최소원소를 가지면 $<$은 선형순서이며 따라서 정렬순서임을 보여라.

실수계

2.1 실수공리(Axioms for the Real Numbers)

이 절에서는 실수의 집합 $\mathbb{R}$에 대한 세 가지 공리를 소개한다.

- **체 공리(The Field Axioms)** : 모든 실수 $x,\ y,\ z \in \mathbb{R}$에 대하여 다음이 성립한다.

F1. $x+y=y+x$

F2. $(x+y)+z=x+(y+z)$

F3. $0 \in \mathbb{R}$이 존재하여 모든 $x \in \mathbb{R}$에 대하여 $x+0=x$이다.

F4. 모든 $x \in \mathbb{R}$에 대하여 $\omega \in \mathbb{R}$가 존재하여 $x+\omega=0$이다.

F5. $xy=yx$이다.

F6. $(xy)z=x(yz)$이다.

F7. $1 \in \mathbb{R}$이 존재하여 $1 \neq 0$이고 모든 $x \in \mathbb{R}$에 대하여 $x \cdot 1=x$이다.

F8. 0이 아닌 각 $x \in \mathbb{R}$에 대하여 $\omega \in \mathbb{R}$가 존재하여 $x\omega=1$이다.

F9. $x(y+z)=xy+xz$이다.

(가) 주어진 연산 $+$와 $\cdot$에 대하여 위의 공리들을 만족하는 집합 $(X,\ +,\ \cdot)$를 체(field)라 한다.

(나) F4에 있는 ω는 유일하며 $\omega = -x$라 쓴다. 그리고 $x - y = x + (-y)$라 정의한다.

(다) F8에 있는 ω는 유일하며 $\omega = x^{-1}$라 쓴다.

- **순서 공리(Axioms of Order)** : 양의 실수의 집합 P는 다음을 만족한다.
  O1. $(x, y \in P) \Rightarrow x + y \in P$
  O2. $(x, y \in P) \Rightarrow xy \in P$
  O3. $(x \in P) \Rightarrow -x \notin P$
  O4. $(x \in \mathbb{R}) \Rightarrow (x = 0)$ 혹은 $(x \in P)$ 혹은 $(-x \in P)$

(가) 위의 두 영역의 공리들을 만족하는 시스템을 **순서체**(ordered field)라 한다. 그러므로 실수의 집합 $\mathbb{R}$은 순서체이다.

(나) 순서체에서 $x < y$를 $y - x \in P$라 정의한다.

(다) $x < y$ 혹은 $x = y$를 $x \leq y$라 쓴다.

정의 2.1.1

S를 $\mathbb{R}$의 부분집합이라 하자. $x \in S$에 대하여 $x \leq b$를 만족하는 b를 S의 **상계**(upper bound)라 한다. $S \leq b$라 쓴다. S의 상계이며 $c \leq b$인 c를 **최소상계**(least upper bound) 또는 **상한**(supremum)이라 한다.

■

(가) 최소상계가 존재한다면 그것은 유일하다.

- **완비공리**(Completeness Axiom) : 상계를 갖는 실수들의 공집합이 아닌 모든 집합은 최소상계를 갖는다.

완비공리의 결과로서 다음 명제를 얻는다.

명제 2.1.2

L과 U를 $\mathbb{R}=L\cup U$를 만족하는 $\mathbb{R}$의 공집합이 아닌 부분집합으로서 각각의 $l\in L$과 $u\in U$에 대하여 $l<u$를 만족한다고 하자. 그러면 L이 최대원소를 갖거나 U가 최소원소를 갖는다.

■

(가) S의 최소상계를 $\sup S$ 혹은 $\sup_{x\in S} x$ 또는 $\sup\{x : x\in S\}$라 쓴다.

(나) 마찬가지 방법으로 **하계**(lower bound)와 **최대하계**(greast lower bound) 또는 **하한**(infimum)을 정의한다.

(다) S의 최대하계를 $\inf S$ 혹은 $\inf_{x\in S} x$라 쓴다.

연습문제 2.1

1. $\inf_{x\in s} x = -\sup_{x\in s}(-x)$이 성립함을 보여라.

2.2 자연수와 유리수(The Natural and Rational Numbers)

아르키메데스 공리(Axiom of Archimedes) : 주어진 실수 x에 대하여 $x<n$을 만족하는 정수 $n\in\mathbb{Z}$이 존재한다.

증명 $x<0$이면 $n=0$이라 두면 된다. $x\geq 0$인 경우 $S=\{k\in\mathbb{Z} : k\leq x\}\neq\varnothing$이다. S가 상계 x를 가지므로 완비 공리에 의하여 최소상계 y를 갖는다. $S\leq y$이므로 $y-\frac{1}{2}$은 S의 상계가 아니다. 그러므로 $k>y-\frac{1}{2}$인 $k\in S$가 존재한다. 그러나 $k+1>y+\frac{1}{2}>y$이므로 $k+1\notin S$이다. $k+1$은 S에 없는 정수이므로 $k+1>x$이다.

[정리 2.2.1]

두 실수 $x, y(x<y)$에 대하여 $x<r<y$를 만족하는 유리수가 존재한다.

증명 $x \geq 0$이라 하자. 아르키메데스 공리에 의하여 $q>(y-x)^{-1}$을 만족하는 정수 q가 존재한다. 그러므로 $\frac{1}{q}<y-x$이다.

아르키메데스 공리에 의하여 $\left\{n \in \mathbb{N} : y \leq \frac{n}{q}\right\} \neq \varnothing$ 이다. 그러므로 최소원소 p를 갖는다. 따라서 $\frac{p-1}{q}<y \leq \frac{p}{q}$ 이며

$$x=y-(y-x)<\frac{p}{q}-\frac{1}{q}=\frac{p-1}{q}$$

이다. $r=\frac{p-1}{q}$이라 하면 $x<r<y$이다. $x<0$이면 $n>-x$를 만족하는 정수 n이 존재한다. 그러므로 $n+x>0$이므로 $n+x<r<n+y$를 만족하는 유리수 r이 존재한다. 따라서 $r-n$은 유리수이며 $x<r-n<y$를 만족한다.

2.3 확장실수계(The Extended Real Number System)

실수계를 두 원소 $+\infty$와 $-\infty$를 포함시킨 것으로 확대하는 것이 편리할 때가 많다.

정의 2.3.1

$\overline{\mathbb{R}}=\mathbb{R} \cup\{-\infty,+\infty\}$라 하고 $\overline{\mathbb{R}}$에서의 연산을 다음과 같이 정의한다.

(1) $-\infty<x<+\infty, \ x \in \mathbb{R}$

(2) $x+(+\infty)=(+\infty)+x=x-(-\infty)=+\infty, \ x \in \overline{\mathbb{R}}$이고 $x \neq-\infty$

(3) $x+(-\infty)=(-\infty)+x=x-(+\infty)=-\infty, \ x \in \overline{\mathbb{R}}$이고 $x \neq+\infty$

(4) $x \cdot(\pm \infty)=(\pm \infty) \cdot x=\pm \infty, \ x \in \overline{\mathbb{R}}$이고 $x>0$

(5) $x \cdot(\pm \infty)=(\pm \infty) \cdot x=\mp \infty, \ x \in \overline{\mathbb{R}}$이고 $x<0$

(6) $\frac{x}{+\infty}=\frac{x}{-\infty}=0, \ x \in \mathbb{R}$

(7) $-(+\infty)=-\infty$, $-(-\infty)=+\infty$, $|+\infty|=|-\infty|=+\infty$

(8) $0\cdot(\pm\infty)=0$, $(\pm\infty)\cdot 0=0$

■

(가) $+\infty$를 간단히 ∞로도 쓴다.

(나) 집합 $S(\neq\varnothing)\subset\mathbb{R}$가 상계를 갖지 않는다면 $\sup S=+\infty$라 정의한다. 마찬가지로 S가 하계를 갖지 않는다면 $\inf S=-\infty$라 정의한다.

(다) $\sup\varnothing=-\infty$, $\inf\varnothing=+\infty$라 정의한다.

(라) (나)와 (다)에 의해서 확장실수계의 모든 집합은 상한과 하한을 갖게 된다. 이것이 바로 $+\infty$와 $-\infty$를 실수계에 도입하는 주된 이유이다.

2.4 실수열과 집합열(Sequence of Real Numbers and Sequence of Sets)

정의 2.4.1

각각의 자연수 n에 대하여 실수 x_n을 대응시키는 함수를 **실수열**(sequence of real numbers) $<x_n>$이라 한다. 임의의 $\epsilon>0$에 대하여 자연수 N이 존재하여 모든 $n\geq N$에 대하여 $|x_n-l|<\epsilon$을 만족하는 l을 $<x_n>$의 **극한**(limit)이라 하며 $<x_n>$이 극한을 가질 때 **수렴**(convergent)한다고 한다.

■

(가) 실수열은 많아야 하나의 극한을 가지며 극한이 존재하면 이것을 $\lim x_n$이라 쓴다.

정의 2.4.2

주어진 $\epsilon>0$에 대하여 자연수 N이 존재하여 모든 $m, n\geq N$에 대하여 $|x_n-x_m|<\epsilon$을 만족하는 실수열 $<x_n>$을 **Cauchy 수열**(Cauchy sequence)이라 한다.

■

(가) $l=\lim x_n$일 때, $x_n\to l$라 쓴다. 더욱이 $<x_n>$이 **단조증가수열**(monotone increasing sequence), 즉 $x_n\leq x_{n+1}$이면 $x_n\uparrow l$라 쓴다.

실수열의 극한의 개념을 다음과 같이 확장하자.

정의 2.4.3

주어진 Δ에 대하여 자연수 N이 존재하여 모든 $n \geq N$에 대하여 $x_n > \Delta$을 만족할 때, $\lim x_n = \infty$라 쓴다.

■

정의 2.4.4

실수열 $< x_n >$에 대하여 $\limsup x_n = \inf_{n \geq 1} \sup_{k \geq n} x_k$를 $< x_n >$의 **상극한**(limit superior)이라 하고, $\liminf x_n = \sup_{n \geq 1} \inf_{k \geq n} x_k$를 $< x_n >$의 **하극한**(limit inferior)라 한다.

■

예제 2.4.5

$< x_n > = < (-1)^{n+1} >$라 하면 $\limsup x_n = 1$이고 $\liminf x_n = -1$이다.

(가) $\limsup x_n = \overline{\lim} x_n$, $\liminf x_n = \underline{\lim}\, x_n$로 쓰기도 한다.

(나) 정의 2.4.4로부터 $\underline{\lim}\, x_n \leq \overline{\lim}\, x_n$과 $\overline{\lim}(-x_n) = -\underline{\lim}\, x_n$임을 알 수 있다.

다음 두 정리의 증명을 연습문제로 남긴다.

[정리 2.4.6]

수열 $< x_n >$에 대하여 다음 (1)과 (2)는 서로 동치이다.

(1) $\overline{\lim}\, x_n = L$

(2) (i) 임의의 $\epsilon > 0$에 대하여 $n \in \mathbb{N}$이 존재하여 각 $i \geq n$에 대하여 $x_i < L + \epsilon$이고,

(ii) 임의의 $\epsilon > 0$과 각 $n = 1, 2, \cdots$에 대하여 $i \geq n$인 $i \in \mathbb{N}$가 존재하여 $x_i > L - \epsilon$이다.

[정리 2.4.7]

수열 $< x_n >$에 대하여 다음 (1)과 (2)는 서로 동치이다.

(1) $\underline{\lim}\, x_n = l$

(2) (i) 임의의 $\epsilon > 0$에 대하여 $n \in \mathbb{N}$이 존재하여 각 $i \geq n$에 대하여 $x_i > l - \epsilon$이고,

(ii) 임의의 $\epsilon > 0$과 각 $n = 1, 2, \cdots$에 대하여 $i \geq n$인 $i \in \mathbb{N}$가 존재하여 $x_i < l + \epsilon$이다.

(가) 수열 $< x_n >$이 $x \in \overline{\mathbb{R}}$에 수렴할 필요충분조건은 $\overline{\lim}\, x_n = \underline{\lim}\, x_n = x$이다.

(나) $< x_n >$과 $< y_n >$을 주어진 수열이라 할 때

$$\begin{aligned}\underline{\lim}\, x_n + \underline{\lim}\, y_n \leq \underline{\lim}\,(x_n + y_n) &\leq \overline{\lim}\, x_n + \underline{\lim}\, y_n \\ &\leq \overline{\lim}\,(x_n + y_n) \\ &\leq \overline{\lim}\, x_n + \overline{\lim}\, y_n\end{aligned}$$

(단, $\infty - \infty$ 형의 합은 제외한다.)

(다) $x_n > 0$이고 $y_n \geq 0$이면

$$\overline{\lim}\,(x_n y_n) \leq (\overline{\lim}\, x_n)(\overline{\lim}\, y_n)$$

이 성립한다.

X를 주어진 집합이라 하고 $< A_n >$을 X의 부분집합열이라 하자.

정의 2.4.8

집합열 $< A_n >$에 대하여 $\lim\sup A_n = \bigcap_{n=1}^{\infty} \bigcup_{k=n}^{\infty} A_k$을 $< A_n >$의 **상극한**(limit superior)이라 하고 $\lim \infty A_n = \bigcup_{n=1}^{\infty} \bigcap_{k=n}^{\infty} A_k$을 $< A_n >$의 **하극한**(limit inferior)이라 한다. ■

(가) $\lim\sup A_n$, $\lim\inf A_n$을 각각 $\overline{\lim}\, A_n$, $\underline{\lim}\, A_n$으로 쓰기도 한다.

예제 2.4.9

(1) $A_n = \left\{\frac{1}{n}, \frac{1}{n+1}, \cdots\right\} \cup \{0\}$이면 $\overline{\lim} A_n = \{0\}$이고 $\underline{\lim} A_n = \{0\}$이다.

(2) $A_n = \left\{\frac{1}{n}, \frac{1}{n+1}, \cdots\right\}$이면 $\overline{\lim} A_n = \varnothing$ 이고 $\underline{\lim} A_n = \varnothing$ 이다.

(3) $A_{2n} = \left\{1+\frac{1}{n}, 1\right\}$이고 $A_{2n-1} = \left\{-1, -1-\frac{1}{n}\right\}$라 하면 $\overline{\lim} A_n = \{-1, 1\}$ 이고 $\underline{\lim} A_n = \varnothing$ 이다.

(4) $A_{2n} = \left\{1+\frac{1}{n}, 1\right\}$이고 $A_{2n-1} = \left\{-1, -1-\frac{1}{n}, 1\right\}$라 하면 $\overline{\lim} A_n = \{-1, 1\}$ 이고 $\underline{\lim} A_n = \{1\}$이다.

[정리 2.4.10]

단조증가 집합열(monotone increasing sequence of sets) $< A_n >$ (즉, $A_1 \subset A_2 \subset \cdots$)에 대하여

$$\overline{\lim} A_n = \bigcup_{n=1}^{\infty} A_n = \underline{\lim} A_n$$

이다.

증명 각 $n = 1, 2, \cdots$에 대하여 $\bigcup_{k=n}^{\infty} A_k = C_n$이라 두면 $C_1 = C_2 = \cdots = C_n = \cdots$ 이다. 따라서 $\overline{\lim} A_n = \bigcap_{n=1}^{\infty} C_n = C_1 = \bigcup_{n=1}^{\infty} A_n$이다. 마찬가지로 $\underline{\lim} A_n = \bigcup_{n=1}^{\infty} A_n$임을 보일 수 있다.

예제 2.4.11

$A_n = \left[-1, 1-\frac{1}{n+1}\right]$, $n = 1, 2, \cdots$라 하면 $A_1 \subset A_2 \subset \cdots$이고 $\bigcup_{n=1}^{\infty} A_n = [-1, 1)$ 이고 $\overline{\lim} A_n = \underline{\lim} A_n = [-1, 1)$이다.

다음 정리는 정리 2.4.10을 이용하여 증명할 수 있다.

[정리 2.4.12]

단조감소 집합열(monotone decreasing sequence of sets) $< B_n >$ (즉, $B_1 \supset B_2 \supset \cdots$)에 대하여

$$\overline{\lim} B_n = \bigcap_{n=1}^{\infty} B_n = \underline{\lim} B_n$$

이다.

예제 2.4.13

$B_n = \left\{ \frac{1}{i} \,\middle|\, i \in \mathbb{N},\ i \geq n \right\} \bigcup \{0\},\ n = 1,\ 2,\ \cdots$ 라 하면 $B_1 \supset B_2 \supset \cdots$ 이고 $\bigcap_{n=1}^{\infty} B_n = \{0\}$ 이고 $\overline{\lim} B_n = \underline{\lim} B_n = \{0\}$ 이다.

연습문제 2.4

1. 정리 2.4.6을 증명하여라.

2. 정리 2.4.7를 증명하여라.

3. 정리 2.4.7(나)를 증명하여라.

4. (i) 집합열 $< A_n >$, $A_n \subset X$에 대하여

$$\varnothing \subset \underline{\lim} A_n \subset \overline{\lim} A_n \subset X$$

임을 증명하여라.

(ii) $\underline{\lim} A_n = \varnothing$ 이고 $\overline{\lim} A_n = X$인 예를 들어라.

2.5 실수의 집합에서의 열린집합과 닫힌집합(Open Sets and Closed Sets of Real Numbers)

$\mathbb{R}$의 임의의 두 원소 a, $b(a < b)$에 대하여 집합 $\{x \in \mathbb{R} \mid a < x < b\}$를 **열린구간**(open interval)이라 하고 (a, b)로 쓰기로 한다. 마찬가지로 집합 $\{x \in \mathbb{R} \mid a \le x \le b\}$를 **닫힌구간**(closed interval)이라 부르고 $[a, b]$로 쓰기로 한다. $a = b$인 경우는 $[a, a]$를 $\{a\}$로 나타낸다. 또한 $a < b$인 경우에 집합 $\{x \in \mathbb{R} \mid a \le x < b\}$와 $\{x \in \mathbb{R} \mid a < x \le b\}$를 **반 열린구간**(half open interval)이라 부르고 각각 $[a, b)$와 $(a, b]$로 쓰기로 한다. 집합 $\{x \in \mathbb{R} \mid x > a\}$와 $\{x \in \mathbb{R} \mid x < b\}$를 각각 $(a, +\infty)$, $(-\infty, b)$라 쓰고 **무한 열린구간**(infinite open interval)이라 한다. **무한 닫힌구간**(infinite closed interval) $[a, +\infty)$, $(-\infty, b]$도 마찬가지로 정의한다. 종종 $\mathbb{R}$을 $(-\infty, +\infty)$로 쓰기도 한다.

정의 2.5.1

$\mathbb{R}$의 한 부분집합 O가 공집합이거나 O의 각 원소 x에 대하여 x를 품는 열린구간 I_x가 존재해서 $I_x \subset O$를 만족하면 O를 **열린집합**(open set)이라 한다.

■

명제 2.5.2

두 열린집합 O_1과 O_2의 교집합 $O_1 \cap O_2$는 열린집합이다.

증명 $B = O_1 \cap O_2$라 두자. $B = \varnothing$이면 정의에 의해서 B는 열린집합이다. 따라서 $x \in B$라 하자. 그러면 $x \in O_i$, $i = 1, 2$이다. O_i가 열린집합이므로 열린구간 I_i가 존재해서 $x \in I_i \subset O_i$, $i = 1, 2$이다. $I = I_1 \cap I_2$라 두면 I는 열린구간이고 $x \in I \subset B$이므로 B는 열린집합이다.

■

명제 2.5.3

열린집합들의 임의의 합집합은 열린집합이다.

증명 O_α를 열린집합들의 집합족이라 하고 $O = \bigcup_\alpha O_\alpha$라 두자. $x \in O$이면 $x \in O_\alpha$인 α가 존재한다. O_α가 열린집합이므로 $x \in I_x \subset O_\alpha$인 열린구간 I_x가 존재한다. 따라서 $x \in I_x \subset O$이다. 즉, O는 열린집합이다.

■

(가) 명제 2.5.2로부터 유한개의 열린집합들의 교집합은 열린집합임을 알 수 있다. 그러나 $\bigcap_{n=1}^{\infty}\left(-\frac{1}{n}, \frac{1}{n}\right)=\{0\}$에서 알 수 있듯이 열린집합의 임의의 집합족의 교집합은 일반적으로 열린집합이라 할 수 없다.

정의 2.5.4

$\mathbb{R}$의 한 집합 F의 여집합 F^c가 열린집합일 때, F를 **닫힌집합**(closed set)이라 한다.

■

명제 2.5.5

닫힌집합들의 임의의 집합족의 교집합(유한 또는 무한)은 닫힌집합이다.

■

명제 2.5.6

닫힌집합들의 유한 집합족의 합집합은 닫힌집합이다.

■

(가) 정의 2.5.4로부터 $\mathbb{R}$과 $\varnothing$은 각각 닫힌집합이다.

(나) $(a, b)=\bigcup_{n=1}^{\infty}\left[a+\frac{1}{n}, b-\frac{1}{n}\right]$에서 알 수 있듯이 닫힌집합의 임의의 집합족의 합집합은 일반적으로 닫힌집합이 되지 못한다.

참고 X를 주어진 집합이라 하고 τ_X를 X의 부분집합들의 집합족이라 할 때, τ_X가 다음을 만족하면 (X, τ_X)를 **위상공간**(topological space)이라 한다.

(i) $\varnothing, X\in\tau_X$이고

(ii) $A_1, A_2\in\tau_X \Rightarrow A_1\cap A_2\in\tau_X$이며

(iii) 임의의 $\alpha\in\mathscr{A}$에 대하여 $A_\alpha\in\tau_X$이면 $\bigcup_{\alpha}A_\alpha\in\tau_X$을 만족한다.

정의 2.5.7

실수 x를 집합 E의 **닫힘점**(point of closure)이라 함은 모든 $\delta>0$에 대하여 $|x-y|<\delta$을 만족하는 x와 다른 점 y가 E 안에 있을 때를 말한다. 즉,

$$(E-\{x\})\cap(x-\delta,\ x+\delta)\neq\varnothing$$

■

(가) E의 닫힘점들의 집합을 $\overline{E}$로 표시하고 E의 **폐포**(closure)라고 한다.

(나) $E\subset\overline{E}$이다.

(다) $\overline{\mathbb{Q}}=\mathbb{R}$이다.

정의 2.5.8

$A\subset\mathbb{R}$라 하고 $x\in\mathbb{R}$일 때, x를 품는 모든 열린구간 I_x가 x와 다른 A의 점을 적어도 하나 품을 때 x를 A의 **집적점**(cluster point)이라 부르고 A의 모든 집적점들의 집합을 A'라 쓰기로 한다. 즉

$$(A-\{x\})\cap I_x\neq\varnothing$$

■

(가) $x\in A$가 $x\in A\setminus A'$이면 x를 **고립점**(isolated point)이라 한다.

(나) 정의에 의하여 $A'\subset\overline{A}$이 성립한다.

[정리 2.5.9]

$A\subset\mathbb{R}$이면

$$\overline{A}=A\bigcup A'$$

이다.

증명 $A'\subset\overline{A}$이고 $A\subset\overline{A}$이므로 $A\cup A'\subset\overline{A}$이다. 한편 $x\in\overline{A}$라 하자. $x\in A$이면 $\overline{A}\subset A\cup A'$이다. $x\notin A$라 하자. 그러면 $x\in\overline{A}$에 의하여 임의의 $\delta>0$에 대하여 $(A-\{x\})\bigcap(x-\delta,\ x+\delta)\neq\varnothing$가 성립한다. x를 품는 임의의 열린구간 I_x에 대하여 I_x에 품기는 열린구간 $(x-\delta,\ x+\delta)$를 잡을 수 있으므로 $(A-\{x\})\bigcap I_x\neq\varnothing$이다. 즉, $I_x\cap A$에 품기는 x가 아닌 원소 y가 존재한다. 따라서 $x\in A'$이다. 그러므로 $\overline{A}\subset A\cup A'$이다.

연습문제 2.5

1. 명제 2.5.5을 증명하여라.

2. 명제 2.5.6를 증명하여라.

3. 다음을 증명하여라.

(i) $[a, b] = \bigcap_{n=1}^{\infty}\left(a - \frac{1}{n}, b + \frac{1}{n}\right)$

(ii) $(a, b) = \bigcup_{n=1}^{\infty}\left[a + \frac{1}{n}, b - \frac{1}{n}\right]$

4. $\overline{A \cup B} = \overline{A} \cup \overline{B}$임을 증명하여라.

5. 집합 F가 닫힌집합일 필요충분조건은 $\overline{F} = F$임을 증명하여라.

2.6 연속함수(Continuous Functions)

정의 2.6.1

$E \subset \mathbb{R}$라 하자. 주어진 $\epsilon > 0$에 대하여 $\delta > 0$이 존재하여 모든 $y \in E$에 대하여

$$|x - y| < \delta \Rightarrow |f(x) - f(y)| < \epsilon \tag{2.6.1}$$

를 만족할 때, 함수 $f : E \to \mathbb{R}$는 $\boldsymbol{x \in E}$**에서 연속**(continuous at the point $x \in E$)이라 한다. 주어진 집합 $A \subset E$의 모든 점에서 연속인 함수를 A 위에서 연속이라 한다. ■

(가) 정의역 위에서 연속인 함수를 단순히 연속함수라 한다.

다음 정리는 Weierstrass의 극값정리(extreme value theorem)이라 불리는 중요한 정리이다.

[정리 2.6.2]

유계인 닫힌집합 $F \subset \mathbb{R}$ 위에서 정의된 연속함수 $f: F \to \mathbb{R}$는 다음을 만족한다. 모든 $x \in F$에 대하여 $f(x_1) \le f(x) \le f(x_2)$를 만족하는 $x_1, x_2 \in F$가 존재한다.

다음 정리는 자주 사용되는 중요한 정리이다.

[정리 2.6.3]

함수 $f: \mathbb{R} \to \mathbb{R}$가 연속함수일 필요충분조건은 모든 열린집합 $O \subset \mathbb{R}$에 대하여 $f^{-1}(O)$가 열린집합이다.

증명 임의의 열린집합 O에 대하여 $f^{-1}(O)$가 열린집합이라 하고 $x \in \mathbb{R}$라 하자. 그러면 주어진 $\epsilon > 0$에 대하여 구간 $I = (f(x) - \epsilon, f(x) + \epsilon)$은 열린집합이다. 그러므로 $f^{-1}(I)$도 열린집합이다. $x \in f^{-1}(I)$이므로 $\delta > 0$가 존재하여 $(x - \delta, x + \delta) \subset f^{-1}(I)$이다. 그러므로 $|y - x| < \delta$이면 $f(y) \in (f(x) - \epsilon, f(x) + \epsilon)$이다. 즉, $|f(x) - f(y)| < \epsilon$이다. 따라서 f는 x에서 연속이다. x는 임의의 실수이므로 f는 연속함수이다.

f가 연속함수이고 O는 열린집합이라 하자. $x \in f^{-1}(O)$라 하자. 그러면 $f(x) \in O$이며 $\epsilon > 0$이 존재하여 $(f(x) - \epsilon, f(x) + \epsilon) \subset O$이다. f가 x에서 연속이므로 $\delta > 0$가 존재하여 $|x - y| < \delta$이면 $|f(x) - f(y)| < \epsilon$이다. 그러므로 모든 $y \in (x - \delta, x + \delta)$에 대하여 $f(y) \in (f(x) - \epsilon, f(x) + \epsilon) \subset O$이다. 그러므로 $(x - \delta, x + \delta) \subset f^{-1}(O)$이다. 즉, $f^{-1}(O)$는 열린집합이다.

$\mathscr{C}$를 $F \subset \bigcup\{O : O \in \mathscr{C}\}$를 만족할 때 $\mathscr{C}$는 F를 **덮는다**(cover)라고 하고 $\mathscr{C}$를 F의 **덮개**(covering)라 한다. 각 $O \in \mathscr{C}$가 열린집합일 때 $\mathscr{C}$를 F의 **열린 덮개**(open covering)라 한다. $\mathscr{C}$가 단지 유한개의 집합들을 가질 때 $\mathscr{C}$를 **유한 덮개**(finite covering)라 한다.

다음 정리는 아주 유용한 **Heine-Borel 정리**(Heine-Borel Theorem)이다.

[정리 2.6.4]

$F \subset \mathbb{R}$이 유계인 닫힌 집합이면 F의 모든 열린 덮개는 유한 부분덮개를 갖는다.

다음 정리는 잘 알려진 **중간값의 정리**(Intermediate Value Theorem)이다.

[정리 2.6.5]

f를 유계인 닫힌구간 $[a, b]$ 위에서 연속인 실숫값을 갖는 함수라 하고 $f(a) \le \gamma \le f(b)$ (또는 $f(b) \le \gamma \le f(a)$)라 하자. 그러면 $c \in [a, b]$가 존재하여 $f(c) = \gamma$이다.

정의 2.6.6

함수 $f: E(\subset \mathbb{R}) \to \mathbb{R}$가 주어진 $\epsilon > 0$에 대하여 $\delta > 0$가 존재하여 $|x-y| < \delta$를 만족하는 모든 $x, y \in E$에 대하여 $|f(x) - f(y)| < \epsilon$을 만족할 때, f는 E 위에서 **균등연속**(uniformly continuous)라 한다.

■

[정리 2.6.7]

유계인 닫힌 집합 $F(\subset \mathbb{R})$에 대하여 $f: F \to \mathbb{R}$가 F 위에서 연속이면 f는 균등연속이다.

증명 f가 F 위에서 연속이므로 주어진 $\epsilon > 0$과 $x \in F$ 대하여 $\delta(x) > 0$가 존재하여 $|x-y| < \delta(x)$이면 $|f(x) - f(y)| < \frac{1}{2}\epsilon$이다. $O_x = \left(x - \frac{1}{2}\delta(x),\ x + \frac{1}{2}\delta(x)\right)$라 하자. 그러면 Heine-Borel 정리 2.6.4에 의하여 F를 덮는 유한 부분모임 $\{O_{x_1}, \cdots, O_{x_n}\}$이 존재한다. $\delta = \frac{1}{2}\min\{\delta(x_1), \cdots, \delta(x_n)\}$라 하자. 그러면 $\delta > 0$이다. $|y - z| < \delta$를 만족하는 임의의 두 점 $y, z \in F$에 대하여 $y \in O_{x_i}$인 $i(1 \le i \le n)$가 존재한다. 따라서 $|y - x_i| < \frac{1}{2}\delta(x_i)$이다. 그러므로

$$|z - x_i| \le |z - y| + |y - x_i| < \frac{1}{2}\delta(x_i) + \delta \le \delta(x_i)$$

이다. 따라서

$$|f(y) - f(x_i)| < \frac{1}{2}\epsilon$$

이고

$$|f(z)-f(x_i)|<\frac{1}{2}\epsilon$$

이다. 그러므로

$$|f(z)-f(y)|<\epsilon$$

이다. 즉, f는 F 위에서 균등연속이다.

연습문제 2.6

1. $< f_n >$이 E 위에서 정의된 연속함수들의 함수열이라 하자. $< f_n >$에 E 위에서 f로 균등수렴하면 f는 E 위에서 연속임을 보여라.

2. 함수 f를

$$f(x)=\begin{cases} x, & x: \text{무리수} \\ p\sin\frac{1}{q}, & x=\frac{p}{q}\text{이며 } p\text{와 } q\text{는 서로소인 정수} \\ 0, & x=0 \end{cases}$$

라 정의하자. f는 어떤 점에서 연속인가?

3. (1) f와 g가 연속함수이면 $f+g$와 fg도 연속함수임을 보여라.
   (2) f와 g가 연속함수이면 합성함수 $f\circ g$도 연속함수임을 보여라.
   (3) f가 연속함수이면 $|f|$도 연속함수임을 보여라.

2.7 Cantor 삼진집합(The Cantor Ternary Sets)

$F_0=[0, 1]$라 하고 F_0로부터 열린구간 $J_{1,1}=\left(\frac{1}{3}, \frac{2}{3}\right)$를 제거하면 두 개의 닫힌구간 $I_{1,1}=\left[0, \frac{1}{3}\right]$과 $I_{1,2}=\left[\frac{2}{3}, 1\right]$을 얻는다. $F_1=I_{1,1}\cup I_{1,2}$라 하자. 또한, $I_{1,1}$과 $I_{1,2}$로

부터 각각 열린구간 $J_{2,1}=\left(\frac{1}{3^2}, \frac{2}{3^2}\right)$와 $J_{2,2}=\left(\frac{7}{3^2}, \frac{8}{3^2}\right)$를 제거하면 네 개의 닫힌구간

$$I_{2,1}=\left[0, \frac{1}{3^2}\right],\ I_{2,2}=\left[\frac{2}{3^2}, \frac{3}{3^2}\right],\ I_{2,3}=\left[\frac{6}{3^2}, \frac{7}{3^2}\right],\ I_{2,4}=\left[\frac{8}{3^2}, 1\right]$$

을 얻는다.

$$F_2=I_{2,1}\cup I_{2,2}\cup I_{2,3}\cup I_{2,4}$$

라 하자. 이 과정을 계속하면 n번째는 2^{n-1}의 열린구간

$$J_{n,1}, J_{n,2}, \cdots, J_{n,2^{n-1}}$$

을 제거하여 길이가 $\frac{1}{3^n}$인 2^n개의 닫힌구간

$$I_{n,1}, I_{n,2}, \cdots, I_{n,2^n}$$

을 얻는다.

$$F_n=\bigcup_{i=1}^{2^n} I_{n,i}\ (n=1, 2, \cdots)$$

라 두자.

정의 2.7.1

$F=\bigcap_{n=1}^{\infty} F_n$을 **Cantor 삼진집합**(Cantor ternary set)이라 한다.

■

[정리 2.7.2]

F를 Cantor 삼진집합이라 하면

$$F=\left\{\sum_{n=1}^{\infty}\frac{z_n}{3^n}\ \middle|\ z_n=0 \text{ 또는 } 2\ (n=1, 2, \cdots)\right\}$$

이다.

증명 우변을 G라 하자. 정의로부터 F는 닫힌구간 $I_{n,i}(i=1, 2, \cdots, 2^n; n=1, 2, \cdots)$의 양 끝점들로서 이루어졌음을 알 수 있다. 또한 0과 1을 제외한 $I_{1,1}$과 $I_{1,2}$의 끝점들은 $J_{1,1}$의 양 끝점과 같으며, $I_{n,i}\ (n>1)$들의 한쪽 끝점들은 $J_{n,i}$의 양 끝점들과 같고 또 다른 끝점들은 $J_{n-1,i}$의 양 끝점들과 같다. $J_{n,i}$들의 양 끝점

을 삼진법으로 나타내면

$$J_{1,\,1} = (0.1,\ 0.2)$$
$$J_{2,\,1} = (0.01,\ 0.02),\ J_{2,\,2} = (0.21,\ 0.22)$$
$$J_{3,\,1} = (0.001,\ 0.002),\ J_{3,\,2} = (0.021,\ 0.022)$$
$$J_{3,\,3} = (0.201,\ 0.202),\ J_{3,\,4} = (0.221,\ 0.222)$$
$$\vdots$$

이고 일반적으로 $J_{n,i}$ 는

$$J_{n,\,i} = (0.z_1 z_2 \cdots z_{n-1}1,\ 0.z_1 z_2 \cdots z_{n-1}2)$$

형으로 표시된다. 여기서 $z_1,\ z_2,\ \cdots,\ z_{n-1}$은 0 또는 2이다. 그러나 $0.z_1 z_2 \cdots z_{n-1}1$은 $0.z_1 z_2 \cdots z_{n-1}022\cdots$로 표시할 수 있으므로 $J_{n,\,i}$의 양 끝점은 1을 갖지 않는 삼진법의 소수로 표시된다. 따라서 $x \in F$이면

$$x = \sum_{n=1}^{\infty} \frac{z_n}{3^n}\ (z_n = 0 \text{ 또는 } 2,\ n = 1,\ 2,\ \cdots)$$

이다. 그러므로 $x \in G$이다. 역으로

$$x = \sum_{n=1}^{\infty} \frac{z_n}{3^n}(z_n = 0 \text{ 또는 } 2)$$

이면 $x \in F$이다. 따라서 $F = G$이다.

[정리 2.7.3]

삼진집합 F는 $[0,\ 1]$에서 닫힌집합이다.

증명 $[0,\ 1] \setminus F = \bigcup_{n=1}^{\infty} \bigcup_{i=1}^{2^{n-1}} J_{n,\,i}$은 $J_{n,\,i}$들이 열린구간들이므로 $[0,\ 1]$에서 열린집합이다. 따라서 F는 $[0,\ 1]$에서 닫힌집합이다.

[정리 2.7.4]

Cantor 삼진집합 F는 가산집합이 아니다.

증명 F를 가산집합이라 가정하고 F를

$$F = \{x_1,\ x_2,\ \cdots,\ x_n,\ \cdots\}$$

라 하자. 정리 2.7.2에 의하여 각 $n = 1, 2, \cdots$에 대하여

$$x_1 = 0.z_{11}z_{12}z_{13} \cdots z_{1n} \cdots$$
$$x_2 = 0.z_{21}z_{22}z_{23} \cdots z_{2n} \cdots$$
$$\vdots$$
$$x_n = 0.z_{n1}z_{n2}z_{n3} \cdots z_{nn} \cdots$$
$$\vdots$$

이다. 여기서 $z_{ij} = 0$ 또는 2이다. 수열 $< z_n >$을

$$z_n = \begin{cases} 0, & z_{nn} = 2 \\ 2, & z_{nn} = 0 \end{cases}$$

라 정의하면

$$x = 0.z_1 z_2 \cdots z_n \cdots \in F$$

이다. 그러나 모든 n에 대하여 $x \neq x_n$이므로 모순이다. 즉, F는 비가산집합이다.

정의 2.7.5

F를 Cantor 삼진집합이라 하자.

$$f\left(\sum_{n=1}^{\infty} \frac{2z_n}{3^n}\right) = \sum_{n=1}^{\infty} \frac{z_n}{2^n} \ (z_n = 0 \text{ 또는 } 1)$$

을 만족하는 함수 $f : F \to \mathbb{R}$을 **Cantor 함수**(Cantor function)라 한다.

■

참고 $f\left(\sum_{n=1}^{\infty} \frac{z_n}{3^n}\right) = \sum_{n=1}^{\infty} \frac{z_n}{2^{n+1}} \ (z_n = 0 \text{ 또는 } 2)$이다.

Cantor 함수 $f : F \to [0, 1]$의 정의역을 $[0, 1]$로 다음과 같이 확장하자.

$f((1/3, 2/3)) = 1/2$, $f((1/9, 2/9)) = 1/4$, $f((7/9, 8/9)) = 3/4$,

$f((1/27, 2/27)) = 1/8$, $f((7/27, 8/27)) = 3/8$, $f((19/27, 20/27)) = 5/8$,

$f((25/27, 26/27)) = 7/8$

그러면 f는 정의역이 $[0, 1]$인 **확장된 Cantor 함수**(extended Cantor function)라 한다.

[정리 2.7.6]

확장된 Cantor 함수 $f : [0, 1] \to [0, 1]$는 단조증가인 연속함수이며 전사함수이다.

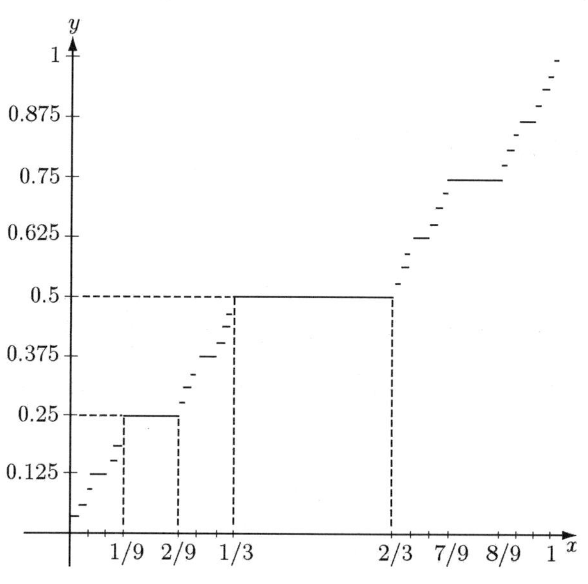

[그림 2.1] Cantor 함수

증명 (i) $x', x'' \in F(x' < x'')$이면 $k \in \mathbb{N}$가 존재하여 $x' = (0.z_1 z_2 \cdots z_{k-1}0)_3$이면 $x'' = (0.z_1 z_2 \cdots z_{k-1}2)_3$이다. 따라서 $f(x') \leq f(x'')$이다. 그러므로 f는 단조증가이다.

(ii) 임의의 $y \in [0, 1]$에 대하여 $z_1, z_2, \cdots, z_n, \cdots \in \{0, 1\}$가 존재하여 $y = \sum_{n=1}^{\infty} \frac{z_n}{2^n}$이다. 따라서 $f\left(\sum_{n=1}^{\infty} \frac{2z_n}{3^n}\right) = \sum_{n=1}^{\infty} \frac{z_n}{2^n}$이다. 그러므로 f는 전사함수이다.

(iii) F의 모든 점에서 점프가 없고 함숫값을 $[0, 1]$에서 가지므로 f는 연속함수이다.

연습문제 2.7

1. Cantor 삼진집합을 F라 할 때 $F \neq \varnothing$ 임을 보여라.

2.8 Borel 집합(Borel Sets)

정의 2.8.1

모든 열린집합을 포함하는 가장 작은 σ-대수, 즉 모든 열린집합들의 집합족에 의하여 생성된 σ-대수, $\mathscr{B}$를 **Borel 대수**(Borel algebra)라 부르고 $\mathscr{B}$의 원소들을 **Borel 집합**(Borel set)이라 한다.

■

예제 2.8.2

모든 열린집합은 Borel 집합이다. 그러나 그 역은 성립하지 않는다. 예를 들어 $[0, 1) = \bigcap_{n=1}^{\infty}\left(-\frac{1}{n}, 1\right)$은 Borel 집합이나 열린집합은 아니다.

정의 2.8.3

$E \subset \mathbb{R}$에 대하여 $E = \bigcup_{n=1}^{\infty} F_n$을 만족하는 닫힌집합열 $< F_n >$이 존재할 때 집합 E를 F_σ-**집합**(F_σ-set), $E = \bigcap_{n=1}^{\infty} O_n$인 열린집합열 $< O_n >$이 존재할 때 집합 E를 G_δ-**집합**(G_δ-set)라 한다.

■

(가) 예제 2.4.11에 의하여 $[0, 1)$은 F_σ-집합이다.

(나) $O_n = \left(0, 1 + \frac{1}{n}\right)$, $n = 1, 2, \cdots$ 라면 $\bigcap_{n=1}^{\infty} O_n = (0, 1]$이므로 $(0, 1]$은 G_δ-집합이다.

[정리 2.8.4] (Lindelöf 정리)

$\mathscr{D}$를 $\mathbb{R}$의 열린부분집합들의 한 집합족이라 하자. 그러면 $\mathscr{D}$의 가산부분집합족 $\{O_n\}$가 존재하여 $\bigcup\{O \mid O \in \mathscr{D}\} = \bigcup_{n=1}^{\infty} O_n$이다.

증명 $U = \bigcup\{O \mid O \in \mathscr{D}\}$라 두고 $x \in U$라 하자. 그러면 $x \in O$인 $O \in \mathscr{D}$가 존재한다. O는 열린집합이므로 열린구간 I_x가 존재하여 $x \in I_x \subset O$이다. 또한 실수의 성질에서 양 끝점이 유리수인 열린구간 J_x가 존재하여 $x \in J_x \subset I_x$이 성립한다. 따라서

$$U = \bigcup_{x \in U} \{x\} \subset \bigcup_{x \in U} J_x \subset \bigcup_{x \in U} I_x \subset \bigcup\{O \mid O \in \mathscr{D}\} = U$$

이므로 $U = \bigcup_{x \in U} J_x$이다. 한편 J_x의 양 끝점이 유리수이므로 $\{J_x\}$은 가산집합이다. 따라서 $\{J_x\}$에 있는 각 J_x에 대하여 $J_x \subset O \in \mathscr{D}$인 열린집합 O들의 집합족은 가산집합이다. 이것을 $\{O_n\}$이라 하면 $\{O_n\} \subset \mathscr{D}$이며 $U = \bigcup_{x \in U} J_x \subset \bigcup_{n=1}^{\infty} O_n \subset U$이므로 $U = \bigcup_{n=1}^{\infty} O_n$이다.

[정리 2.8.5]

$\mathbb{R}$의 모든 열린집합은 서로소인 열린구간들의 가산 합집합으로 나타낼 수 있다.

증명 O를 열린집합이라 하자. 그러면 정의에 의하여 각 $x \in O$에 대하여 열린구간 (y, z)가 존재하여 $x \in (y, z) \subset O$이다.

$$a = \inf\{y \in \mathbb{R} \mid (y, z) \subset O\}$$

라 하고

$$b = \sup\{z \in \mathbb{R} \mid (y, z) \subset O\}$$

라 두면, $a < x < b$이고 $I_x = (a, b)$는 x를 포함하는 열린구간이다. $I_x \subset O$를 증명하기 위해 $w \in I_x$라 하자. 그러면 $a < w < x$ 또는 $w = x$ 또는 $x < w < b$이다. $a < w < x$이면 하한의 정의에서 $y < w$가 존재하고 $(y, z) \subset O$이므로 $w \in (y, z) \subset O$이다. $w = x$이면 $w = x \in O$이다. $x < w < b$이면 상한의 정

의에서 $w < x$가 존재하고 $(x, z) \subset O$이므로 $w \in (x, z) \subset O$이다. 그러므로 $I_x \subset O$이다. 한편 $a \notin O$, $b \notin O$를 증명하자. 만일 $a \in O$라 하면 O가 열린집합이므로 $\delta(> 0)$가 존재하여 $(a-\delta, a+\delta) \subset O$이다. 따라서 $(a-\delta, x) \subset O$이다. 이것은 a가 하한이라는 것에 모순이다. 만일 $b \in O$이라 하면 O는 열린집합이므로 $\epsilon(> 0)$이 존재하여 $(b-\epsilon, b+\epsilon) \subset O$이다. 따라서 $(x, b+\epsilon) \subset O$이다. 이것은 b가 상한이라는 것에 모순된다. 즉, $b \notin O$이며 위의 열린구간 I_x들의 집합족 $\{I_x \mid x \in O\}$에 대하여 $O = \bigcup_{x \in O} \{x\} \subset \bigcup_{x \in O} I_x \subset O$에서 $O = \bigcup_{x \in O} I_x$이다. $\{I_x \mid x \in O\}$가 서로소인 열린구간족 임을 증명하자.

지금 $I_x \cap I_y \neq \varnothing$, $x, y \in O$라 하자. $I_x = (a, b)$, $I_y = (c, d)$라 두면 $c < b$, $a < d$이다. 만일 $c \in (a, b)$이면 $c \in (a, b) \subset O$이므로 $c \notin O$에 모순된다. 따라서 $c \notin (a, b)$, 즉 $c \leq a$이다. 만일 $a \in (c, d)$이면 $a \in (c, d) \subset O$이므로 $a \notin O$이 모순된다. 따라서 $a \notin (c, d)$, 즉 $a \leq c$이다. 그러므로 $a = c$이다. 같은 방법으로 $b = d$, 즉 $I_x = I_y$이다. 따라서 $I_x \neq I_y$이면 $I_x \cap I_y = \varnothing$ 이고 $\{I_x\}$는 서로소이다.

정리 2.8.4에 의하여 열린구간열 $\{I_n\} \subset \{I_x\}$이 존재하여 $\bigcup_{x \in O} I_x = \bigcup_{n=1}^{\infty} I_n$이다.

그러므로 $O = \bigcup_{n=1}^{\infty} I_n$이며 $\{I_n\}$은 서로소인 열린구간열이다.

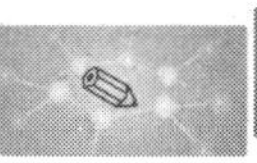

연습문제 2.8

1. Borel 대수는 모든 반열린구간 $(a, b]$들의 집합족에 의해서도 생성됨을 증명하라.

2. Borel 대수는 모든 무한열린구간 (a, ∞)들의 집합족에 의해서도 생성됨을 증명하라.

Riemann 적분

3.1 Riemann 적분가능성(Riemann Integrability)

정의 3.1.1

$[a, b]$의 한 분할

$$P: a = t_0 < t_1 < \cdots < t_n = b$$

와 유계인 함수 $f:[a, b] \to \mathbb{R}$에 대하여 P에 대한 f의 **상합**(upper sum) S_P와 P에 대한 f의 **하합**(lower sum) s_P를 각각 다음과 같이 정의한다.

$$S_P = \sum_{i=1}^{n} (t_i - t_{i-1}) M_i$$

그리고

$$s_P = \sum_{i=1}^{n} (t_i - t_{i-1}) m_i,$$

여기서

$$M_i = \sup f(x); t_{i-1} \le x \le t_i$$

$$m_i = \inf f(x); t_{i-1} \le x \le t_i$$

이다. $[a, b]$의 모든 분할 P에 대하여 f의 **상 Riemann 적분**(upper Riemann integral)과 **하 Riemann 적분**(lower Riemann integral)을 각각

$$(R)\overline{\int_a^b} f(x)dx = \inf_P S_P\,;\ (R)\underline{\int_a^b} f(x)dx = \sup_P s_P$$

로 정의한다. $\inf S_P = \sup s_P$일 때 f를 **Riemann 적분가능**(Riemann integrable)하다 하고 이 두 공통값을 f의 **Riemann 적분**(Riemann integral)이라 하고 $(R)\int_a^b f(x)dx$로 쓴다. 또한,

$$(R)\int_b^a f(x)dx = -(R)\int_a^b f(x)dx\,,\ (R)\int_a^a f(x)dx = 0$$

로 정의한다. ■

예제 3.1.2

(a) $h(x) = x^2$은 $I := [0, 1]$ 위에서 Riemann 적분가능하다.

(b) 다음과 같이 정의된 Dirichlet 함수 $f : [0, 1] \to \{0, 1\}$는 $[0, 1]$ 위에서 Riemann 적분불가능하다.

$$f(x) = \begin{cases} 1, & x \in [0, 1] \cap \mathbb{Q} \\ 0, & x \in [0, 1] \cap \mathbb{Q}^c \end{cases} \qquad (3.1.1)$$

풀이 (a) $[0, 1]$의 한 분할 $P : 0 < \frac{1}{n} < \frac{2}{n} < \cdots < \frac{n-1}{n} < \frac{n}{n} = 1$에 대하여 h는 $[0, 1]$ 위에서 증가함수이므로 $k = 1, 2, \cdots, n$에 대하여 $m_k = \left(\frac{k-1}{n}\right)^2$ 이고 $M_k = \left(\frac{k}{n}\right)^2$이다. 그러므로

$$s_P = \frac{0^2 + 1^2 + \cdots + (n-1)^2}{n^3} = \frac{1}{3}\left(1 - \frac{3}{2n} + \frac{1}{2n^2}\right)$$

$$S_P = \frac{1^2 + 2^2 + \cdots + n^2}{n^3} = \frac{1}{3}\left(1 + \frac{3}{2n} + \frac{1}{2n^2}\right)$$

이다. 따라서

$$(R)\overline{\int_0^1} f(x)dx = \frac{1}{3}\,,\ (R)\underline{\int_0^1} f(x)dx = \frac{1}{3}$$

이다. 그러므로

$$(R)\int_0^1 f(x)dx = \frac{1}{3}$$

이다.

(b) 모든 부분구간에서 $m_k = 0$, $M_k = 1\,(k=1, 2, \cdots, n)$이므로 $s_P = 0$, $S_P = 1$이며 따라서

$$(R)\overline{\int_0^1} f(x)dx = 1\,,\ (R)\underline{\int_0^1} f(x)dx = 0$$

이므로 $f(x)$는 $[0, 1]$ 위에서 Riemann 적분불가능하다.

[정리 3.1.3]

$I = [a, b]$이고 $f : I \to \mathbb{R}$가 I 위에서 유계인 함수라 하자. 그러면 f가 I 위에서 Riemann 적분가능할 필요충분조건은 임의의 $\epsilon > 0$에 대하여 I의 한 분할 P가 존재하여

$$S_P - s_P < \epsilon \tag{3.1.2}$$

을 만족함이다.

증명 f가 Riemann 적분가능하면 $(R)\overline{\int_a^b} f(x)dx = (R)\underline{\int_a^b} f(x)dx$ 이다. 그러면 주어진 $\varepsilon > 0$에 대하여 I의 한 분할 P_1이 존재하여

$$(R)\underline{\int_a^b} f(x)dx - \frac{\epsilon}{2} < s_{P_1}$$

을 만족한다. 마찬가지로 I의 한 분할 P_2가 존재하여

$$S_{P_2} < (R)\overline{\int_a^b} f(x)dx + \frac{\epsilon}{2}$$

을 만족한다. $P = P_1 \cup P_2$라 하면 P는 P_1과 P_2의 **세분할**(refinement)이다. 그러므로

$$(R)\underline{\int_a^b} f(x)dx - \frac{\epsilon}{2} < s_{P_1} \leq s_P \leq S_P \leq S_{P_2} < (R)\overline{\int_a^b} f(x)dx + \frac{\epsilon}{2}$$

$(R)\overline{\int_a^b} f(x)dx = (R)\underline{\int_a^b} f(x)dx$ 이므로 (3.1.2)가 성립한다. 역으로 임의의 분할 P에 대하여 $(R)\underline{\int_a^b} f(x)dx \geq s_P$이고 $S_P \geq (R)\overline{\int_a^b} f(x)dx$이다. 그러므로

$$(R)\overline{\int_a^b} f(x)dx - (R)\underline{\int_a^b} f(x)dx < S_P - s_P$$

이 성립한다. 이제 각 $\epsilon > 0$에 대하여 한 분할 P_ϵ이 존재하여 (3.1.2)가 성립한다고 하자. 그러면

$$(R)\overline{\int_a^b} f(x)dx - (R)\underline{\int_a^b} f(x)dx < S_{P_\epsilon} - s_{P_\epsilon} < \epsilon$$

이 성립한다. 그러므로 $(R)\overline{\int_a^b} f(x)dx \leq (R)\underline{\int_a^b} f(x)dx$ 이 성립한다. 역은 항상 성립하므로

$$(R)\overline{\int_a^b} f(x)dx = (R)\underline{\int_a^b} f(x)dx$$

이 성립한다. 즉, f는 Riemann 적분가능하다.

[따름정리 3.1.4]

$I = [a, b]$이고 $f : I \to \mathbb{R}$가 I 위에서 유계인 함수라 하자. $< P_n >$을 다음을 만족하는 I의 분할들의 수열이라 하자.

$$\lim_n (S_{P_n} - s_{P_n}) = 0$$

그러면 f는 Riemann 적분가능하고 $\lim_n s_{P_n} = (R)\int_a^b f(x)dx = \lim_n S_{P_n}$이다.

증명 정리 3.1.3으로부터 분명하다.

[정리 3.1.5]

$I=[a, b]$이고 $f: I \to \mathbb{R}$가 I 위에서 단조함수라 하자. 그러면 f는 I 위에서 Riemann 적분가능하다.

증명 f가 I 위에서 단조증가라 하자. I의 한 분할 P를

$$P: t_0 = a < t_1 = a + \frac{b-a}{n} < t_2 = a + \frac{2(b-a)}{n} < \cdots < t_n = b$$

라 하면 $k = 1, 2, \cdots, n$에 대하여 $t_k - t_{k-1} = \dfrac{b-a}{n}$이다. f가 $[t_{k-1}, t_k]$ 위에서 단조증가이므로 $m_k = f(t_{k-1})$이고 $M_k = f(t_k)$이다. 그러므로

$$\begin{aligned}\sum_{k=1}^{n}(M_k - m_k)(t_k - t_{k-1}) &= \frac{b-a}{n}\sum_{k=1}^{n}\{f(t_k) - f(t_{k-1})\} \\ &= \frac{b-a}{n}\{f(t_1) - f(t_0) + f(t_2) - f(t_1) \\ &\quad + \cdots + f(t_n) - f(t_{n-1})\} \\ &= \frac{b-a}{n}\{f(t_n) - f(t_0)\} \\ &= \frac{b-a}{n}\{f(b) - f(a)\}\end{aligned}$$

이다. 주어진 $\epsilon > 0$에 대하여 $\dfrac{b-a}{n}\{f(b) - f(a)\} < \epsilon$을 만족하는 $n \in \mathbb{N}$을 택하면

$$S_P - s_P < \epsilon$$

을 만족한다. 따라서 따름정리 3.1.4에 의하여 f는 I 위에서 Riemann 적분가능하다.

[정리 3.1.6]

$I=[a, b]$이고 $f: I \to \mathbb{R}$가 I 위에서 연속함수라 하자. 그러면 f는 I 위에서 Riemann 적분가능하다.

증명 f가 I 위에서 연속함수라 하자. 그러면 정리 2.6.7에 의하여 f는 I 위에서

균등연속이다. 그러므로 주어진 $\epsilon > 0$에 대하여 $\delta > 0$가 존재하여 $u, v \in I$이고 $|u-v| < \delta$이면 $|f(u)-f(v)| < \dfrac{\epsilon}{b-a}$를 만족한다. $n \in \mathbb{N}$은 $n > \dfrac{b-a}{\delta}$을 만족하며

$$P_n : t_0 = a < t_1 = a + \frac{b-a}{n} < t_2 = a + \frac{2(b-a)}{n} < \cdots < t_n = b$$

라 하자. 그러면 $t_k - t_{k-1} = \dfrac{b-a}{n} < \delta$이다. $[t_{k-1}, t_k]$가 유계인 닫힌구간이므로

$$f(u_k) = M_k,\ f(v_k) = m_k$$

을 만족하는 $u_k, v_k \in [t_{k-1}, t_k]$가 존재한다. 그러므로

$$M_k - m_k = f(u_k) - f(v_k) < \frac{\epsilon}{b-a}$$

가 성립한다. 따라서

$$0 \le S_{P_n} - s_{P_n} = \sum_{k=1}^{n} (M_k - m_k)(t_k - t_{k-1}) \le \sum_{k=1}^{n} \frac{\epsilon}{b-a} \cdot \frac{b-a}{n} = \epsilon$$

가 성립한다. 따름정리 3.1.4에 의하여 f는 I 위에서 Riemann 적분가능하다.

연습문제 3.1

1. $x \neq 1$일 때, $f(x) = 1$이고 $f(1) = 0$인 함수 $f : [0, 2] \to \mathbb{R}$는 $[0, 2]$ 위에서 Riemann 적분가능함을 보여라.

2. $f : [a, b] \to \mathbb{R}$는 $f(x) = 0,\ x \notin \{c_1, c_2, \cdots, c_n\}$를 만족하는 유계인 함수라 할 때, $(R)\displaystyle\int_a^b f(x)dx$를 구하여라.

3. f가 $[a, b]$ 위에서 유계인 함수라 하자. 임의의 $c \in (a, b)$에 대하여 $f|_{[c, b]}$가 Riemann

적분가능하다고 한다면 f가 $[a, b]$ 위에서 Riemann 적분가능하며 $(R)\int_a^b f(x)dx = \lim_{c \to a^+}(R)\int_c^b f(x)dx$ 임을 보여라.

4. $f : [a, b] \to \mathbb{R}$가 유계이고 유한개의 불연속점을 가질 때, f는 $[a, b]$ 위에서 Riemann 적분가능함을 보여라.

3.2 Riemann 적분의 성질(Properties of the Riemann Integral)

이 절의 모든 정리 및 따름정리의 증명은 생략한다.

[정리 3.2.1]

$I = [a, b]$이고 $f, g : I \to \mathbb{R}$은 I 위에서 Riemann 적분가능하다고 하자. $k \in \mathbb{R}$이면 kf와 $f+g$는 I 위에서 Riemann 적분가능하고

(1) $(R)\int_a^b kf = k(R)\int_a^b f$ (2) $(R)\int_a^b (f+g) = (R)\int_a^b f + (R)\int_a^b g$

이다.

[정리 3.2.2]

$I = [a, b]$이고 $f : I \to \mathbb{R}$은 I 위에서 Riemann 적분가능하다고 하자. 모든 $x \in I$에 대하여 $f(x) \geq 0$이면

$$(R)\int_a^b f \geq 0$$

이다.

[따름정리 3.2.3]

$I = [a, b]$이고 $f, g : I \to \mathbb{R}$은 I 위에서 Riemann 적분가능하다고 하자. 이때, 모든

$x \in I$에 대하여 $f(x) \geq g(x)$이면

$$(R)\int_a^b f \geq (R)\int_a^b g$$

이다.

[정리 3.2.4]

$I=[a, b]$이고 $a<c<b$라 하자. $f: I \to \mathbb{R}$가 유계함수일 때 f가 I 위에서 Riemann 적분가능할 필요충분조건은 f가 $[a, c]$와 $[c, b]$ 위에서 Riemann 적분가능함이다. 또한

$$(R)\int_a^b f = (R)\int_a^c f + (R)\int_c^b f$$

이다.

[정리 3.2.5]

$I=[a, b]$, $J=[c, d]$이고 $f: I \to \mathbb{R}$가 I 위에서 Riemann 적분가능하고 $\psi: J \to \mathbb{R}$가 연속이며 $f(I) \subset J$라 하자. 그러면 $\psi \circ f: I \to \mathbb{R}$은 I 위에서 Riemann 적분가능하다.

[따름정리 3.2.6]

$I=[a, b]$이고 $f: I \to \mathbb{R}$은 I 위에서 Riemann 적분가능하다 하자. 그러면 다음이 성립한다.

(a) $|f|$가 I 위에서 Riemann 적분가능하며 모든 $x \in I$에 대하여 $|f(x)| \leq K$이면

$$\left|(R)\int_a^b f\right| \leq (R)\int_a^b |f| \leq K(b-a)$$

이다.

(b) $n \in \mathbb{N}$이면 f^n는 I 위에서 Riemann 적분가능하다.

(c) $\delta > 0$가 존재하여 모든 $x \in I$에 대하여 $f(x) \geq \delta$이면 $\frac{1}{f}$도 I 위에서 Riemann 적분가능하다.

[정리 3.2.7]

$I = [a, b]$이고 $f, g : I \to \mathbb{R}$은 I 위에서 Riemann 적분가능하다 하자. 그러면 fg도 I 위에서 Riemann 적분가능하다.

다음 예제에서 알 수 있듯이 Riemann 적분가능한 함수들의 합성함수는 Riemann 적분가능할 필요가 없다.

예제 3.2.8

$I = [0, 1]$이고 $f : I \to \mathbb{R}$을 다음과 같이 정의된 **Thomae 함수**(Thomae function) $h : [0, \infty) \to \mathbb{R}$의 I 위로의 제한이라 하자. 즉, $f = h|_I$.

$$h(x) = \begin{cases} \dfrac{1}{q}, & x = \dfrac{p}{q}(p,\ q \in \mathbb{N},\ p,\ q\text{는 서로소}) \\ 1, & x = 0 \\ 0, & \text{그밖에} \end{cases}$$

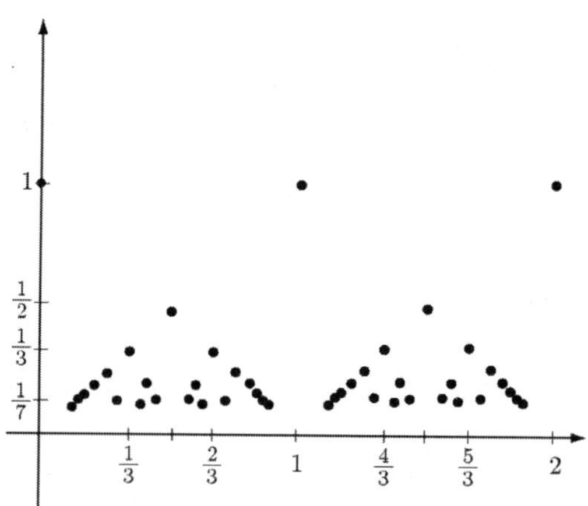

[그림 3.1] Thomae 함수

그러면 f는 I 위에서 Riemann 적분가능하며 $(R)\displaystyle\int_0^1 f = 0$이다. 이를 보이도록 하자.

임의의 $\epsilon > 0$에 대하여 $K > \dfrac{2}{\epsilon}$을 만족하는 $K \in \mathbb{N}$가 존재한다. f는 $[0, 1]$에서 $\dfrac{1}{K}$보다 큰 값을 갖는 점들은 기껏해야 유한개뿐이고 함숫값들은 모두 0과 1 사이에 존재한다. $[0, 1]$ 위에서 그러한 서로 다른 유한개의 점들을 $t_1 < t_2 < \cdots < t_M$이라 하자.

$$\delta < \frac{1}{2MK}$$

이 되도록 충분히 작은 $\delta(:=\delta_\epsilon)$를 선택하자. 모든 $i = 1, 2, \cdots, M$에 대하여 $x_i = t_i - \delta$이고 $y_i = t_i + \delta$라 하면

$$y_i - x_i = 2\delta < \frac{1}{MK}$$

이다. 이제 $[0, 1]$의 한 분할 P_ϵ를 다음과 같이 정의하자.

$$z_0 = 0 < z_1 = x_1 < z_2 = y_1 < z_3 = x_2 < z_4 = y_2 < \cdots$$
$$< z_{2M-1} = x_M < z_{2M} = y_M < 1 = z_{2M+1}$$

각 부분구간 $J_k := [z_{k-1}, z_k]$ 위에서 $M_k := \sup f(J_k)$라 하면 $M_k = f(t_{k/2}) \le 1 (k = 2, 4, \cdots, 2M)$이고 $M_k \le \frac{1}{K}(k = 1, 3, \cdots, 2M+1)$이다. 따라서

$$\begin{aligned} S_{P_\epsilon} &= \sum_{k=1}^{2M+1} M_k(z_k - z_{k-1}) \\ &= [M_1(z_1 - z_0) + M_3(z_3 - z_2) + \cdots + M_{2M+1}(z_{2M+1} - z_{2M})] + \\ &\qquad [f(t_1)(z_2 - z_1) + f(t_2)(z_4 - z_3) + \cdots + f(t_M)(z_{2M} - z_{2M-1})] \\ &< \frac{1}{K} + [(y_1 - x_1) + (y_2 - x_2) + \cdots + (y_M - x_M)] \\ &< \frac{1}{K} + M \cdot \frac{1}{MK} = \frac{2}{K} < \epsilon \end{aligned}$$

이 성립한다. 분명히 $s_{P_\epsilon} = 0$이다. 그러므로 정리 3.1.3에 의하여 f는 $[0, 1]$ 위에서 Riemann 적분가능하며 $(R)\int_0^1 f = 0$이다. 한편 $g : I \to \mathbb{R}$를

$$g(x) = \begin{cases} 0, & x = 0 \\ 1, & x \in (0, 1] \end{cases}$$

라 정의하면 g 는 I 위에서 Riemann 적분가능하다. $g \circ f$는 Riemann 적분불가능하다.

(가) Thomae 함수 h는 정의역의 모든 무리수에서 연속이며 정의역의 모든 유리수에서 불연속이다. 왜냐하면 $a > 0$인 유리수 a에 대하여 $< x_n >$을 a에 수렴하는

$[0,\infty)$의 무리수들로 이루어진 수열이라 하면 $h(a)>0$이지만 $\lim_n h(x_n)=0$이다. 그러므로 h는 a에서 불연속이다. 한편, $b>0$가 무리수라 하자. $\epsilon>0$에 대하여 아르키메데스 성질에 의하여 $\frac{1}{n_0}<\epsilon$을 만족하는 자연수 n_0가 존재한다. 열린구간 $(b-1,\, b+1)$에는 분모가 n_0보다 작은 유리수들이 유한개만 존재한다. 그러므로 $(b-\delta,\, b+\delta)$가 n_0보다 분모가 작은 어떤 유리수도 포함하지 않도록 $\delta>0$를 선택할 수 있다. 따라서

$$|x-b|<\delta,\ x\in[0,\infty)\text{이면 } |h(x)-h(b)|=|h(x)|\le\frac{1}{n_0}<\epsilon$$

이 성립한다. 그러므로 h는 무리수 $b>0$에서 연속이다.

3.3 기본 정리들(Fundamental Theorems of Calculus)

이 절에서는 미분과 적분의 개념들 사이의 관계에 대하여 언급한다.

[정리 3.3.1]

$I=[a,b]$이고 $f:I\to\mathbb{R}$은 I 위에서 Riemann 적분가능하다 하고 $F:I\to\mathbb{R}$가 다음 두 조건을 만족한다고 하자.

(a) F는 I 위에서 연속이다.

(b) 도함수 F'가 존재하여 모든 $x\in(a,b)$에 대하여 $F'(x)=f(x)$이다.

그러면

$$(R)\int_a^b f=F(b)-F(a) \tag{3.3.1}$$

이다.

증명 f가 Riemann 적분가능함으로 주어진 $\epsilon>0$에 대하여 정리 3.1.3에 의하여 $[a,b]$의 한 분할 $P: t_0<t_1<\cdots<t_n$이 존재하여

$$S_P-s_P<\epsilon$$

을 만족한다. 미분에 관한 평균값정리에 의하여 $x_k \in (t_{k-1}, t_k)$가 존재하여

$$F(t_k) - F(t_{k-1}) = (t_k - t_{k-1})F'(x_k)$$

를 만족한다. 그러므로

$$m_k(t_k - t_{k-1}) \le F(t_k) - F(t_{k-1}) \le M_k(t_k - t_{k-1})$$

가 성립한다. 여기서, m_k와 M_k는 각각 $[t_{k-1}, t_k]$에서의 F'의 하한과 상한을 말한다.

따라서

$$s_P \le F(b) - F(a) \le S_P$$

가 성립한다. 또한

$$s_P \le (R)\int_a^b F' \le S_P$$

이므로

$$\left|(R)\int_a^b F' - [F(b) - F(a)]\right| < \epsilon$$

을 만족한다. 그러므로 (3.3.1)이 성립한다.

[따름정리 3.3.2]

$F:[a, b] \to \mathbb{R}$가 다음 두 조건을 만족한다고 하자.

(i) F'가 $[a, b]$ 위에서 존재한다,

(ii) F'가 $[a, b]$ 위에서 Riemann 적분가능하다.

그러면 $(R)\int_a^b F' = F(b) - F(a)$이다.

[정리 3.3.3]

$I = [a, b]$이고 I 위에서 유계인 함수 $f: I \to \mathbb{R}$가 I 위에서 Riemann 적분가능하다 하고 모든 $x \in [a, b]$에 대하여

$$F(x) = (R)\int_a^x f \tag{3.3.2}$$

라 하면 F는 I 위에서 연속이다. 또한 f가 한 점 $c \in I$에서 연속이면 F는 c에서 미분가능하며

$$F'(c) = f(c) \tag{3.3.3}$$

이다.

증명 $K > 0$가 모든 $x \in I$에 대하여 $|f(x)| \le K$를 만족한다고 하자. $x, y \in I$가 $x < y$를 만족한다면 (3.3.2)에 의하여

$$F(y) - F(x) = (R)\int_a^y f - (R)\int_a^x f = (R)\int_x^y f$$

를 만족하며 따름정리 3.2.6으로부터

$$|F(y) - F(x)| \le K|y - x|$$

를 만족하며 따라서 F는 I 위에서 연속이다. 이제 f가 한 점 $c \in I$에서 연속이라 하자. $\epsilon > 0$이 주어지고 $\delta > 0$가 $|h| < \delta\ (c+h \in I)$을 만족한다면 $|f(c+h) - f(c)| < \epsilon$을 만족한다. 그러한 h에 대하여

$$\begin{aligned}\left|\frac{F(c+h)-F(c)}{h} - f(c)\right| &= \left|\frac{1}{h}(R)\int_c^{c+h} f(x)dx - \frac{f(c)}{h}(R)\int_c^{c+h} 1dx\right| \\ &= \frac{1}{|h|}\left|(R)\int_c^{c+h}(f(x) - f(c))dx\right| \\ &\le \frac{1}{|h|}\cdot\epsilon\cdot|h| = \epsilon\end{aligned}$$

가 성립한다. 그러므로

$$F'(c) = \lim_{h \to 0}\frac{F(c+h)-F(c)}{h} = f(c)$$

이 되어 (3.3.3)를 얻는다.

[따름정리 3.3.4]

$I = [a, b]$이고 $f : I \to \mathbb{R}$은 I 위에서 연속이며 모든 $x \in [a, b]$에 대하여

$$F(x)=(R)\int_a^x f$$

라 하면 F는 I 위에서 미분가능하며 모든 $x\in I$에 대하여 $F'(x)=f(x)$이다.

[정리 3.3.5]

$I=[a,b]$이고 F, f는 I 위에서 연속이며 $F(a)=0$이라 하자. 그러면 다음의 두 조건은 서로 동치이다.

(i) 모든 $x\in[a,b]$에 대하여 $F'(x)=f(x)$이다.

(ii) 모든 $x\in[a,b]$에 대하여 $F(x)=(R)\int_a^x f$이다.

증명 따름정리 3.3.2와 따름정리 3.3.4에 의하여 분명하다.

정의 3.3.6

$I=[a,b]$를 $\mathbb{R}$의 한 구간이라 하자.

(a) $f: I\to\mathbb{R}$일 때, 모든 $x\in I$에 대하여 $F'(x)=f(x)$를 만족하는 함수 $F: I\to\mathbb{R}$를 I 위에서 f의 **원시함수**(antiderivative)라 한다.

(b) $f: I\to\mathbb{R}$가 I 위에서 Riemann 적분가능하면 다음과 같이 정의된 함수 $F: I\to\mathbb{R}$를 I 위에서 f의 **부정적분**(indefinite integral)이라 한다.

$$F(x)=(R)\int_a^x f,\ x\in I \tag{3.3.4}$$

■

(가) 정리 3.3.1에 의하여 f가 $[a,b]$ 위에서 Riemann 적분가능하고 F가 f의 원시함수이면 (3.3.4)가 성립한다. 그러나 Riemann 적분가능한 함수가

(i) 원시함수를 갖지 않을 수도 있으며 (연습문제 3.3.1와 3.3.5 참조)

(ii) 주어진 함수가 Riemann 적분가능하지 않은 원시함수를 가질 수도 있다 (연습문제 3.3.4참조).

(나) f의 Riemann 적분가능성은 부정적분 F의 존재성을 보장하며 정리 3.3.3에 의하여 f가 I 위에서 연속이면 그것의 부정적분은 I 위에서 f의 원시함수이다. 그러므로 연속함수는 항상 원시함수를 갖는다. 그러나 Riemann 적분가능한 함수 f가 불연속

이면 그것의 부정적분은 다음과 같은 이유로 f 의 원시함수가 아닐 수도 있다.

(i) I 의 점들에서 미분불가능할 수도 있다 (연습문제 3.3.3참조);

(ii) 부정적분의 원시함수가 존재할 수는 있지만 I 의 많은 점들에서 f 의 값과 다를 수도 있다(연습문제 3.3.6 참조).

이 절의 나머지 부분의 정리들의 증명은 생략하기로 한다.

[정리 3.3.7]

$f, g:[a, b] \to \mathbb{R}$ 가 $[a, b]$ 위에서 Riemann 적분가능하고 $[a, b]$ 위에서 원시함수 F, G를 가지면

$$(R)\int_a^b F(x)g(x)dx = [F(b)G(b) - F(a)G(a)] - (R)\int_a^b f(x)G(x)dx$$

가 성립한다.

[정리 3.3.8]

$\psi:[\alpha, \beta] \to \mathbb{R}$ 가 $[\alpha, \beta]$ 위에서 연속인 도함수를 갖는다고 하자. f 가 $\psi([\alpha, \beta])$를 품는 구간 I 위에서 연속이면

$$(R)\int_\alpha^\beta f(\psi(t))\psi'(t)dt = (R)\int_{\psi(\alpha)}^{\psi(\beta)} f(x)dx$$

가 성립한다.

[정리 3.3.9]

$\psi:[\alpha, \beta] \to \mathbb{R}$ 가 $[\alpha, \beta]$ 위에서 연속인 도함수를 가지며 모든 $t \in [\alpha, \beta]$에 대하여 $\psi'(t) \neq 0$라 하자. I를 $\psi([\alpha, \beta])$를 품는 구간이라 하고 $\phi: I \to \mathbb{R}$를 ψ의 역함수라 하자. $f: I \to \mathbb{R}$ 가 I 위에서 연속이면

$$(R)\int_\alpha^\beta f(\psi(t))dt = (R)\int_{\psi(\alpha)}^{\psi(\beta)} f(x)\phi'(x)dx$$

가 성립한다.

[정리 3.3.10] (Riemann 적분에 관한 평균값정리)

$I=[a, b]$이고 $f: I \to \mathbb{R}$는 I 위에서 연속이며 모든 $x \in I$에 대하여 $p(x) \geq 0$를 만족하는 함수 p가 I 위에서 Riemann 적분가능하다고 하자. 그러면 한 점 $c \in I$가 존재하여

$$(R)\int_a^b f(x)p(x)dx = f(c)(R)\int_a^b p(x)dx$$

성립한다.

연습문제 3.3

1. 다음과 같이 정의된 **부호함수**(signum function) sgn는 $[-1, 1]$ 위에서 Riemann 적분가능 하지만 원시함수를 갖지 않음을 증명하라 :

$$\mathrm{sgn}(x) = \begin{cases} -1, & x < 0 \\ 0, & x = 0 \\ 1, & x > 0 \end{cases}$$

또한 $H(x) = |x|$라 정의하면 모든 $x \neq 0$에 대하여 $H'(x) = \mathrm{sgn}(x)$이며

$$(R)\int_{-1}^{1} \mathrm{sgn}(x)dx = H(1) - H(-1)$$

임을 보여라.

2. (a) 정리 3.3.1을 이용하여 $b > 0$이면,

$$(R)\int_0^b \mathrm{sgn}(x)dx = H(b) - H(0) = b$$

임을 보여라.

(b) 정리 3.2.4와 정리 3.3.1을 이용하여 $a < 0 < b$이면,

$$(R)\int_a^b \mathrm{sgn}(x)dx = H(b) - H(a) = b + a$$

임을 보여라.

3. $[-1, 1]$ 위에서 sgn의 부정적분은 $S(x) = |x| - 1$임을 보여라.

4. $G(x) = x^2 \sin\left(\frac{\pi}{x^2}\right)$, $0 < x \le 1$이고 $G(0) = 0$이라 하자. 모든 $x \in [0, 1]$에 대하여 $G'(x)$ $(:= g(x))$는 존재하지만 g는 유계가 아니며 따라서 Riemann 적분불가능함을 보여라.

5. Thomae 함수는 원시함수를 갖지 않음을 보여라.

6. Thomae 함수 h는 $[1, 2]$ 위에서 부정적분 H를 갖지만 $[1, 2]$에 있는 모든 유리수에 대하여 $H'(x) \neq h(x)$임을 보여라.

3.4 극한으로서의 Riemann 적분(The Riemann Integral as a Limit)

정의 3.4.1

$I = [a, b]$이고 $f : I \to \mathbb{R}$를 유계인 함수라 하자. $P : t_0 < t_1 < \cdots < t_n$을 I의 한 분할이라 하고 $\xi_1, \xi_2, \cdots, \xi_n$을 $k = 1, 2, \cdots, n$에 대하여 $t_{k-1} \le \xi_k \le t_k$라 하자. 그러면

$$S(P; f) = \sum_{k=1}^{n} f(\xi_k)(t_k - t_{k-1})$$

을 P에 관한 f의 **Riemann 합**(sum)이라 한다.

[정리 3.4.2]

$I = [a, b]$이고 $f : I \to \mathbb{R}$이 I 위에서 유계이며 Riemann 적분가능하다고 하자. 주어진 $\epsilon > 0$에 대하여 I의 한 분할 P_ϵ이 존재하여 P가 P_ϵ의 세분할이고 $S(P; f)$가 P에 관한 f의 Riemann 합이면

$$\left| S(P; f) - (R)\int_a^b f \right| < \epsilon$$

이 성립한다.

증명 f가 Riemann 적분가능하고 $\epsilon > 0$이라면 정리 3.1.3에 의하여 I의 한 분할 P_ϵ이 존재하여 $S_{P_\epsilon} - s_{P_\epsilon} < \epsilon$이 성립한다. 또한 P가 $P \supset P_\epsilon$을 만족하는 한 분할이라면

$$s_{P_\epsilon} \leq (R)\underline{\int_a^b} f(x)dx \leq (R)\overline{\int_a^b} f(x)dx \leq S_{P_\epsilon}$$

이 성립한다. 따라서 $(R)\overline{\int_a^b} f(x)dx - (R)\underline{\int_a^b} f(x)dx < \epsilon$이 성립한다.

$S(P\,;f)$가 P와 적당한 중간점에 대응하는 f의 Riemann 합이라면

$$(R)\underline{\int_a^b} f(x)dx \leq S(P\,;f) \leq (R)\overline{\int_a^b} f(x)dx$$

가 성립하며 또한 $(R)\underline{\int_a^b} f(x)dx \leq (R)\int_a^b f \leq (R)\overline{\int_a^b} f(x)dx$ 가 만족된다.

그러므로

$$\left| S(P\,;f) - (R)\int_a^b f \right| \leq (R)\overline{\int_a^b} f(x)dx - (R)\underline{\int_a^b} f(x)dx < \epsilon$$

이 성립한다.

[정리 3.4.3]

$I = [a, b]$이고 $f : I \to \mathbb{R}$이 I 위에서 유계하다고 하자. 실수 A가 존재하여 모든 $\epsilon > 0$에 대하여 I의 한 분할 P_ϵ이 존재하여 $P \supset P_\epsilon$이고 $S(P\,;f)$가 P에 대응하는 f의 한 Riemann 합이면 $|S(P\,;f) - A| < \epsilon$라고 가정하자. 그러면 f는 I 위에서 Riemann 적분가능하며

$$A = (R)\int_a^b f$$

이다.

3.5 Riemann 이상적분(Riemann Improper Integrals)

지금까지의 Riemann 적분은 함수의 정의역이 유계인 구간이고 함수가 유계인 경우에 대해서만 언급하였다. 지금부터는 그렇지 않은 경우에 대하여 생각해보기로 한다.

정의 3.5.1

함수 $f:(a,\ b] \to \mathbb{R}$가 모든 $c \in (a,\ b]$에 대하여 $[c,\ b]$에서 Riemann 적분가능하다고 하자. $A \in \mathbb{R}$가 존재해서 각 $\epsilon > 0$에 대하여 $\delta > 0$가 존재하여 $a < c < a+\delta$이면

$$\left| A - (R)\int_c^b f \right| < \epsilon$$

를 만족한다고 하자. 이때 A를 $(a,\ b]$ 위에서 f의 **Riemann 이상적분**(Riemann improper integral)이라 하고

$$(R)\int_a^b f \quad \text{또는} \quad (R)\int_a^b f(x)dx$$

라 쓴다. ■

(가) $A = \lim_{c \to a^+} (R)\int_c^b f$라 적는다.

(나) 오른쪽 끝점에서 유계가 아닌 경우에도 같은 방법으로 정의한다.

예제 3.5.2

(a) $f:[0,\ 1] \to \mathbb{R}$를

$$f(x) = \begin{cases} \dfrac{1}{\sqrt{x}}, & 0 < x \le 1 \\ 0, & x = 0 \end{cases}$$

라 정의하자. 그러면 f는 $[0,\ 1]$ 위에서 유계하지 않기 때문에 Riemann 적분가능하지 않다. 그러나 각 $c(0 < c < 1)$에 대하여

$$(R)\int_c^1 f = (R)\int_c^1 \frac{1}{\sqrt{x}}dx = \left[2\sqrt{x}\,\right]_c^1 = 2(1-\sqrt{c})$$

이다. 그러므로 $c \to 0^+$이면 $(0,\ 1]$ 위에서 f 의 Riemann 이상적분은 다음과 같다.

$$(R)\int_0^1 f = \lim_{c\to 0^+} 2(1-\sqrt{c}) = 2$$

(b) $0 < x \le 1$에 대하여 $g(x) = \dfrac{1}{x}$이라면 각 $c(0 < c < 1)$에 대하여

$$(R)\int_c^1 g = (R)\int_c^1 \frac{1}{x}dx = \log 1 - \log c = -\log c$$

이다. 그러므로 $(0, 1]$ 위에서 g의 Riemann 이상적분은 존재하지 않는다.

(c) $\alpha > 0$, $\alpha \ne 1$인 α에 대하여 $(0, 1]$ 위에서 $h(x) = x^{-\alpha}$라 정의하자. $0 < c < 1$에 대하여

$$(R)\int_c^1 h = (R)\int_c^1 x^{-\alpha}dx = \frac{1}{1-\alpha}(1-c^{1-\alpha})$$

이다. $0 < \alpha < 1$이면 h의 Riemann 이상적분은 존재한다. 그러나 $\alpha > 1$이면 h의 Riemann 이상적분은 존재하지 않는다.

정의 3.5.3

$[a, b]$ 위에서 정의된 함수 f가 $a < c < b$ 유계하지 않은 경우에 $[a, c)$와 $(c, b]$ 위에서 Riemann 이상적분이 각각 존재한다면 $[a, b]$ 위에서 f의 Riemann 이상적분은 다음과 같이 정의한다.

$$(R)\int_a^b f = (R)\int_a^c f + (R)\int_c^b f$$

■

예제 3.5.4

(1) $\dfrac{1}{(x-1)^{\frac{2}{3}}}$은 $x = 1$에서 불연속이므로

$$(R)\int_0^9 \frac{1}{(x-1)^{\frac{2}{3}}}dx = (R)\int_0^1 \frac{1}{(x-1)^{\frac{2}{3}}}dx + (R)\int_1^9 \frac{1}{(x-1)^{\frac{2}{3}}}dx$$

$$= \lim_{t\to 1^-}(R)\int_0^t \frac{1}{(x-1)^{\frac{2}{3}}}dx + \lim_{s\to 1^+}(R)\int_s^9 \frac{1}{(x-1)^{\frac{2}{3}}}dx$$

$$= 3\lim_{t\to 1^-}\{(t-1)^{\frac{1}{3}}+1\} + 3\lim_{s\to 1^+}\{2-(s-1)^{\frac{1}{3}}\}$$

$$= 3+6=9$$

(2) $\dfrac{1}{x^2}$은 $x=0$에서 불연속이므로

$$(R)\int_{-1}^{1}\frac{dx}{x^2} = (R)\int_{-1}^{0}\frac{dx}{x^2} + (R)\int_{0}^{1}\frac{dx}{x^2} = \infty$$

이다.

정의 3.5.5

$f:[a,\infty)\to\mathbb{R}$가 모든 $c>a$에 대하여 $[a,\ c]$ 위에서 Riemann 적분가능하다고 하자. 모든 $\epsilon>0$에 대하여 $M\in\mathbb{R}$이 존재하여 $c>M$이면 $\left|A-(R)\int_a^c f\right|<\epsilon$을 만족하는 $A\in\mathbb{R}$이 존재한다고 하자. 이때 A를 $[a,\ \infty)$ 위에서 f의 Riemann 이상적분이라 하고

$$(R)\int_a^{\infty} f \quad \text{또는} \quad (R)\int_a^{\infty} f(x)dx$$

라 쓴다.

(가) $(R)\int_a^{\infty} f = \lim_{c\to\infty}(R)\int_a^c f$ 이다.

(나) $(R)\int_{-\infty}^{b} f = \lim_{c\to-\infty}(R)\int_c^b f$ 라 정의한다.

(다) $(R)\int_{-\infty}^{\infty} f = \lim_{\substack{a\to-\infty \\ b\to\infty}}(R)\int_a^b f$ 라 정의한다.

예제 3.5.6

(1) $(R)\int_{-\infty}^{0} e^x dx = \lim_{a\to-\infty}(R)\int_a^0 e^x dx = \lim_{a\to-\infty}(1-e^a)=1$

(2) $(R)\int_0^{\infty} e^{-x}dx = \lim_{b\to\infty}(R)\int_0^b e^{-x}dx$

$$= \lim_{b\to\infty}[-e^{-x}]_0^b dx$$

$$= \lim_{b\to\infty}(1-e^{-b})$$

$$=1$$

(3) $(R)\displaystyle\int_{-\infty}^{\infty}\frac{dx}{x^2+4} = \frac{1}{2}\lim_{\substack{a\to-\infty \\ b\to\infty}}\left[\tan^{-1}\frac{x}{2}\right]_a^b$

$$= \frac{1}{2}\left\{\lim_{b\to\infty}\tan^{-1}\frac{b}{2} - \lim_{a\to-\infty}\tan^{-1}\frac{a}{2}\right\}$$

$$= \frac{1}{2}\left\{\frac{\pi}{2}-\left(-\frac{\pi}{2}\right)\right\} = \frac{\pi}{2}$$

3.6 Riemann-Stieltjes 적분(Riemann-Stieltjes Integrals)

이 절에서는 유계인 닫힌구간 위에서 정의된 유계인 함수의 Riemann-Stieltjes 적분을 정의한다.

f와 g를 유계인 닫힌구간 위에서 정의된 실숫값을 갖는 유계인 함수라 하자.

정의 3.6.1

$P: a=x_0 \le x_1 \le \cdots \le x_n = b$를 $[a, b]$의 한 분할이라 할 때, 다음을 만족하는 $S(P;f, g)$를 g와 P에 관한 f의 **Riemann-Stieltjes 합**(Riemann-Stieltjes sum)이라 한다.

$$S(P;f, g) := \sum_{k=1}^{n} f(\xi_k)\{g(x_k)-g(x_{k-1})\} \tag{3.6.1}$$

(가) (3.6.1)에서 $x_{k-1} \le \xi_k \le x_k (k=1, 2, \cdots, n)$이다.

(나) $g(x) := x$라면 (3.6.1)은 다음과 같이 표현되는 Reimann 합이 된다.

$$\sum_{k=1}^{n} f(\xi_k)(x_k - x_{k-1}) \tag{3.6.2}$$

정의 3.6.2

임의의 $\epsilon > 0$에 대하여 $[a, b]$의 한 분할 P_ϵ가 존재하여 P가 P_ϵ의 세분할(refinement)일 때, $S(P; f, g)$가 P에 대응하는 Riemann-Stieltjes 합으로서 다음을 만족하는 실수 I가 존재하면 f는 $[a, b]$ 위에서 g에 관해 **Riemann-Stieltjes 적분가능**(Riemann-Stieltjes integrable)하다고 한다.

$$|S(P; f, g) - I| < \epsilon \tag{3.6.3}$$

■

(가) I는 유일하게 존재한다.

(나) $I := (R:S)\int_a^b f dg = (R:S)\int_a^b f(t) dg(t)$ 라 표현하고 I를 **Riemann-Stieltjes 적분**(Riemann-Stieltjes integral)이라 한다.

(다) $g(x) := x$이고 f가 g에 관해 Riemann-Stieltjes 적분가능하다면 "f는 Riemann 적분가능하다."고 말한다.

예제 3.6.3

(a) g가 $[a, b]$ 위에서 정의된 상수함수이면 임의의 함수 f는 Riemann-Stieltjes 적분가능하며 $(R:S)\int_a^b f dg = 0$ 이다.

(b) $g : [a, b] \to \mathbb{R}$을 다음과 같이 정의하자.

$$g(x) = \begin{cases} 0, & x = a \\ 1, & a < x \le b \end{cases}$$

f가 g에 관해 Riemann-Stieltjes 적분가능하기 위한 필요충분조건은 f가 $x = a$에서 연속이다. (증명은 연습문제로 남긴다.) 이 경우에 $I = f(a)$이다.

(c) 임의의 $c (a < c < b)$에 대하여 $g : [a, b] \to \mathbb{R}$을 다음과 같이 정의하자.

$$g(x) = \begin{cases} 0, & a \le x \le c \\ 1, & c < x \le b \end{cases}$$

f가 g에 관해 Riemann-Stieltjes 적분가능하기 위한 필요충분조건은 f가 $x = c$에서 우연속(임의의 $\epsilon > 0$에 대하여 $\delta(\epsilon) > 0$이 존재하여 $c \le x < c + \delta(\epsilon)$이고 $x \in [a, b]$이면 $|f(x) - f(c)| < \epsilon$ 을 만족할 때 f는 $x = c$**에서 우연속**(continuous at c from the right)이라 한다.)이다. (증명은 연습문제로 남긴다.) 이 경우에 $I=f(c)$이다.(위의 함수 g는 좌연속함수이다.)

(d) $h:[a,b]\to\mathbb{R}$을 다음과 같이 정의하자.

$$h(x)=\begin{cases}0, & a\le x<c\\ 1, & c\le x\le b\end{cases}$$

그러면 h는 $x=c$에서 우연속이다. f가 h에 관해 Riemann-Stieltjes 적분가능하기 위한 필요충분조건은 f가 $x=c$에서 좌연속이다. 이때, $I=f(c)$이다.

(e) 임의의 $c_1, c_2\,(a<c_1<c_2<b)$에 대하여 $g:[a,b]\to\mathbb{R}$을 다음과 같이 정의하자.

$$g(x)=\begin{cases}\alpha_1, & a\le x\le c_1\\ \alpha_2, & c_1<x\le c_2\\ \alpha_3, & c_2<x\le b\end{cases}$$

f가 c_1, c_2에서 연속이면 f는 g에 관해 Riemann-Stieltjes 적분가능하며

$$I=(R:S)\int_a^b f\,dg=(\alpha_2-\alpha_1)f(c_1)+(\alpha_3-\alpha_2)f(c_2)$$

이다.

(f) 함수 $f:[0,1]\to\{0,1\}$를 다음과 같이 정의하자.

$$f(x)=\begin{cases}1, & x\in[0,1]\cap\mathbb{Q}\\ 0, & x\notin[0,1]\cap\mathbb{Q}\end{cases}$$

$g(x):=x$라 하자. $P:0<\frac{1}{n}<\frac{2}{n}<\cdots<\frac{n}{n}=1$이라 하자. $S(P;f,g)$에서 중간점들이 유리수가 되는 점들의 수가 k이며 나머지 중간점들은 무리수라면 $S(P;f,g)=\frac{k}{n}$이다. 예제 3.1.2(b)에 의하여 f는 Riemann 적분가능하지 않다.

(g) f를 예제 3.2.8에 있는 함수라 하자. 그러면 예제 3.2.8(가)에 의하여 f는 모든 무리수에서 연속이며 모든 유리수에서는 불연속이다. $g(x):=x$라 하면 예제 3.2.8에 의하여

$$(R:S)\int_0^1 f\,dg=(R)\int_0^1 f=0$$

이다.

[정리 3.6.4] (Cauchy 판정법)

f가 $[a, b]$ 위에서 g에 관해 Riemann-Stieltjes 적분가능할 필요충분조건은 다음과 같다.

임의의 $\epsilon > 0$에 대하여 $[a, b]$의 분할 Q_ϵ이 존재하여 P와 Q를 Q_ϵ의 세분할이라 하고 $S(P; f, g)$와 $S(Q; f, g)$가 각각 P와 Q에 대응하는 Riemann-Stieltjes 합이면

$$|S(P; f, g) - S(Q; f, g)| < \epsilon \tag{3.6.4}$$

이 성립한다.

증명 f가 Riemann-Stieltjes 적분가능하면 분할 Q_ϵ가 존재하여 P와 Q를 Q_ϵ의 세분할이라 하고 $S(P;f,g)$와 $S(Q;f,g)$가 각각 P와 Q에 대응하는 Riemann-Stieltjes 합이면

$$|S(P;f, g) - I| < \frac{\epsilon}{2},\ |S(Q;f, g) - I| < \frac{\epsilon}{2}$$

를 만족한다. 따라서 (3.6.4)를 만족한다.

역으로 (3.6.4)가 성립한다고 하자. Q_1가 $[a, b]$의 한 분할로서 P와 Q가 Q_1의 세분할이면 $|S(P;f, g) - S(Q;f, g)| < 1$을 만족한다고 하자. 수학적 귀납법에 의하여 Q_n이 Q_{n-1}의 세분할로서 P와 Q가 Q_{n-1}의 세분할이면 $|S(P;f,g) - S(Q;f,g)| < \dfrac{1}{n}$을 만족하도록 선택될 수 있다. $< S(Q_n;f,g) >$가 이와 같은 방법에 의하여 얻어진 실수열이라 하자. $n \ge m$에 대하여 Q_n이 Q_m의 세분할이면 $< S(Q_n;f, g) >$은 Cauchy 수열이다. 따라서 이 수열은 어떤 실수 L로 수렴한다. 그러므로 $\epsilon > 0$에 대하여 $\dfrac{2}{N} < \epsilon$을 만족하는 $N \in \mathbb{N}$이 존재하며

$$|S(Q_N;f, g) - L| < \epsilon/2$$

이 성립한다. P가 Q_N의 세분할이면 Q_N의 구성으로부터 다음이 성립한다.

$$|S(P;f, g) - S(Q_N;f, g)| < \frac{1}{N} < \frac{\epsilon}{2}$$

그러므로 Q_N의 세분할 P와 대응하는 Riemann-Stieltjes 합에 대하여

$$|S(P;f, g) - L| < \epsilon$$

이 성립한다. 그러므로 f는 $[a, b]$ 위에서 g에 관해 Riemann-Stieltjes 적분가능하며 $I = L$이다.

이제는 Riemann-Stieltjes 적분의 성질에 대하여 살펴보기로 하자.

[정리 3.6.5]

(a) f_1과 f_2가 $[a, b]$ 위에서 g에 관해 Riemann-Stieltjes 적분가능하고 $\alpha, \beta \in \mathbb{R}$이면 $\alpha f_1 + \beta f_2$가 $[a, b]$ 위에서 g에 관해 Riemann-Stieltjes 적분가능하고 다음을 만족한다.

$$(R:S)\int_a^b (\alpha f_1 + \beta f_2)dg = \alpha(R:S)\int_a^b f_1 dg + \beta(R:S)\int_a^b f_2 dg \qquad (3.6.5)$$

(b) f가 $[a, b]$ 위에서 g_1과 g_2에 관해 Riemann-Stieltjes 적분가능하고 $\alpha, \beta \in \mathbb{R}$이라 하면 f는 $[a, b]$ 위에서 $g := \alpha g_1 + \beta g_2$에 관해 Riemann-Stieltjes 적분가능하며 다음이 성립한다.

$$(R:S)\int_a^b f dg = \alpha(R:S)\int_a^b f dg_1 + \beta(R:S)\int_a^b f dg_2 \qquad (3.6.6)$$

증명 (a) 임의의 $\epsilon > 0$에 대하여 $P_1 : x_0 < x_1 < \cdots < x_m$와 $P_2 : y_0 < y_1 < \cdots < y_n$이 각각 $[a, b]$의 분할들로서 Q가 P_1과 P_2의 세분할이면 각각 대응하는 Riemann-Stieltjes 합에 대하여

$$|S(Q; f_1, g) - I_1| < \epsilon, \ |S(Q; f_2, g) - I_2| < \epsilon \qquad (3.6.7)$$

가 성립한다고 하자. P_ϵ을 P_1과 P_2의 세분할인 $[a, b]$의 한 분할이라 하자. Q가 P_ϵ의 세분할이면 (3.6.7)은 여전히 성립한다. 같은 중간점들을 사용한다면

$$S(Q; \alpha f_1 + \beta f_2, g) = \alpha S(Q; f_1, g) + \beta S(Q; f_2, g)$$

가 성립한다. 따라서 다음이 성립한다.

$$\begin{aligned} &|\alpha I_1 + \beta I_2 - S(Q; \alpha f_1 + \beta f_2, g)| \\ &= |\alpha(I_1 - S(Q; f_1, g)) + \beta(I_2 - S(Q; f_2, g))| \end{aligned}$$

$$\leq (|\alpha|+|\beta|)\epsilon$$

그러므로

$$(R:S)\int_a^b (\alpha f_1 + \beta f_2)dg = \alpha I_1 + \beta I_2$$

이다. (b)의 증명은 생략하기로 한다.

[정리 3.6.6]

(a) $a \leq c \leq b$이고 f는 각각 $[a,\ c]$와 $[c,\ b]$ 위에서 g에 관해 Riemann-Stieltjes 적분가능하다고 하자. 그러면 f는 $[a,\ b]$ 위에서 g에 관해 Riemann-Stieltjes 적분가능하며 다음이 성립한다.

$$(R:S)\int_a^b fdg = (R:S)\int_a^c fdg + (R:S)\int_c^b fdg \tag{3.6.8}$$

(b) $a \leq c \leq b$이고 f는 $[a,\ b]$ 위에서 g에 관해 Riemann-Stieltjes 적분가능하다고 하자. 그러면 f는 $[a,\ c]$와 $[c,\ b]$ 위에서 g에 관해 Riemann-Stieltjes 적분가능하며 (3.6.8)이 성립한다.

증명 (a) 임의의 $\epsilon > 0$에 대하여 P_ϵ^1은 $[a,\ c]$의 한 분할로서 P^1이 P_ϵ^1의 세분할이면 (3.6.3)을 만족한다고 하자. 마찬가지로 P_ϵ^2를 $[c,\ b]$의 대응하는 한 분할이라고 하자. P_ϵ이 P_ϵ^1과 P_ϵ^2에서 분할 점들의 이용해서 얻어진 $[a,\ b]$의 세분할이라 하고 P가 P_ϵ의 세분할이라면

$$S(P\,;f,\ g) = S(P^1\,;f,\ g) + S(P^2\,;f,\ g)$$

이므로 다음이 성립한다.

$$\left|(R:S)\int_a^c fdg + (R:S)\int_c^b fdg - S(P\,;f,\ g)\right|$$

$$\leq \left|(R:S)\int_a^c fdg - S(P^1\,;f,\ g)\right| + \left|(R:S)\int_c^b fdg - S(P^2\,;f,\ g)\right| < 2\epsilon$$

따라서 f는 $[a,\ b]$ 위에서 g에 관해 Riemann-Stieltjes 적분가능하며 (3.6.8)이 성립한다.

(b) f가 $[a, b]$ 위에서 Riemann-Stieltjes 적분가능하다면 임의의 $\epsilon > 0$에 대하여 $[a, b]$의 분할 Q_ϵ이 존재하여 P와 Q가 Q_ϵ의 세분할이라 하면 대응하는 Riemann-Stieltjes 합에 대하여 (3.6.4)가 성립한다. $c \in Q_\epsilon$이라 해도 일반성을 잃지 않는다. 또한 Q_ϵ'을 $[a, c]$에 속하는 Q_ϵ의 점들로 이루어진 $[a, c]$의 분할이라 하자. P'와 Q'를 Q_ϵ'의 세분할들인 $[a, c]$의 분할들이라 하고 이것들을 $[c, b]$에 속하는 Q_ϵ의 점들을 이용해서 $[a, b]$의 분할들 P와 Q로 확장하자. P와 Q가 Q_ϵ의 세분할들이므로 (3.6.4)가 성립한다. 그러나 P와 Q는 $[c, b]$ 위에서는 같기 때문에 똑같은 중간점들을 사용하면 다음이 성립한다.

$$|S(P';f, g) - S(Q';f, g)| = |S(P;f, g) - S(Q;f, g)| < \epsilon$$

그러므로 정리 3.6.4에 의하여 f는 $[a, c]$의 부분구간 위에서 g에 관해 Riemann-Stieltjes 적분가능하며 마찬가지로 $[c, b]$의 부분구간 위에서 g에 관해 Riemann-Stieltjes 적분가능하다. 그러므로 (3.6.8)이 성립한다.

다음은 Riemann-Stieltjes 관점의 부분적분법에 대하여 알아보기로 하자.

[정리 3.6.7]

함수 f가 $[a, b]$ 위에서 g에 관해 Riemann-Stieltjes 적분가능할 필요충분조건은 g가 $[a, b]$ 위에서 f에 관해 Riemann-Stieltjes 적분가능하다. 이때, 다음이 성립한다.

$$(R:S)\int_a^b f dg + (R:S)\int_a^b g df = f(b)g(b) - f(a)g(a) \qquad (3.6.9)$$

증명 f가 g에 관해 Riemann-Stieltjes 적분가능하다고 하자. 임의의 $\epsilon > 0$에 대하여 P_ϵ은 $[a, b]$의 한 분할로서 Q가 P_ϵ의 세분할이고 $S(Q;f, g)$가 대응하는 Riemann-Stieltjes 합이라면 다음이 성립한다고 하자.

$$\left| S(Q;f, g) - (R:S)\int_a^b f dg \right| < \epsilon \qquad (3.6.10)$$

이제 P를 P_ϵ의 세분할이라 하고

$$S(P;g, f) := \sum_{k=1}^{n} g(\xi_k)(f(x_k) - f(x_{k-1}))$$

라 하자. 여기서 $x_{k-1} \le \xi_k \le x_k$이다. $Q: y_0 < y_1 < \cdots < y_{2n}$을 분할점들로 ξ_k와 x_k을 사용해서 얻어진 $[a, b]$의 분할이라 하자. 따라서 $y_{2k} := x_k$이고 $y_{2k-1} := \xi_k$라 하자. $k = 0, 1, 2, \cdots, n$에 대하여 $f(y_{2k})g(y_{2k})$를 $S(P; g, f)$에 더했다 빼기를 반복해서 정리하면 다음 식을 얻는다.

$$S(P; g, f) = f(b)g(b) - f(a)g(a) - \sum_{k=1}^{2n} f(\eta_k)(g(y_k) - g(y_{k-1}))$$

여기서 중간점들 η_k는 $\eta_1 = x_0$, $\eta_{2k} = \eta_{2k+1} = x_k (k = 1, 2, \cdots, n-1)$, $\eta_{2n} = x_n$이 되도록 선택된 점들이다. 따라서 다음을 얻는다.

$$S(P; g, f) = f(b)g(b) - f(a)g(a) - S(Q; f, g)$$

여기서 $Q: y_0 < y_1 < \cdots < y_{2n}$은 P_ϵ의 세분할이다. (3.6.10)에 의하여 P가 P_ϵ의 세분할이라면

$$\left| S(P; g, f) - \left(f(b)g(b) - f(a)g(a) - (R:S)\int_a^b f dg \right) \right| < \epsilon$$

이 성립한다. 이는 g가 $[a, b]$ 위에서 f에 관해 Riemann-Stieltjes 적분가능함을 의미하며 (3.6.9)가 성립한다.

다음 정리는 Riemann-Stieltjes 적분과 Riemann 적분과의 관계를 알려주는 정리이다.

[정리 3.6.8]

g'가 $[a, b]$ 위에서 연속이고 f가 g에 관해 Riemann-Stieltjes 적분가능하다면 fg'는 Riemann 적분가능하며 다음이 성립한다.

$$(R:S)\int_a^b f dg = (R)\int_a^b fg' \qquad (3.6.11)$$

증명 g'가 $[a, b]$ 위에서 연속이므로 정리 2.6.7에 의하여 g'는 $[a, b]$ 위에서 균등연속이다. 임의의 $\epsilon > 0$에 대하여 $P: x_0 < x_1 < \cdots < x_n$을 $[a, b]$의 한 분할로서 ξ_k와 ζ_k가 $[x_{k-1}, x_k]$에 속한다면 $|g'(\xi_k) - g'(\zeta_k)| < \epsilon$이 성립한다고 하자. 같은 중간점들 ξ_k를 사용해서

$$|S(P;f,g)-S(P;fg')|$$

를 구해보자. 여기서 $S(P;fg')$는 Riemann 합이다. 그렇게 하기 위하여

$$f(\xi_k)(g(x_k)-g(x_{k-1}))-f(\xi_k)g'(\xi_k)(x_k-x_{k-1})$$

형태의 항들의 합이 필요하다. g에 대한 평균값정리에 의하여 $\zeta_k \in [x_{k-1}, x_k]$가 존재하여

$$\begin{aligned} &f(\xi_k)(g(x_k)-g(x_{k-1}))-f(\xi_k)g'(\xi_k)(x_k-x_{k-1}) \\ &= f(\xi_k)(g'(\zeta_k)-g'(\xi_k))(x_k-x_{k-1}) \end{aligned}$$

이 성립한다. 따라서 P가 분할점들이 아주 많은 세분할이라면

$$|S(P;f,g)-S(P;fg')| \le \epsilon \|f\|(b-a)$$

이 성립한다. $(R:S)\int_a^b fdg = I$라면

$$|S(P;fg')-I| \le |S(P;fg')-S(P;f,g)|+|S(P;f,g)-I|$$

이므로 $(R)\int_a^b fdg' = I = (R:S)\int_a^b fdg$.

다음 정리의 증명은 생략한다.

[정리 3.6.9]

함수 g가 $[a, b]$ 위에서 단조증가라 하자. 함수 $f:[a, b] \to \mathbb{R}$이 $[a, b]$ 위에서 g에 관해 Riemann-Stieltjes 적분가능할 필요충분조건은 임의의 $\epsilon > 0$에 대하여 $[a, b]$의 분할 P_ϵ이 존재하여 $P: x_0 < x_1 < \cdots < x_n$이 P_ϵ의 세분할이면,

$$\sum_{j=1}^{n}(M_j-m_j)(g(x_j)-g(x_{j-1})) < \epsilon$$

이 성립함이다. 여기서 $j=1, 2, \cdots, n$에 대하여 $M_j := \sup\{f(x) : x \in [x_{j-1}, x_j]\}$이고 $m_j := \inf\{f(x) : x \in [x_{j-1}, x_j]\}$ 이다.

[정리 3.6.10]

f가 $[a,\ b]$ 위에서 연속함수이고 g가 $[a,\ b]$ 위에서 단조증가이면 f는 $[a,\ b]$ 위에서 g에 관해 Riemann-Stieltjes 적분가능하다.

증명 f가 $[a,\ b]$ 위에서 균등연속이므로 임의의 $\epsilon > 0$에 대하여 $\delta(\epsilon) > 0$가 존재하여 $x,\ y \in [a,\ b]$이고 $|x - y| < \delta(\epsilon)$이면 $|f(x) - f(y)| < \epsilon$ 이 성립한다.
$P_\epsilon : z_0 < z_1 < \cdots < z_r$을 $\sup\{z_k - z_{k-1}\} < \delta(\epsilon)$을 만족하는 분할이라 하자.
$P : x_0 < x_1 < \cdots < x_n$이 P_ϵ의 세분할이라면 마찬가지로 $\sup\{x_j - x_{j-1}\} < \delta(\epsilon)$이며 $M_i - m_i < \epsilon$을 만족한다. 여기서 M_i는 $[x_{i-1},\ x_i]$ 위에서 $f(x)$의 최댓값이며 m_i는 $[x_{i-1},\ x_i]$ 위에서 $f(x)$의 최솟값이다. 따라서

$$\sum_{j=1}^{n}(M_j - m_j)(g(x_j) - g(x_{j-1})) \le \epsilon(g(b) - g(a))$$

가 성립한다. 그러므로 정리 3.6.9에 의하여 f는 $[a,\ b]$ 위에서 g에 관해 Riemann-Stieltjes 적분가능하다.

[따름정리 3.6.11]

f는 $[a,\ b]$ 위에서 단조이고 g가 $[a,\ b]$ 위에서 연속함수이면 f는 $[a,\ b]$ 위에서 g에 관해 Riemann-Stieltjes 적분가능하다.

증명 (i) f가 단조증가인 경우 : g가 $[a,b]$ 위에서 연속이므로 정리 3.6.1에 의하여 g는 $[a,b]$ 위에서 f에 관해 Riemann-Stieltjes 적분가능하다. 따라서 정리 3.6.7에 의하여 f는 $[a,b]$ 위에서 g에 관해 Riemann-Stieltjes 적분가능하다.
(ii) f가 단조감소인 경우 : $-f$는 단조증가이다. 따라서 (i)과 정리 3.6.7에 의하여 $-f$는 $[a,b]$ 위에서 g에 관해 Riemann-Stieltjes 적분가능하다. 그러므로 정리 3.6.5에 의하여 $f = -(-f)$는 $[a,b]$ 위에서 g에 관해 RiemannStieltjes 적분가능하다.

예제 3.6.12

(a) 정리 3.6.10에 의하여 $f(x) := x$는 $[0,\ 1]$ 위에서 $g(x) := x^2$에 관해 Reimann-Stieltjes 적분가능하다. 그러므로

$$(R:S)\int_0^1 xd(x^2) = (R)\int_0^1 x \cdot 2xdx = \left[\frac{2}{3}x^3\right]_0^1 = \frac{2}{3}$$

(b) 정리 3.6.7을 이용하여 $(R:S)\int_0^1 xd(x^2)$을 구해보자. $f(x) = x$, $g(x) = x^2$이라면 정리 3.6.7에 의하여

$$(R:S)\int_0^1 xd(x^2) + (R:S)\int_0^1 x^2 d(x) = f(1)g(1) - f(0)g(0)$$

이므로

$$\begin{aligned}(R:S)\int_0^1 xd(x^2) &= 1 - (R:S)\int_0^1 x^2 d(x) \\ &= 1 - (R)\int_0^1 x^2 dx = \frac{2}{3}\end{aligned}$$

이다.

(c) 정리 3.6.10에 의하여 $f(x) := \sin x$는 $\left[0,\ \frac{\pi}{2}\right]$ 위에서 f에 관해 Riemann-Stieltjes 적분가능하다. 따라서

$$\begin{aligned}(R:S)\int_0^{\frac{\pi}{2}} \sin x d(\sin x) &= (R)\int_0^{\frac{\pi}{2}} \sin x \cos x dx \\ &= \left[\frac{1}{2}\sin^2 x\right]_0^{\frac{\pi}{2}} = \frac{1}{2}\end{aligned}$$

이다.

(d) 정리 3.6.7을 이용하여 $(R:S)\int_0^{\frac{\pi}{2}} \sin x d(\sin x)$을 구해보자. 정리 3.6.7에 의하여

$$(R:S)\int_0^{\frac{\pi}{2}} \sin x\, d(\sin x) + (R:S)\int_0^{\frac{\pi}{2}} \sin x\, d(\sin x) = 1$$

이므로 $(R:S)\int_0^{\frac{\pi}{2}} \sin x\, d(\sin x) = \frac{1}{2}$이다.

(e) f는 $[0,\ 5]$ 위에서 연속함수라면 정리 3.6.10에 의하여 f는 $[0,\ 5]$ 위에서

$g(x) := [x]$에 관해 Riemann-Stieltjes 적분가능하며

$$(R:S)\int_0^5 f(x)d([x]) = \sum_{i=1}^{5} f(i)$$

이다. 만일 $f(x) := x$ 라면 $(R:S)\int_0^5 f(x)d([x]) = \sum_{i=1}^{5} f(i) = 15$ 이다.

(f) 정리 3.6.10에 의하여 $f(x) := x^2$은 $[0, 5]$ 위에서 $g_1(x) := x$와 $g_2(x) = [x]$에 관해 Riemann-Stieltjes 적분가능하다. 따라서 정리 3.6.5(b)에 의하여 f는 $g(x) := x + [x]$에 관해 Riemann-Stieltjes 적분가능하다. 그러므로

$$\begin{aligned}(R:S)\int_0^5 x^2 d(x+[x]) &= (R:S)\int_0^5 x^2 dx + (R:S)\int_0^5 x^2 d([x]) \\ &= (R)\int_0^5 x^2 dx + (R:S)\int_0^5 x^2 d([x]) \\ &= \frac{5^3}{3} + (1^2 + 2^2 + 3^2 + 4^2 + 5^2)\end{aligned}$$

이다.

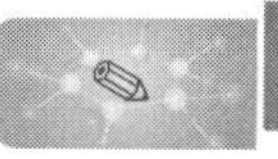

연습문제 3.6

1. $[a, b]$ 위에서 $f(x) := c$(상수)라 하자. 그러면 f는 임의의 함수 g에 대하여 Riemann-Stieltjes 적분가능하며

$$(R:S)\int_a^b f dg = c(g(b) - g(a))$$

임을 보여라.

2. g가 예제 3.6.3(b)의 함수라면 f가 g에 관해 Riemann-Stietjes 적분가능할 필요충분조건은 f가 $x = a$에서 연속임을 증명하여라.

3. 임의의 $c(a < c < b)$에 대하여 g가 예제 3.6.3(c)의 함수일 때, f가 g에 관해 Reimann

-Stieltjes 적분가능하기 위한 필요충분조건은 f가 $x=c$에서 우연속임을 증명하여라.

4. f가 $[a,\, b]$ 위에서 f에 관해 Riemann-Stieltjes 적분가능하면

$$(R:S)\int_a^b f df = \frac{1}{2}\{(f(b))^2 - (f(a))^2\}$$

임을 보여라.

5. $f(x) := [x]$라 하면 f는 $[0,\, 2]$ 위에서 f에 관해 Riemann-Stieltjes 적분가능하지 않음을 보여라.

6. $f(x) = \cos x$이고 $g(x) = \sin x$일 때, $\left[0,\, \frac{\pi}{2}\right]$ 위에서 f는 g에 관해 Riemann-Stieltjes 적분가능함을 보이고 $(R:S)\int_0^{\frac{\pi}{2}} f dg$를 구하여라.

7. $f(x) := x^3$이고 $g(x) := [x]$일 때, $(R:S)\int_0^2 f dg$를 구하여라.

함수열

4.1 점별수렴과 균등수렴(Pointwise and Uniform Convergence)

정의 4.1.1

$< f_n >$을 $A \subset \mathbb{R}$에서 정의된 실숫값을 갖는 함수열이라 하고 $A_0 \subset A$이고 $f : A_0 \to \mathbb{R}$라 하자. 각 $x \in A_0$에 대하여 수열 $< f_n(x) >$가 $f(x)$로 수렴할 때 함수열 $< f_n >$을 **A_0 위에서 f로 수렴하는 수열**(convergent sequence on A_0 to f)이라 하고 f를 **A_0 위에서 수열 $< f_n >$의 극한**(limit on A_0 of the sequence $< f_n >$)이라고 한다. 그러한 함수 f가 존재할 때, $< f_n >$이 A_0 **위에서 수렴한다**(convergent on A_0) 혹은 $< f_n >$이 A_0 **위에서 점별수렴한다**(converge pointwise on A_0)고 한다.

예제 4.1.2

(a) 모든 $x \in \mathbb{R}$에 대하여 $\lim_{n \to \infty} \frac{x}{n} = 0$이다. $n \in \mathbb{N}$에 대하여 $f_n(x) = \frac{x}{n}$라 하고 $x \in \mathbb{R}$에 대하여 $f(x) = 0$라 하자. 그러면 모든 $x \in \mathbb{R}$에 대하여

$$\lim f_n(x) = \lim \frac{x}{n} = x \lim \frac{1}{n} = x \cdot 0 = 0$$

이다.

(b) $x \in (-1, 1]$에 대하여

$$\lim(x^n) = \begin{cases} 0, & -1 < x < 1 \\ 1, & x = 1 \end{cases}$$

이다.

(c) 모든 $x \in \mathbb{R}$에 대하여 $\lim\limits_{n \to \infty} \dfrac{x^2 + nx}{n} = x$이다.

(d) 모든 $x \in \mathbb{R}$에 대하여 $\lim\limits_{n \to \infty} \dfrac{\sin(nx + n)}{n} = 0$이다.

정의 4.1.3

$< f_n >$을 $A \subset \mathbb{R}$에서 정의된 함수열이라 하고 $f : A \to \mathbb{R}$라 하자. 각 $\epsilon > 0$에 대하여 자연수 $K(\epsilon)$이 존재하여 $n \geq K(\epsilon)$이고 $x \in A$이면

$$|f_n(x) - f(x)| < \epsilon$$

을 만족할 때, $< f_n >$은 A 위에서 f로 **균등수렴**(uniformly convergent)한다고 한다.

■

[보조정리 4.1.4]

$< f_n >$을 $A \subset \mathbb{R}$에서 정의된 함수열이라 하고 $f : A \to \mathbb{R}$라 하자. $< f_n >$은 A 위에서 f로 균등수렴하지 않을 필요충분조건은 어떤 $\epsilon_0 > 0$에 대하여 $< f_n >$의 부분함수열 $< f_{n_k} >$과 A에서의 수열 $< x_k >$가 존재하여 모든 $k \in \mathbb{N}$에 대하여

$$|f_{n_k}(x_k) - f(x_k)| \geq \epsilon_0$$

이 성립함이다.

증명 정의 4.1.3으로부터 분명하다.

예제 4.1.5

(a) 예제 4.1.2(a)에서 $n_k = k$, $x_k = k$라 두면

$$|f_{n_k}(x_k) - f(x_k)| = |1 - 0| = 1$$

이다. 그러므로 함수열 $< f_n >$은 $\mathbb{R}$ 위에서 f로 균등수렴하지 않는다.

(b) 예제 4.1.2(b)에서 $g_n(x) = x^n$, $n_k = k$, $x_k = \left(\frac{1}{2}\right)^{\frac{1}{k}}$라 두면,

$$|g_k(x_k) - g(x_k)| = \left|\frac{1}{2} - 0\right| = \frac{1}{2}$$

이다. 그러므로 함수열 $< g_n >$은 $(-1, 1]$ 위에서 g로 균등수렴하지 않는다. 여기서,

$$g(x) = \begin{cases} 0, & -1 < x < 1 \\ 1, & x = 1 \end{cases}$$

이다.

정의 4.1.6

$A \subset \mathbb{R}$이고 $\psi : A \to \mathbb{R}$라 하자. $\psi(A) \subset \mathbb{R}$이 유계 부분집합일 때, ψ는 A **위에서 유계하다**(bounded on A)고 한다. ψ가 유계할 때, A 위에서 ψ의 균등노름(uniform norm)을

$$\|\psi\|_A = \sup\{|\psi(x)| : x \in A\}$$

라 정의한다.

■

(가) $\epsilon > 0$이면 $\|\psi\|_A \le \epsilon \Leftrightarrow$ 모든 $x \in A$에 대하여 $|\psi(x)| \le \epsilon$이다.

[보조정리 4.1.7]

$A \subset \mathbb{R}$ 위에서 정의된 유계인 함수열 $< f_n >$이 A 위에서 f로 균등수렴할 필요충분조건은 $\|f_n - f\|_A \to 0$이다.

증명 $< f_n >$이 A 위에서 f로 균등수렴한다고 하자. 그러면 균등수렴의 정의에 의하여 주어진 $\epsilon > 0$에 대하여 $K(\epsilon) \in \mathbb{N}$이 존재하여 $n \ge K(\epsilon)$이고 $x \in A$이면

$$|f_n(x) - f(x)| \le \epsilon$$

을 만족한다. 그러므로 f는 유계이고 $n \ge K(\epsilon)$이면 $\|f_n - f\|_A \le \epsilon$이다. 역으로 $\|f_n - f\|_A \to 0$이라 하자. 그러면 $\epsilon > 0$에 대하여 자연수 $H(\epsilon)$이 존재하여

$n \geq H(\epsilon)$이면 $\|f_n - f\|_A \leq \epsilon$ 이다. 정의 4.1.6(가)에 의하여 $n \geq H(\epsilon)$이고 $x \in A$이면 $|f_n(x) - f(x)| \leq \epsilon$ 이다. 그러므로 $< f_n >$이 A 위에서 f로 균등수렴한다.

예제 4.1.8

(a) $x \in A (:= [0, 1])$, $n \in \mathbb{N}$에 대하여 $g_n(x) = x^n$라 정의하고

$$g(x) = \begin{cases} 0, & 0 \leq x < 1 \\ 1, & x = 1 \end{cases}$$

라 정의하면 $g_n(x) - g(x)$는 A 위에서 유계이고 $n \in \mathbb{N}$이면 $\|g_n - g\|_A = 1$이다. 그러므로 $< g_n >$는 A 위에서 g로 균등수렴하지 않는다.

(b) $h_n(x) = \dfrac{x^2 + nx}{n}$, $h(x) = x$라 정의하면 $h_n(x) - h(x)$는 (a)의 A 위에서 유계이고 $n \in \mathbb{N}$이면 $\|h_n - h\|_A = \dfrac{1}{n}$이다. 그러므로 $< h_n >$는 A 위에서 h로 균등수렴한다.

[정리 4.1.9]

$< f_n >$을 $A \subset \mathbb{R}$ 위에서 유계인 함수열이라 하자. $< f_n >$이 A 위에서 유계인 함수 f에 균등수렴할 필요충분조건은 $\epsilon > 0$에 대하여 자연수 $H(\epsilon)$이 존재하여 $m, n \geq H(\epsilon)$이면 $\|f_m - f_n\|_A \leq \epsilon$을 만족한다.

증명 $< f_n >$이 A 위에서 f로 균등수렴한다고 하면 보조정리 4.1.7에 의하여 주어진 $\epsilon > 0$에 대하여 자연수 $K\left(\frac{1}{2}\epsilon\right)$이 존재하여 $n \geq K\left(\frac{1}{2}\epsilon\right)$이면 $\|f_n - f\|_A \leq \frac{1}{2}\epsilon$ 이다. 그러므로 $m, n \geq K\left(\frac{1}{2}\epsilon\right)$이면 모든 $x \in A$에 대하여

$$|f_m(x) - f_n(x)| \leq |f_m(x) - f(x)| + |f_n(x) - f(x)| \leq \frac{1}{2}\epsilon + \frac{1}{2}\epsilon = \epsilon$$

이 성립한다. 그러므로 $m, n \geq K\left(\frac{1}{2}\epsilon\right)$이면 $\|f_m - f_n\|_A \leq \epsilon$ 이다. 역으로

$\epsilon > 0$에 대하여 자연수 $H(\epsilon)$이 존재하여 $m, n \geq H(\epsilon)$이면 $\|f_m - f_n\|_A \leq \epsilon$ 이다. 그러므로 각 $x \in A$에 대하여 $m, n \geq H(\epsilon)$이면

$$|f_m(x) - f_n(x)| \leq \|f_m - f_n\|_A \leq \epsilon$$

이다. 그러므로 $< f_n(x) >$는 $A \subset \mathbb{R}$에서 수렴하는 수열이다. 함수 $f : A \to \mathbb{R}$를 $x \in A$에 대하여

$$f(x) = \lim_{n \to \infty} f_n(x)$$

라 정의하자. 각 $x \in A$에 대하여 $m \geq H(\epsilon)$이면 $|f_m(x) - f(x)| \leq \epsilon$ 이므로 $< f_n(x) >$는 A 위에서 f로 균등수렴한다.

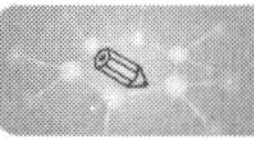

연습문제 4.1

1. 균등수렴함수들의 합은 균등수렴함을 보여라.

2. 균등수렴하는 함수들의 곱은 일반적으로 균등수렴하지 않음을 예를 들어 보여라.

3. $< f_n >, < g_n >$이 A 위에서 각각 f, g로 균등수렴하는 유계인 함수열이라 하자. $< f_n g_n >$은 fg로 균등수렴함을 보여라.

4.2 극한의 상호교환(Interchange of Limits)

예제 4.2.1

(a) $x \in [0, 1]$이고 $n \in \mathbb{N}$일 때, $g_n(x) = x^n$라 하자. 그러면 $< g_n >$은 g (예제 4.1.8(a))로 점별수렴하지만 $[0, 1]$ 위에서 균등수렴하지 않는다. g_n는 $x = 1$에서 연속이지만 g는 $x = 1$에서 불연속이다.

(b) (a)에서 $g_n(x)$는 미분가능하지만, $g(x)$는 $x=1$에서 미분불가능하다.

(c) $n \geq 2$일 때, $f_n:[0,\, 1] \to \mathbb{R}$을

$$f_n(x)=\begin{cases} n^2 x, & 0 \leq x \leq \dfrac{1}{n} \\ -n^2\left(x-\dfrac{2}{n}\right), & \dfrac{1}{n} \leq x \leq \dfrac{2}{n} \\ 0, & \dfrac{2}{n} \leq x \leq 1 \end{cases}$$

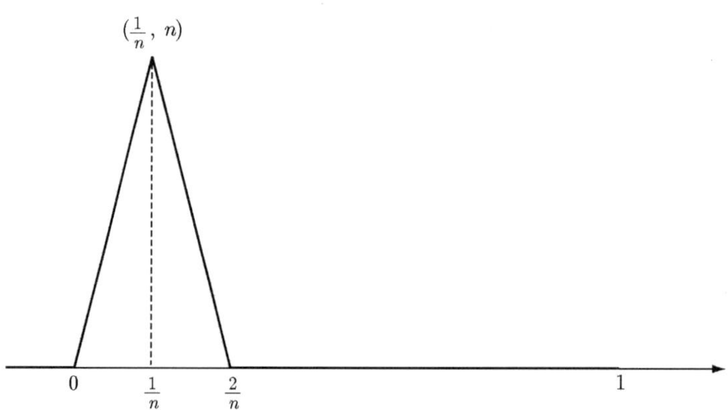

[그림 4.1] $f_n(x)$의 그래프

라 정의하자. 각 f_n은 $[0, 1]$ 위에서 연속이므로 Riemann 적분가능하며 $n \geq 2$에 대하여 $(R)\displaystyle\int_0^1 f_n(x)dx = 1$이다. 모든 $x \in [0, 1]$에 대하여 $\lim f_n(x) = 0(:= f(x))$이다. ($x=0$ 혹은 $x=1$이면 분명하다. 따라서 $0<x<1$이라 하고 임의의 $\epsilon>0$에 대하여 $\dfrac{2}{N} < x$를 만족하는 $N \in \mathbb{N}$을 택하자. $n \geq N$이면 $|f_n(x)-f(x)| = 0 < \epsilon$이다) 따라서 $(R)\displaystyle\int_0^1 f(x)dx = 0$이다. 그러므로

$$(R)\int_0^1 f(x)dx = 0 \neq 1 = \lim (R)\int_0^1 f_n(x)dx$$

이다.

(d) $x \in [0,\, 1]$이고 $n \in \mathbb{N}$일 때, $h_n(x) = 2nxe^{-nx^2}$라 하자. $H_n(x) = -e^{-nx^2}$이라 하면

$$(R)\int_0^1 h_n(x)dx = H_n(1) - H_n(0) = 1 - e^{-n}$$

이다. 또한 모든 $x \in [0, 1]$에 대하여 $\lim h_n(x) = 0 (:= h(x))$이므로

$$(R)\int_0^1 h(x)dx \neq \lim (R)\int_0^1 h_n(x)dx$$

참고 예제 4.2.1(c)에서 $< f_n >$은 $[0, 1]$ 위에서 f로 균등수렴하지 않는다.

$n_k := k$, $x_k := \dfrac{1}{k}$이라 하면 $f_{n_k}(x_k) = k$이다. 따라서 $|f_{n_k}(x_k) - f(x_k)| = k \to \infty$ 이다.

[정리 4.2.2]

$< f_n >$이 $A \subset \mathbb{R}$ 위에서 연속인 함수열이고 $f : A \to \mathbb{R}$로 균등수렴하면 f는 A위에서 연속함수이다

증명 가정에 의하여 주어진 $\epsilon > 0$에 대하여 자연수 $H = H\left(\dfrac{1}{3}\epsilon\right)$이 존재하여 $n \geq H$이면 모든 $x \in A$에 대하여 $|f_n(x) - f(x)| < \dfrac{1}{3}\epsilon$ 이다. f가 A 위에서 연속임을 보이자. 임의의 $a \in A$에 대하여

$$\begin{aligned} |f(x) - f(a)| &\leq |f(x) - f_H(x)| + |f_H(x) - f_H(a)| + |f_H(a) - f(a)| \\ &\leq \frac{1}{3}\epsilon + |f_H(x) - f_H(a)| + \frac{1}{3}\epsilon \end{aligned}$$

이다. f_H가 a에서 연속이므로 $\delta = \delta\left(\dfrac{1}{3}\epsilon, a, f_H\right) > 0$가 존재하여 $x \in A$이고 $|x - a| < \delta$이면 $|f_H(x) - f_H(a)| < \dfrac{1}{3}\epsilon$ 이다. 그러므로 $x \in A$이고 $|x - a| < \delta$ 이면 $|f(x) - f(a)| < \epsilon$ 이며 따라서 f는 A 위에서 연속이다.

(가) 예제 4.2.1(c)에 의하여 정리 4.2.2의 역은 성립하지 않는다.

예제 4.2.3

각 $n \in \mathbb{N}$에 대하여 $f_n : \mathbb{R} \to \mathbb{R}$을 $f_n(x) = \sum_{k=0}^{n} \frac{\cos(3^k x)}{2^k}$라 정의하고 $f : \mathbb{R} \to \mathbb{R}$을 $f(x) = \sum_{k=0}^{\infty} \frac{\cos(3^k x)}{2^k}$라 정의하자. $\left| \frac{\cos(3^k x)}{2^k} \right| \leq \frac{1}{2^k}$이므로 $< f_n >$은 $\mathbb{R}$ 위에서 f로 균등수렴한다. 그러므로 정리 4.2.2에 의하여 f는 $\mathbb{R}$의 모든 점에서 연속이다. 하지만 $\mathbb{R}$의 어떤 점에서도 미분가능하지 않다.(참조. [4] p. 195, [28] p. 309) 그러나 f_n은 $\mathbb{R}$의 모든 점에서 도함수를 갖는다.

[정리 4.2.4]

$J \subset \mathbb{R}$가 유계인 구간이고 $< f_n >$을 정의역이 J인 실함수열이라 하자. $x_0 \in J$가 존재하여 $< f_n(x_0) >$가 수렴하고, $< f_n' >$이 J 위에서 존재하여 함수 g로 J 위에서 균등수렴하다고 하자. 그러면 $< f_n >$은 J 위에서 f (J 위에서 미분가능한 함수)로 균등수렴하며 $f' = g$이다.

증명 $a, b(a < b)$를 J의 양 끝점이라 하고 $x \in J$라 하자. 자연수 m, n에 대하여 끝점을 x_0, x로 갖는 구간 위에서 $f_m - f_n$에 미분에 관한 평균값정리를 적용하면 $x_0 < y < x$가 존재하여

$$f_m(x) - f_n(x) = f_m(x_0) - f_n(x_0) + (x - x_0)\{f_m'(y) - f_n'(y)\}$$

이다. 그러므로

$$\|f_m - f_n\|_J \leq |f_m(x_0) - f_n(x_0)| + (b-a)\|f_m' - f_n'\|_J$$

이다. 정리 4.1.9에 의하여 $< f_n >$은 J 위에서 균등수렴한다. $< f_n >$의 극한값을 f라 하자. 정리 4.2.2에 의하여 f는 J 위에서 연속이다. f가 한 점 $c \in J$에서 미분가능하다는 것을 보이기 위하여 양 끝 점을 c, x로 갖는 구간 위에서 미분에 관한 평균값정리를 적용하면 $z(c < z < x)$가 존재하여

$$\{f_m(x) - f_n(x)\} - \{f_m(c) - f_n(c)\} = (x - c)\{f_m'(z) - f_n'(z)\}$$

이다. 그러므로 $x \neq c$이면

$$\left|\frac{f_m(x)-f_m(c)}{x-c}-\frac{f_n(x)-f_n(c)}{x-c}\right| \le \|f_m{}'-f_n{}'\|_J$$

이다. $<f_n{}'>$이 J 위에서 균등수렴하기 때문에 주어진 $\epsilon>0$에 대하여 $H(\epsilon)$이 존재하여 $m,n \ge H(\epsilon)$이고 $x \ne c$이면

$$\left|\frac{f_m(x)-f_m(c)}{x-c}-\frac{f_n(x)-f_n(c)}{x-c}\right| \le \epsilon$$

이다. 그러므로 보조정리 4.1.7과 정리 4.1.9에 의하여

$$\left|\frac{f(x)-f(c)}{x-c}-\frac{f_n(x)-f_n(c)}{x-c}\right| \le \epsilon$$

이다. $g(c)=\lim f_n{}'(c)$이므로 $N(\epsilon)$이 존재하여 $n \ge N(\epsilon)$이면 $|f_n{}'(c)-g(c)| < \epsilon$이다. $K=\sup\{H(\epsilon), N(\epsilon)\}$라 하자. $f_K{}'(c)$가 존재하기 때문에 $\delta_K(\epsilon)>0$이 존재하여 $0<|x-c|<\delta_K(\epsilon)$이면

$$\left|\frac{f(x)-f(c)}{x-c}-f_K{}'(c)\right|<\epsilon$$

이다. 그러므로 $0<|x-c|<\delta_K(\epsilon)$이면

$$\left|\frac{f(x)-f(c)}{x-c}-f_K{}'(c)\right|+|f_K{}'(c)-g(c)|<2\epsilon$$

이다. 그러므로 $f'(c)=g(c)$이다. 그러므로 J 위에서 $f'=g$이다.

(가) $f_n(x):=\sum_{k=1}^{n}\frac{\sin kx}{2^k}$, $f(x):=\sum_{n=1}^{\infty}\frac{\sin nx}{2^n}$ 라 하면 $f_n{}'(x)=\sum_{k=1}^{n}\frac{k\cos kx}{2^k}$ 이다.

비례판정법에 의하여 $\sum_{k=1}^{\infty}k2^{-k}$는 수렴하므로 $<f_n{}'>$는 $\mathbb{R}$ 위에서 균등수렴한다.

정리 4.2.4에 의하여

$$f'(x)=\lim_{n\to\infty}f_n{}'(x)=\sum_{n=1}^{\infty}\frac{n\cos nx}{2^n}$$

이다.

[정리 4.2.5]

$< f_n >$을 $[a,\ b]$ 위에서 Riemann 적분가능한 함수열이고 $[a,\ b]$ 위에서 $< f_n >$이 f로 균등수렴한다면 f는 $[a,\ b]$ 위에서 Riemann 적분가능하며

$$(R)\int_a^b f(x)dx = \lim(R)\int_a^b f_n(x)dx \tag{4.2.1}$$

를 만족한다.

증명 $[a,\ b](:= J)$에서 $< f_n >$이 f로 균등수렴하기 때문에 $K(\epsilon)(:= K)$이 존재하여 $k \geq K(\epsilon)$이면 $\|f - f_k\|_J < \dfrac{\epsilon}{4(b-a)}$ 이다. f_K가 Riemann 적분가능하므로 J의 한 분할 $P_\epsilon : x_0 < x_1 < \cdots < x_n$이 존재하여

$$U(P_\epsilon\,; f_K) - L(P_\epsilon\,; f_K) < \frac{1}{2}\epsilon$$

여기서 $U(P_\epsilon\,; f_K)$와 $L(P_\epsilon\,; f_K)$는 각각 P_ϵ에 대한 f_K의 상합과 하합이다. 모든 $x \in J$에 대하여 $|f(x) - f_K(x)| \leq \dfrac{\epsilon}{4(b-a)}$ 이다. 따라서

$$sup_{x \in [x_{j-1},\ x_j]} f(x) = M_j(f)\,,\ \sup_{x \in [x_{j-1},\ x_j]} f_K(x) = M_j(f_K)$$

이면 $M_j(f) \leq M_j(f_K) + \dfrac{\epsilon}{4(b-a)}$ 이다. 그러므로

$$U(P_\epsilon\,; f) \leq U(P_\epsilon\,; f_K) + \frac{1}{4}\epsilon$$

이며 마찬가지로

$$\inf_{x \in [x_{j-1},\ x_j]} f(x) = m_j(f)\,,\ \inf_{x \in [x_{j-1},\ x_j]} f_K(x) = m_j(f_K)$$

이면 $m_j(f_K) - \dfrac{\epsilon}{4(b-a)} \leq m_j(f)$ 이다. 즉,

$$L(P_\epsilon\,; f_K) - \frac{1}{4}\epsilon \leq L(P_\epsilon\,; f)$$

이다. 따라서

$$\begin{aligned} U(P_\epsilon\,; f) - L(P_\epsilon\,; f) &\leq U(P_\epsilon\,; f_K) - L(P_\epsilon\,; f_K) + \frac{1}{2}\epsilon \\ &< \frac{1}{2}\epsilon + \frac{1}{2}\epsilon = \epsilon \end{aligned}$$

이다. 그러므로 정리 3.1.3에 의하여 f는 J 위에서 Riemann 적분가능하다. 또한

$$\left|(R)\int_a^b f(x)-(R)\int_a^b f_n(x)dx\right| \le (R)\int_a^b |f(x)-f_n(x)|dx$$
$$\le \|f-f_n\|_J(b-a)$$

이고 $\lim\|f-f_n\|_J=0$ 이므로 (4.2.1)이 만족된다.

(가) 정리 4.2.5의 역은 성립하지 않는다.

다음 정리는 **유계수렴정리**(Bounded Convergence Theorem)라 불리는 중요한 정리이다. 증명은 생략하기로 한다.

[정리 4.2.6]

$< f_n >$을 $[a, b]$ 위에서 Riemann 적분가능한 함수열로서 Riemann 적분가능한 함수 f로 수렴한다고 하자. 또한 $B>0$가 존재하여 모든 $x\in[a, b]$와 $n\in\mathbb{N}$에 대하여 $|f_n(x)|\le B$라 하자. 그러면 (4.2.1)이 성립한다.

예제 4.2.7

각 $n\in\mathbb{N}$에 대하여 $f_n:[0, 1]\to\{0, 1\}$을

$$f_n(x)=\begin{cases}1, & x=r_1,r_2,\cdots,r_n\\ 0, & \text{그밖에}\end{cases}$$

라 정의하자. 여기서 $[0, 1]\cap\mathbb{Q}=\{r_1, r_2, \cdots, r_n, \cdots\}$이다. 그러면 $< f_n >$은 Dirichlet 함수 f로 수렴한다. $(R)\int_0^1 f_n(x)dx=0$이지만 $(R)\int_0^1 f(x)dx$는 존재하지 않는다. 그러므로

$$(R)\int_0^1 f(x)dx\ne\lim(R)\int_0^1 f_n(x)dx$$

이다.

(가) $\|f_n-f\|_{[0, 1]}=1$이므로 $< f_n >$은 $[0, 1]$ 위에서 f로 균등수렴하지 않는다.

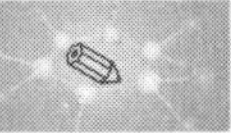

연습문제 4.2

1. [0, 1]의 각 점에서 불연속인 함수열로서 [0, 1]의 모든 점에서 연속인 함수로 균등수렴하는 함수열을 구성하여라.

2. $x \in A = [0, \infty)$에 대하여 $f_n(x) = \dfrac{nx}{1+nx^2}$라 하자. 각 f_n은 A 위에서 유계하지만 $< f_n >$의 점별수렴 극한인 함수 f는 A 위에서 유계하지 않음을 보여라. A 위에서 $< f_n(x) >$는 f로 균등수렴하는가?

3. [0, 1] 위에서 $f_n(x) = \dfrac{x^n}{n}$라 하자. $f_n(x)$는 [0, 1] 위에서 $0(:= f)$로 균등수렴함을 보여라. 또한 $< f_n' >$는 [0, 1] 위에서 어떤 함수 g로 수렴하지만 $g(1) \neq f'(1)$임을 보여라.

4. $I = [a, b]$이고 $< f_n >$은 I 위에서 정의된 실숫값을 갖는 함수로서 함수 f로 수렴한다고 하자. 각 도함수 f_n'은 I 위에서 연속이며 $< f_n' >$는 I 위에서 g로 균등수렴한다고 하자. 모든 $x \in I$에 대하여 $f(x) - f(a) = (R)\int_a^x g(t)dt$과 $f'(x) = g(x)$임을 보여라.

5. $\lim_{n\to\infty} (R)\int_1^2 e^{-nx^2}dx = 0$임을 보여라.

6. $a > 0$일 때, $\lim_{n\to\infty} (R)\int_a^{\pi} \dfrac{\sin nx}{nx}dx = 0$임을 보여라. $a = 0$이면 $\lim_{n\to\infty} (R)\int_a^{\pi} \dfrac{\sin nx}{nx}dx$은 어떻게 되는가?

7. $x \in [0, 1]$에 대하여 $f_n(x) = \dfrac{nx}{1+nx}$라 하자. $< f_n >$는 Riemann 적분가능한 함수 f로 균등수렴하지 않지만 $(R)\int_0^1 f(x)dx = \lim_{n\to\infty} (R)\int_0^1 f_n(x)dx$ 임을 보여라.

4.3 균등수렴과 이상적분(Uniform Convergence and Indefinite Intergral)

예를 들어 $f(x, t) = e^{-tx}$ $(x \in [0, +\infty),\ t \in [1, 2])$라 하면

$$(R)\int_c^{\infty} f(x, t)\,dx \le (R)\int_c^{\infty} e^{-x}\,dx = e^{-c}$$

이다. 임의의 $\epsilon > 0$에 대하여 $N(\epsilon) := [-\ln\epsilon] + 1$라 하자. $c \ge N(\epsilon)$이고 $t \in [1, 2]$이면

$$(R)\int_c^{\infty} f(x, t)\,dx \le e^{-c} < \epsilon$$

이 성립한다.

정의 4.3.1

주어진 함수 $f : [a, \infty) \times J \to \mathbb{R}$와 함수 $F : J \to \mathbb{R}$에 대하여

$$F(t) := (R)\int_a^{+\infty} f(x, t)\,dx \tag{4.3.1}$$

가 존재한다고 하자. 여기서 $J = [\alpha, \beta]$이다. 다음을 만족할 때 F는 J 위에서 **균등수렴**한다(uniform convergent)고 한다. :

임의의 $\epsilon > 0$에 대하여 $N(\epsilon) \in \mathbb{N}$이 존재하여 $c \ge N(\epsilon)$이고 $t \in J$이면

$$\left| F(t) - (R)\int_a^{c} f(x, t)\,dx \right| < \epsilon$$

이 성립한다. ■

[정리 4.3.2] (Cauchy 판정법)

각 $t \in J$에 대하여 (4.3.1)이 존재한다고 하자. 그러면 F가 J 위에서 균등수렴일 필요충분조건은 임의의 $\epsilon > 0$에 대하여 $K(\epsilon) \in \mathbb{N}$이 존재하여 $b \ge c \ge K(\epsilon)$이고 $t \in J$이면

$$\left| (R)\int_c^{b} f(x, t)\,dx \right| < \epsilon$$

이 성립함이다.

증명 F가 J 위에서 균등수렴한다고 하자. 그러면 임의의 $\epsilon > 0$에 대하여 $K(\epsilon) \in \mathbb{N}$

이 존재하여 $c \geq K(\epsilon)$이고 $t \in J$이면

$$\left| F(t) - (R)\int_a^c f(x, t)\,dx \right| < \epsilon$$

이 성립한다. 즉

$$\left| (R)\int_c^\infty f(x, t)\,dx \right| < \epsilon$$

이 성립한다. 따라서 $b \geq c \geq K(\epsilon)$이고 $t \in J$이면

$$\left| (R)\int_c^b f(x, t)\,dx \right| < \epsilon$$

이 성립한다. 역으로 임의의 $\epsilon > 0$에 대하여 $K(\epsilon) \in \mathbb{N}$이 존재하여 $b \geq c \geq K(\epsilon)$이고 $t \in J$이면

$$\left| (R)\int_c^b f(x, t)\,dx \right| < \epsilon$$

이 성립한다고 하자. $F_n(t) := (R)\int_a^{a+n} f(x, t)\,dx$라 하면 $< F_n(t) >$은 $\mathbb{R}$에서 Cauchy 수열이므로 유계하다. 그러므로 Bolzano-Weierstrass 정리(모든 유계인 수열은 수렴하는 부분수열을 갖는다.)에 의하여 $F(t) := \lim_{k \to \infty} F_{n_k}(t)$이 존재한다. 또한 $< F_n(t) >$은 $\mathbb{R}$에서 Cauchy 수열이므로 $m, n \geq K(\epsilon)$이고 $t \in J$이면 $|F_m(t) - F_m(t)| < \frac{\epsilon}{2}$를 만족한다. 따라서 가정의 의하여 $n_k \geq c \geq K(\epsilon)$이면 $|F_{n_k}(t) - F_c(t)| < \frac{\epsilon}{2}$을 만족한다. 그러므로

$$|F(t) - F_c(t)| \leq |F(t) - F_{n_k}(t)| + |F_{n_k}(t) - F_c(t)| < \frac{\epsilon}{2} + \frac{\epsilon}{2} = \epsilon$$

이며 따라서

$$\left| F(t) - (R)\int_a^c f(x, t)\,dx \right| = \left| (R)\int_c^\infty f(x, t)\,dx \right| < \epsilon$$

이 성립한다. 따라서 F는 J 위에서 균등수렴한다.

[정리 4.3.3] (Weierstrass M-테스트)

함수 $f : [a, \infty) \times J \to \mathbb{R}$가 $[a, c]$ 위에서 Riemann 적분가능하다고 하자. 그리고

함수 $M: [a, \infty) \to (0, \infty)$이 존재하여 $[a, \infty)\times J$ 위에서 $|f(x, t)| \le M(x)$ 이고 $(R)\int_a^{+\infty} M(x)\,dx$이 존재한다고 하자. 그러면 (4.3.1)은 J 위에서 균등수렴한다.

증명 비교판정법과 가정에 의하여 모든 $t \in J$에 대하여

$$(R)\int_a^{+\infty} |f(x, t)|\,dx$$

은 수렴한다. 그러므로

$$\left|(R)\int_c^b f(x, t)\,dx\right| \le (R)\int_c^b |f(x, t)|\,dx \le (R)\int_c^b M(x)\,dx$$

이므로 Cauchy 판정법에 의하여 F는 J 위에서 균등수렴한다.

[정리 4.3.4] (Dirichlet 판정법)

$f: [a, \infty)\times J \to \mathbb{R}$가 연속이고 상수 A가 존재하여 $c(\ge a)$에 $t \in J$대하여

$$\left|(R)\int_a^c f(x, t)\,dx\right| \le A$$

이 성립한다고 하자. 또한 각각의 $t \in J$에 대하여 $\phi(x, t)$가 $[a, \infty)$ 위에서 단조감소이고 $x \to +\infty$일 때 J 위에서 0에 균등수렴한다고 하자. 그러면

$$F(t) := (R)\int_a^{+\infty} f(x, t)\phi(x, t)\,dx$$

는 J 위에서 균등수렴한다.

증명 $\phi(x, t)$가 $[a, \infty)$ 위에서 $x \to +\infty$일 때 J 위에서 0에 균등수렴하므로 임의의 $\epsilon > 0$에 대하여 $K(\epsilon) \in \mathbb{N}$이 존재하여 $x \ge K(\epsilon)$이고 $t \in J$이면 $\phi(x, t) < \dfrac{\epsilon}{2A}$라 하자. $b \ge c \ge K(\epsilon)$이면 각각의 $t \in J$에 대하여 아래의 (가)에 의하여 $\xi(t) \in [c, b]$가 존재하여

$$(R)\int_c^b f(x, t)\phi(x, t)\,dx = \phi(c, t)(R)\int_c^{\xi(t)} f(x, t)\,dx \qquad (4.3.2)$$

를 만족한다. 그러므로 $b \ge c \ge K(\epsilon)$이고 $t \in J$이면

$$\left|(R)\int_c^b f(x,t)\phi(x,t)\,dx\right|$$
$$=\left|\phi(c,t)(R)\int_c^{\xi(t)} f(x,t)\,dx\right|$$
$$=\phi(c,t)\left|(R)\int_c^{\xi(t)} f(x,t)\,dx\right|$$
$$\le \phi(c,t)\left|(R)\int_a^{c} f(x,t)\,dx\right|+\phi(c,t)\left|(R)\int_a^{\xi(t)} f(x,t)\,dx\right|$$
$$\le \phi(c,t)2A<\epsilon$$

이다. 그러므로 Cauchy 판정법에 의하여 F는 J 위에서 균등수렴한다.

(가) ϕ가 $[a,b]$에서 정의된 음이 아닌 단조감소함수이고 h가 $[a,b]$ 위에서 연속함수이면 $\xi\in[a,b]$가 존재하여 $(R)\int_A^b \phi h=\phi(a)(R)\int_a^{\xi} h$이다. 왜냐하면 h가 $[a,b]$ 위에서 연속이므로 적분에 관한 평균값 정리에 의하여 $\xi'(a\le\xi'\le b)$가 존재하여 $(R)\int_a^b h=(b-a)\xi'$이다.

$$\phi(a):=\alpha,\ \phi(b):=\beta$$

라 하면 ϕ가 $[a,b]$ 위에서 단조감소이므로 ϕh는 $[a,b]$ 위에서

$$\alpha(x)\ge\phi(x)h(x)\ge\beta h(x)$$

을 만족한다. 따라서

$$\alpha(R)\int_a^b h\ge(R)\int_a^b\phi h$$

를 만족한다. 그러므로 $\xi(a\le\xi\le b)$가 존재하여 $\phi(a)(R)\int_a^{\xi} h=(R)\int_a^b\phi h$가 만족된다.

(나) $p>0$이면 $F(t):=(R)\int_1^{\infty}\frac{\sin tx}{x^p}\,dx$은 $J=[1,2]$ 위에서 균등수렴한다.

왜냐하면 (i) $p>1$인 경우: $\left|\frac{\sin tx}{x^p}\right|\le\frac{1}{x^p}$이고 $(R)\int_1^{\infty}\frac{1}{x^p}\,dx=\frac{1}{p-1}$이므로 $F(t)$는 J 위에서 균등수렴한다.

(ii) $0<p\le1$인 경우: $f(x,t)=\sin tx$이고 $\phi(x,t):=\frac{1}{x^p}$이라 하면

$\phi(x, t)$에 $x \ge 1$대하여 단조감소이고 $x \to +\infty$일 때 $t \in J$에 대하여 균등하게 0에 수렴한다. 따라서 정리 4.3.4에 의하여 $F(t)$는 J 위에서 균등수렴한다.

예제 4.3.5

(a) $f(x, t) := \dfrac{\cos tx}{1+x^2}$, $x \ge 0, t \in \mathbb{R}$이고 $M(x) = \dfrac{1}{1+x^2}$이면 $|f(x, t)| \le M(x)$이다. $(R)\displaystyle\int_0^{+\infty} M(x)\,dx = \frac{\pi}{2} < \infty$이므로 Weierstrass M-테스트에 의하여

$$(R)\int_0^{+\infty} \frac{\cos tx}{1+x^2}\,dx$$

는 $t \in \mathbb{R}$에 대하여 균등수렴한다.

(b) $x \ge 0,\ t \in [0, \beta]$에 대하여 $f(x, t) := e^{-x}x^t$라 하자. 임의의 t에 대하여

$$(R)\int_0^{+\infty} e^{-x}x^t\,dx \tag{4.3.3}$$

는 균등수렴한다. 왜냐하면 $\displaystyle\lim_{x \to +\infty} \frac{e^{-x}x^t}{x^{-2}} = 0$이므로 임의의 $\epsilon > 0$에 대하여 $K(\epsilon) \in \mathbb{N}$이 존재하여 $x \ge K(\epsilon)$에 대하여

$$0 < e^{-x}x^t \le \epsilon x^{-2}$$

가 성립한다. $(R)\displaystyle\int_{K(\epsilon)}^{+\infty} \frac{1}{x^2}\,dx$가 존재하므로 (4.3.3)은 균등수렴한다.

(c) $x \ge 0$와 $t \ge \gamma > 0$에 대하여 $f(x, t) = e^{-tx}\sin x$라 하자. 그러면

$$|f(x, t)| \le e^{-tx} \le e^{-\gamma x}$$

이다. $M(x) := e^{-\gamma x}$라 하면 $(R)\displaystyle\int_0^{+\infty} M(x)\,dx = \frac{1}{\gamma}$이다. 따라서 Weierstrass M-테스트에 의하여 $(R)\displaystyle\int_0^{+\infty} e^{-tx}\sin x\,dx$는 $t \ge \gamma > 0$에 대하여 $\dfrac{1}{1+t^2}$으로 균등수렴한다. ($t = 0$이면 $(R)\displaystyle\int_0^{+\infty} e^{-tx}\sin x\,dx$은 수렴하지 않는다.)

(d) $t \ge 0$에 대하여

$$f(x, t) := \begin{cases} e^{-tx}\dfrac{\sin x}{x}, & x > 0 \\ 1, & x = 0 \end{cases}$$

라 하자. $g(x, t) := \sin x$라 하면 $c \geq 0$일 때 $\left| (R)\int_0^c g(x, t)\,dx \right| \leq 2$이다.

$\phi(x, t) := \dfrac{e^{-tx}}{x}$라 하면 $x \geq 0$에 대하여 단조감소하고 $x \to +\infty$일 때 $t \geq 0$에 대하여 균등하게 0에 수렴한다. 따라서 Dirichlet 판정법에 의하여 $(R)\int_0^{+\infty} f(x, t)\,dx = (R)\int_0^{+\infty} g(x, t)\phi(x, t)\,dx$은 균등수렴한다.

4.4 매개변수에 의존하는 이상적분(Infinite Integral depending on Parameters)

$f : [a, \infty) \times J (:= [\alpha, \beta]) \to \mathbb{R}$는 연속함수이며 $t \in J$에 대하여

$$F(t) := (R)\int_a^{+\infty} f(x, t)\,dx \tag{4.4.1}$$

가 존재한다고 하자.

[정리 4.4.1]

$f : [a, \infty) \times J \to \mathbb{R}$는 연속함수이며 (4.4.1)이 J 위에서 균등수렴한다고 하자. 그러면 F는 연속함수이다.

증명 $n \in \mathbb{N}$에 대하여 $F_n : J \to \mathbb{R}$을

$$F_n(t) := (R)\int_a^{a+n} f(x, t)\,dx$$

라 정의하면 F_n은 J 위에서 연속이다. J 위에서 $< F_n >$은 F로 균등수렴하므로 정리 4.2.2에 의하여 F는 J 위에서 연속함수이다.

[정리 4.4.2]

정리 4.4.1의 가정하에서

$$(R)\int_\alpha^\beta F(t)\,dt = (R)\int_a^{+\infty} \left\{ (R)\int_\alpha^\beta f(x, t)\,dt \right\} dx \tag{4.4.2}$$

증명 F_n을 정리 4.4.1의 증명에서처럼 정의하면 f가 연속함수이므로

$$(R)\int_{\alpha}^{\beta} F_n(t)\,dt = (R)\int_{\alpha}^{\beta}\left\{(R)\int_{a}^{a+n} f(x,t)\,dx\right\}dt = (R)\int_{a}^{a+n}\left\{(R)\int_{\alpha}^{\beta} f(x,t)\,dt\right\}dx$$

이 성립한다. J 위에서 $< F_n >$은 F로 균등수렴하므로 정리 4.2.5에 의하여

$$\lim_n (R)\int_{\alpha}^{\beta} F_n(t)\,dt = (R)\int_{\alpha}^{\beta} F(t)\,dt$$

이 성립한다. 따라서

$$\begin{aligned}(R)\int_{\alpha}^{\beta}\left\{(R)\int_{a}^{+\infty} f(x,t)\,dx\right\}dt &= (R)\int_{\alpha}^{\beta}\lim_n F_n(t)\,dt \\ &= \lim_n (R)\int_{\alpha}^{\beta} F_n(t)\,dt \\ &= \lim_n (R)\int_{\alpha}^{\beta}\left\{(R)\int_{a}^{a+n} f(x,t)\,dx\right\}dt \\ &= \lim_n (R)\int_{a}^{a+n}\left\{(R)\int_{\alpha}^{\beta} f(x,t)\,dt\right\}dx \\ &= (R)\int_{a}^{+\infty}\left\{(R)\int_{\alpha}^{\beta} f(x,t)\,dt\right\}dx\end{aligned}$$

따라서 (4.4.2)가 성립한다.

[정리 4.4.3]

f와 f_t가 $x \geq a$와 $t \in J := [\alpha, \beta]$에 대하여 (x, t)에서 연속이라 하자. (4.4.1)이 모든 $t \in J$에 대하여 존재한다고 하자. 또한

$$G(t) := (R)\int_{a}^{+\infty} f_t(x,t)\,dx$$

가 J 위에서 균등수렴한다고 하자. 그러면 F는 J 위에서 미분가능하고 $F'(t) = G(t)$이다. 즉,

$$\frac{d}{dt}(R)\int_{a}^{+\infty} f(x,t)\,dx = (R)\int_{a}^{+\infty} f_t(x,t)\,dx$$

증명 $t \in J$에 대하여 $F_n(t) := (R)\int_a^{a+n} f(x, t)\,dx$라 하면 따름정리 3.3.4에 의하여 F_n은 미분가능하여 $F_n{}'(t) := (R)\int_a^{a+n} f_t(x, t)\,dx$이다. 가정에 의하여 $< F_n >$은 J 위에서 F로 수렴하고 $< F_n{}' >$은 J 위에서 G로 균등수렴한다. 그러므로 정리 4.2.4에 의하여 F는 J 위에서 미분가능하고 $F' = G$이다.

예제 4.4.4

$(R)\int_0^{+\infty} \frac{\sin ux}{x}\,dx = \frac{\pi}{2}$ $(u > 0)$임을 보여라.

풀이 $F(u) := (R)\int_0^{+\infty} e^{-tx}\frac{\sin ux}{x}\,dx$ $(t \geq 0,\ u \geq 0)$라 정의하자. $t > 0$이면 $u \geq 0$에 대하여 예제 4.3.5(d)와 같은 방법에 의하여 F는 균등수렴한다. 또한, Weierstrass M-테스트에 의하여 $(R)\int_0^{+\infty} e^{-tx}\cos ux\,dx$는 균등수렴하므로

$$F'(u) = (R)\int_0^{+\infty} e^{-tx}\cos ux\,dx$$

가 존재한다.

$$(R)\int_0^{A} e^{-tx}\cos ux\,dx = \left[e^{-tx}\frac{[u\sin ux - t\cos ux]}{t^2 + u^2} \right]_{x=0}^{x=A}$$

이므로 $F'(u) = \frac{t}{t^2 + u^2}$ $(u \geq 0)$이다. 그러므로

$F(u) = \tan^{-1}\frac{u}{t} + C$ $(u \geq 0)$이다. $F(0) = 0$이므로 $C = 0$이다. 따라서 $t > 0$, $u \geq 0$에 대하여

$$\tan^{-1}\frac{u}{t} = (R)\int_0^{+\infty} e^{-tx}\frac{\sin ux}{x}\,dx$$

이다. 그러므로 정리 4.4.1에 의하여 $u > 0$이면

$$\begin{aligned}\frac{\pi}{2} &= \lim_{t\to 0^+}\tan^{-1}\frac{u}{t}\\ &= \lim_{t\to 0^+}(R)\int_0^{+\infty} e^{-tx}\frac{\sin ux}{x}dx\\ &= (R)\int_0^{+\infty}\lim_{t\to 0^+} e^{-tx}\frac{\sin ux}{x}dx\\ &= (R)\int_0^{+\infty}\frac{\sin ux}{x}dx\end{aligned}$$

참고 (i) $\frac{2}{\pi}(R)\int_0^{+\infty}\frac{\sin ux}{x}dx = \begin{cases} 1, & u>0 \\ 0, & u=0 \\ -1, & u<0 \end{cases}$

(ii) 임의의 $k\in\mathbb{N}$에 대하여

$$\begin{aligned}&(R)\int_\pi^{k\pi}\left|\frac{\sin x}{x}\right|dx = (R)\int_\pi^{2\pi}\left|\frac{\sin x}{x}\right|dx+\cdots+(R)\int_{(k-1)\pi}^{k\pi}\left|\frac{\sin x}{x}\right|dx\\ &\geq (R)\int_\pi^{2\pi}\left|\frac{\sin x}{2\pi}\right|dx+\cdots+(R)\int_{(k-1)\pi}^{k\pi}\left|\frac{\sin x}{k\pi}\right|dx\\ &\geq \sum_{i=2}^{k}\frac{2}{i}\end{aligned}$$

이므로 $(R)\int_\pi^{+\infty}\left|\frac{\sin x}{x}\right|dx$ 은 수렴하지 않는다.

Lebesgue 측도

5.1 Lebesgue 측도(Lebesgue Measures)

정의 5.1.1

집합함수(set function)란 집합족 위에서 정의된 함수로서 함숫값을 $\overline{\mathbb{R}}-\{+\infty\}$ 또는 $\overline{\mathbb{R}}-\{-\infty\}$에서 갖는다.

(가) 실숫값 또는 확장 실숫값을 갖는 집합함수로서 음의 값을 갖지 않는 함수를 **양집합함수**(positive set function)라 부른다.

(나) 구간 I의 길이 $l(I)$를 구간의 끝점들의 차로 정의하면 l은 구간들의 모임 위에서의 집합함수이다.

(다) 각 구간 I와 각 $a\in\mathbb{R}$에 대하여 $l(I+a)=l(I)$이다. (단, $I+a=\{x+a\,|\,x\in I\}$.)

정의 5.1.2

각 집합 $A\in\mathscr{P}(\mathbb{R})$에 대하여

$$m^*(A)=\inf\left\{\sum_{n=1}^{\infty}l(I_n)\,|\,A\subset\bigcup_{n=1}^{\infty}I_n\right\} \tag{5.1.1}$$

로 정의되는 집합함수 $m^*:\mathscr{P}(\mathbb{R})\to\overline{\mathbb{R}}$를 **Lebesgue 외측도**(Lebesgue outer measure)라 부른다. 여기서 $\{I_n\}$은 $A\subset\bigcup_{n=1}^{\infty}I_n$을 만족하는 열린구간들의 가산모임이다.

(가) $m^*(A)$를 A의 **외측도**(outer measure)라 부른다.
(나) $m^*(\varnothing)=0$이다.
(다) $A\subset B$이면 $m^*(A)\le m^*(B)$이다.
(라) $a\in\mathbb{R}$이면 $m^*(\{a\})=0$이다.
(마) $m^*((a,\ b))=l((a,\ b))=b-a$이다.

명제 5.1.3

$\langle A_n\rangle$을 $\mathbb{R}$의 부분집합들의 집합열이라 하면

$$m^*\left(\bigcup_{n=1}^{\infty}A_n\right)\le\sum_{n=1}^{\infty}m^*(A_n) \tag{5.1.2}$$

이다.

증명 집합 A_n들 중 어느 하나의 외측도가 $+\infty$이면 (5.1.2)은 당연히 성립하므로 모든 n에 대하여 $m^*(A_n)<\infty$라 가정하자. 임의의 $\epsilon>0$에 대하여 $A_n\subset\bigcup_{i=1}^{\infty}I_{n,i}$인 열린구간들의 가산모임인 $\{I_{n,i}\}_i$가 존재하여

$$\sum_i l(I_{n,i})<m^*(A_n)+\frac{\epsilon}{2^n}\quad(n=1,2,\cdots)$$

이다. 그런데 $\bigcup_{n=1}^{\infty}A_n\subset\bigcup_{n=1}^{\infty}\left(\bigcup_{i=1}^{\infty}I_{n,i}\right)$이므로

$$\begin{aligned}m^*\left(\bigcup_{n=1}^{\infty}A_n\right)&\le\sum_{n=1}^{\infty}\left(\sum_{i=1}^{\infty}l(I_{n,i})\right)\\&<\sum_{n=1}^{\infty}\left(m^*(A_n)+\frac{\epsilon}{2^n}\right)\\&=\sum_{n=1}^{\infty}m^*(A_n)+\epsilon\end{aligned}$$

이다. ϵ은 임의의 양수이므로 $m^*\left(\bigcup_{n=1}^{\infty} A_n\right) \leq \sum_{n=1}^{\infty} m^*(A_n)$이다.

■

(가) A가 가산집합이면 $m^*(A) = 0$이다. 왜냐하면 한 점으로 이루어진 집합의 외측도가 0이기 때문이다.

정의 5.1.4 (Carathedory)

$\mathbb{R}$의 모든 부분집합 A에 대하여,

$$m^*(A) \geq m^*(A \cap E) + m^*(A \cap E^c)$$

를 만족하는 $\mathbb{R}$의 부분집합 E를 **가측집합**(measurable set)이라 한다.

■

(가) 임의의 집합 A에 대하여 $m^*(A) \leq m^*(A \cap E) + m^*(A \cap E^c)$이므로

$$m^*(A) = m^*(A \cap E) + m^*(A \cap E^c)$$

를 만족하는 집합 E도 가측이다.

(나) $m^*(E) = 0$이면 E는 가측이다. 왜냐하면 임의의 집합 A에 대하여 $A \cap E^c \subset A$이므로 $m^*(A \cap E^c) \leq m^*(A)$이다. 또한 $A \cap E \subset E$이므로 $m^*(A \cap E) = 0$이다. 따라서 $m^*(A) \geq m^*(A \cap E) + m^*(A \cap E^c)$이다. 즉, E는 가측이다.

(다) 가측집합의 정의에 의하여 E가 가측이면 E^c도 가측이다.

(라) (나)와 (다)에 의하여 $\mathbb{R}$, $\varnothing$과 $\mathbb{Q}$는 가측이다.

(마) 가측이 아닌 집합을 **비가측집합**(nonmeasurable set)이라 한다.

[보조정리 5.1.5]

무한열린구간 $I = (a, \infty)$는 가측이다.

증명 임의의 집합 A에 대하여 우선 $m^*(A) = \infty$이면

$$m^*(A) \geq m^*(A \cap I) + m^*(A \cap I^c)$$

이다. 따라서 $m^*(A) < \infty$라 하자. 그러면 임의의 $\epsilon > 0$에 대하여, $A \subset \bigcup_{n=1}^{\infty} I_n$

인 $\{I_n\}$이 존재하여 $\sum_{n=1}^{\infty} l(I_n) < m^*(A) + \epsilon$이다. $O = \bigcup_{n=1}^{\infty} I_n$라 하고 $|O|$를 **급수**(series) $\sum_{n=1}^{\infty} l(I_n)$의 유한 또는 무한 합이라 하자. $O_1 = O \cap I$, $O_2 = O \cap I^c$ 라 두면 O_1과 O_2는 서로소인 집합들이다.

$$m^*(A \cap I) \le |O_1| \text{이고 } m^*(A \cap I^c) \le |O_2| + m^*(\{a\}) = |O_2|$$

이다. 그러므로

$$m^*(A \cap I) + m^*(A \cap I^c) \le |O_1| + |O_2| = |O| < m^*(A) + \epsilon$$

이다. ϵ이 임의의 실수이므로 모든 $A(m^*(A) < \infty)$에 대하여

$$m^*(A) \ge m^*(A \cap I) + m^*(A \cap I^c)$$

이다. 따라서 I는 가측이다.

[보조정리 5.1.6]

E_1과 E_2가 가측이면 $E_1 \cup E_2$도 가측이다.

증명 임의의 집합 A에 대하여 E_1이 가측이므로

$$m^*(A) \ge m^*(A \cap E_1) + m^*(A \cap E_1^c)$$

이다. 또한 E_2도 가측이므로

$$\begin{aligned} m^*(A \cap E_1^c) &\ge m^*[(A \cap E_1^c) \cap E_2] + m^*[(A \cap E_1^c) \cap E_2^c] \\ &= m^*[(A \cap E_1^c) \cap E_2] + m^*[A \cap (E_1 \cup E_2)^c] \end{aligned}$$

이다. 그러나 $[(A \cap E_1^c) \cap E_2] \cup (A \cap E_1) = A \cap (E_1 \cup E_2)$이므로

$$m^*[A \cap (E_1 \cup E_2)] \le m^*(A \cap E_1) + m^*[(A \cap E_1^c) \cap E_2]$$

이다. 그러므로

$$\begin{aligned} m^*(A) &\ge m^*(A \cap E_1) + m^*[(A \cap E_1^c) \cap E_2] + m^*[A \cap (E_1 \cup E_2)^c] \\ &\ge m^*[A \cap (E_1 \cup E_2)] + m^*[A \cap (E_1 \cup E_2)^c] \end{aligned}$$

이다. 따라서 $E_1 \cup E_2$는 가측이다.

(가) 유한개의 가측집합들의 합집합도 가측이다.

(나) 가측인 집합들의 모임은 집합대수이다.

[정리 5.1.7]

가측인 집합들의 모임 $\mathscr{M}$는 σ-대수이다.

증명 보조정리 5.1.6(나)에 의하여 $\mathscr{M}$는 집합대수이다. 따라서 $< E_n >$을 $\mathscr{M}$에 있는 집합들의 집합열이라 할 때 $\bigcup_{n=1}^{\infty} E_n \in \mathscr{M}$을 보이면 증명은 끝난다. $B_1 = E_1$, $B_n = E_n \bigcap \left(\bigcup_{k=1}^{n-1} E_k \right)^c$ $(n \geq 2)$를 만족하는 집합열 $< B_n >$에 대하여 각 B_n은 가측이다. 명제 1.2.4에 의해서 각 n에 대하여 $\bigcup_{k=1}^{n} E_k = \bigcup_{k=1}^{n} B_k$이고 $\bigcup_{k=1}^{\infty} E_k = \bigcup_{k=1}^{\infty} B_k$이며 또한 B_n들은 서로소이다. 우선 A가 임의의 집합일 때 모든 $n \in \mathbb{N}$에 대하여

$$m^*\left(A \cap (\cup_{k=1}^{n} B_k)\right) = \sum_{k=1}^{n} m^*(A \cap B_k)$$

임을 **수학적 귀납법**(mathematical induction)을 이용하여 보이자. $n=1$일 때는 분명하다. n에 대하여 등식이 성립한다고 가정하자. $\bigcup_{k=1}^{n} B_k$가 가측이므로

$$\begin{aligned} m^*\left(A \cap \left(\bigcup_{k=1}^{n+1} B_k\right)\right) &\geq m^*\left[A \cap \left(\bigcup_{k=1}^{n+1} B_k\right) \cap \left(\bigcup_{k=1}^{n} B_k\right)\right] \\ &\quad + m^*\left[A \cap \left(\bigcup_{k=1}^{n+1} B_k\right) \cap \left(\bigcup_{k=1}^{n} B_k\right)^c\right] \\ &= m^*\left(A \cap \left(\bigcup_{k=1}^{n} B_k\right)\right) + m^*(A \cap B_{n+1}) \\ &= \sum_{k=1}^{n+1} m^*(A \cap B_k) \end{aligned}$$

이다. 따라서 모든 n에 대하여

$$m^*\left(A \cap \left(\bigcup_{k=1}^{n} B_k\right)\right) = \sum_{k=1}^{n} m^*(A \cap B_k)$$

이다. 각 n에 대하여 $\bigcup_{k=1}^{n} E_k$가 가측이므로

$$\begin{aligned} m^*(A) &\geq m^*\left(A \cap \left(\bigcup_{k=1}^{n} E_k\right)\right) + m^*\left(A \cap \left(\bigcup_{k=1}^{n} E_k\right)^c\right) \\ &\geq m^*\left(A \cap \left(\bigcup_{k=1}^{n} B_k\right)\right) + m^*\left(A \cap \left(\bigcup_{n=1}^{\infty} E_n\right)^c\right) \\ &= \sum_{k=1}^{n} m^*(A \cap B_k) + m^*\left(A \cap \left(\bigcup_{n=1}^{\infty} E_n\right)^c\right) \end{aligned}$$

이다. 이 부등식은 모든 자연수 n에 대하여 성립하므로

$$\begin{aligned} m^*(A) &\geq \sum_{n=1}^{\infty} m^*(A \cap B_n) + m^*\left(A \cap \left(\bigcup_{n=1}^{\infty} E_n\right)^c\right) \\ &\geq m^*\left(A \cap \left(\bigcup_{n=1}^{\infty} B_n\right)\right) + m^*\left(A \cap \left(\bigcup_{n=1}^{\infty} E_n\right)^c\right) \\ &= m^*\left(A \cap \left(\bigcup_{n=1}^{\infty} E_n\right)\right) + m^*\left(A \cap \left(\bigcup_{n=1}^{\infty} E_n\right)^c\right) \end{aligned}$$

이다. 따라서 $\bigcup_{n=1}^{\infty} E_n$은 가측이다.

(가) 모든 열린집합과 닫힌집합은 가측집합이다. 그 역은 성립하지 않는다. 예를 들어 $[0, 1)$은 가측집합이지만 열린집합도 닫힌집합도 아니다.

(나) $I \subset \mathbb{R}$를 한 구간이라 하면 $m^*(I) = l(I)$이다.

(다) 연습문제 5.2.7(e)에 의하여 Borel 집합은 아닌 가측집합이 존재한다.

(라) Borel 대수를 $\mathscr{B}$라 하면 $\mathscr{M}$의 진부분집합이다.

(마) 정리 5.1.7의 증명에서 $A = \mathbb{R}$이라 하면 $m^*\left(\bigcup_{k=1}^{n} B_k\right) = \sum_{k=1}^{n} m^*(B_k)$

$$m^*([a, b)) = m^*(\{a\}) + m^*((a, b)) = b - a = l([a, b))$$

이다.

정의 5.1.8

각 $E \in \mathscr{M}$에 대하여 $m(E) = m^*(E)$인 집합함수 m을 Lebesgue 측도(Lebesgue measure)라 부른다.

■

[정리 5.1.9]

Lebesgue 측도는 **가산덧셈가능**(countably additive)하다. 즉, $< E_n >$을 서로소인 가측집합열이라 하면 $m\left(\bigcup_{n=1}^{\infty} E_n\right) = \sum_{n=1}^{\infty} m(E_n)$이 성립한다.

증명 모든 $n \in \mathbb{N}$에 대하여 $\bigcup_{k=1}^{n} E_k \subset \bigcup_{n=1}^{\infty} E_n$이므로 정리 5.1.7(마)에 의하여

$$\sum_{k=1}^{n} m^*(E_k) = m^*\left(\bigcup_{k=1}^{n} E_k\right) \le m^*\left(\bigcup_{n=1}^{\infty} E_n\right)$$

이다. 따라서 $\sum_{n=1}^{\infty} m(E_n) \le m\left(\bigcup_{n=1}^{\infty} E_n\right)$이다.

명제 5.1.3에 의하여

$$m\left(\bigcup_{n=1}^{\infty} E_n\right) = m^*\left(\bigcup_{n=1}^{\infty} E_n\right) \le \sum_{n=1}^{\infty} m^*(E_n) = \sum_{n=1}^{\infty} m(E_n)$$

이므로 $m\left(\bigcup_{n=1}^{\infty} E_n\right) = \sum_{n=1}^{\infty} m(E_n)$이다.

(가) 가산집합의 측도는 0이다.

(나) 측도가 0인 비가산집합이 존재한다. 예를 들어 $F = \bigcap_{n=1}^{\infty} F_n$라 하자. 여기서 F_n은 정의 2.7.1에 있는 가측집합이다. 그러면 $F \in \mathscr{M}$이며 정리 2.7.4에 의하여 비가산집합이다. 그러면 $[0, 1] - \bigcup_{n=1}^{\infty} \bigcup_{i=1}^{2^{n-1}} J_{n,i} = F$이다. 한편 $J_{n,i}$는 서로소이고 $l(J_{n,i}) = \frac{1}{3^n}$이므로

$$m([0,\ 1]-F)=\sum_{n=1}^{\infty}\sum_{i=1}^{2^{n-1}} l(J_{n,\ i})=\sum_{n=1}^{\infty}\frac{2^{n-1}}{3^n}=1$$

이다. $m(F)\leq m([0,\ 1])=1<\infty$ 이므로 $m([0,\ 1])-m(F)=1$이다. 그러므로 $m(F)=0$이다.

[따름정리 5.1.10]

$\langle E_n\rangle$을 가측집합들의 단조증가 집합열이라 하면

$$m\left(\bigcup_{n=1}^{\infty}E_n\right)=\lim_{n\to\infty}m(E_n)$$

이다.

증명 $F_1=E_1$, $F_n=E_n\cap E_{n-1}^c\,(n\geq 2)$라 하면 $\langle F_n\rangle$은 서로소인 가측집합열이고 $\cup_n F_n=\cup_n E_n$이다. 정리 5.1.9에 의하여

$$\begin{aligned}
m(\bigcup_n E_n)&=m(\bigcup_n F_n)\\
&=\sum_{n=1}^{\infty}m(F_n)\\
&=\lim_{n\to\infty}\sum_{i=1}^{n}m(F_i)\\
&=\lim_{n\to\infty}m\left(\bigcup_{i=1}^{n}F_i\right)\\
&=\lim_{n\to\infty}m(E_n)
\end{aligned}$$

이다.

[따름정리 5.1.11]

$\langle E_n\rangle$을 가측집합들의 단조감소 집합열이라 하자. 만일 $m(E_1)<\infty$이면

$$m\left(\bigcap_{n=1}^{\infty}E_n\right)=\lim_{n\to\infty}m(E_n)$$

이다.

증명 $E=\bigcap_{n=1}^{\infty}E_n$라 하고 $F_n=E_n\cap E_{n+1}^c$라 하자. 그러면 $E_1\cap E^c=\bigcup_{n=1}^{\infty}F_n$이고 F_n은 서로소이다. 따라서 $m(E_1\cap E^c)=\sum_{n=1}^{\infty}m(F_n)=\sum_{n=1}^{\infty}m(E_n\cap E_{n+1}^c)$이다. 한편 $E\subset E_n$이고 $E_{n+1}\subset E_n$이므로 $m(E_1)=m(E_1\cap E^c)+m(E)$이고 $m(E_n)=m(E_{n+1})+m(E_n\cap E_{n+1}^c)$이다. $m(E_1)<\infty$이므로 $m(E_1\cap E^c)=m(E_1)-m(E)$, $m(E_n\cap E_{n+1}^c)=m(E_n)-m(E_{n+1})$이다. 그러므로

$$
\begin{aligned}
m(E_1)-m(E) &= \sum_{i=1}^{\infty}(m(E_i)-m(E_{i+1})) \\
&= \lim_{n\to\infty}\sum_{i=1}^{n-1}(m(E_i)-m(E_{i+1})) \\
&= \lim_{n\to\infty}(m(E_1)-m(E_n)) \\
&= m(E_1)-\lim_{n\to\infty}m(E_n)
\end{aligned}
$$

이다. $m(E_1)<\infty$이므로 $m(E)=\lim_{n\to\infty}m(E_n)$ 이다.

(가) 각 $n\in\mathbb{N}$에 대하여 $E_n=(n,\infty)$라 하면 $E_n\in\mathscr{M}$이고 $m(E_n)=+\infty$이다. 그러나 $m(\cap_n E_n)=m(\varnothing)=0\neq\infty=\lim_{n\to\infty}m(E_n)$이다. 따라서 $m(E_1)<\infty$인 조건은 반드시 필요하다.

다음 두 명제의 증명은 연습문제로 남긴다.

명제 5.1.12

Lebesgue 측도 m은 각 구간 I에 대하여 $m(I)=l(I)$를 만족하는 **이동불변**(translation invariant) 측도이다. 즉 임의의 $a\in\mathbb{R}$에 대하여 $m(I+\{a\})=m(I)$이다.

■

명제 5.1.13

E를 임의의 집합이라 하면 다음은 서로 동치이다.

(i) E는 가측이다.

(ii) 임의의 $\epsilon > 0$에 대하여, $O \supset E$이고 $m^*(O \cap E^c) < \epsilon$인 열린집합 O가 존재한다.

(iii) 임의의 $\epsilon > 0$에 대하여, $F \subset E$이고 $m^*(E \cap F^c) < \epsilon$인 닫힌집합 F가 존재한다.

(iv) $E \subset G$이고 $m^*(G \cap E^c) = 0$인 G_δ-집합 G가 존재한다.

(v) $F \subset E$이고 $m^*(E \cap F^c) = 0$인 F_σ-집합 F가 존재한다.

■

비가측 집합들이 존재함을 알아본다. 지금 각 $x, y \in [0, 1)$에 대하여

$$x \dotplus y = \begin{cases} x + y, & x + y < 1 \\ x + y - 1, & x + y \geq 1 \end{cases}$$

와 같이 정의하고 또 집합 $E \subset [0, 1)$와 $y \in [0, 1)$에 대하여

$$E \dotplus y = \{x \dotplus y \mid x \in E\}$$

라고 하자.

[보조정리 5.1.14]

$E \subset [0, 1)$라고 하자. E가 가측집합이면 각 $y \in [0, 1)$에 대하여 $E \dotplus y$는 가측이고 $m(E \dotplus y) = m(E)$이다.

증명 $E_1 = E \cap [0, 1-y)$, $E_2 = E \cap [1-y, 1)$라 하면 E_1과 E_2는 가측이며 $E_1 \cap E_2 = \varnothing$이고 $E_1 \cup E_2 = E$이다. 따라서 $m(E) = m(E_1) + m(E_2)$이다. $E_1 \dotplus y = E_1 + y$이고 $E_2 \dotplus y = E_2 + (y-1)$이므로 $E_1 \dotplus y$와 $E_2 \dotplus y$는 가측이고 $m(E_1 \dotplus y) = m(E_1)$이며 $m(E_2 \dotplus y) = m(E_2)$이다. $E \dotplus y = (E_1 \dotplus y) \cup (E_2 \dotplus y)$이고 $(E_1 \dotplus y) \cap (E_2 \dotplus y) = \varnothing$이므로 $E \dotplus y$는 가측이고

$$\begin{aligned} m(E \dotplus y) &= m(E_1 \dotplus y) + m(E_2 \dotplus y) \\ &= m(E_1) + m(E_2) \\ &= m(E) \end{aligned}$$

이다.

[정리 5.1.15]

비가측집합 $P \subset [0,\ 1)$이 존재한다.

증명 $x,\ y \in [0,\ 1)$에 대하여 $x-y$가 유리수이면 $x \sim y$라 쓰기로 하자. 그러면 $\sim$은 동치관계이므로 $[0,\ 1)$을 동치류의 집합족들. 즉, 한 족에 속하는 임의의 두 원소의 차는 유리수이고, 반면에 다른 족의 두 원소의 차는 무리수인 족들로 나눈다. 선택공리에 의하여 각 동치류의 집합족들 각각에서 단 하나의 원소를 뽑아서 만든 집합이 존재한다. 이 집합을 P라 하자. $< r_i >_{i=0}^{\infty}$를 $r_0 = 0$인 $[0,\ 1)$에 있는 유리수열이라 하고 $P_i = P \dotplus r_i$라 정의하자. 그러면 $P_0 = P$이며 $x \in P_i \cap P_j$이면 $p_i,\ p_j \in P$가 존재해서 $x = p_i \dotplus r_i = p_j \dotplus r_j$이다. $p_i - p_j = r_j - r_i \in \mathbb{Q}$이므로 $p_i \sim p_j$이다. 따라서 $i = j$이다. 즉, $i \neq j$이면 $P_i \cap P_j = \varnothing$이다. 그러므로 $< P_i >$는 서로소인 집합열이다. 반면에 $[0,\ 1)$에 속하는 각 실수 x는 한 동치류의 집합족에 속하고 따라서 P에 속하는 한 원소와 동치이다. 만일 x가 P에 속하는 한 원소와의 차가 유리수 r_i이면 $x \in P_i$이다. 따라서 $\cup_i P_i = [0,1)$이다. 보조정리 5.1.14에 의하여 P가 가측이면 P_i도 가측이며

$$m([0,1)) = \sum_{i=1}^{\infty} m(P_i) = \sum_{i=1}^{\infty} m(P)$$

이다. $m(P) = 0$이면 $\sum_{i=1}^{\infty} m(P) = 0$이고 $m(P) > 0$이면 $\sum_{i=1}^{\infty} m(P) = \infty$이다. 그러나 $m([0,\ 1)) = 1$이므로 모순이 된다. 그러므로 P는 가측집합이 아니다.

정의 5.1.16

$E \subset \mathbb{R}$에 대하여 구간들의 모임 $\mathscr{A}$가 각 $x \in E$와 각 $\epsilon > 0$에 대하여 구간 $I \in \mathscr{A}$가 존재하여 $x \in I$이고 $l(I) < \epsilon$을 만족할 때 $\mathscr{A}$를 E의 Vitali 덮개(Vitali cover)라 한다.

예제 5.1.17

$\{r_n\}$을 $[a,\ b]$의 유리수들의 정렬이라 하자. 그러면 구간들의 모임 $\{I_{n,i}\}$ $\left(I_{n,i} = \left[r_n - \frac{1}{i},\ r_n + \frac{1}{n}\right],\ n,\ i \in \mathbb{N}\right)$은 $[a,\ b]$의 한 Vitali 덮개이다.

연습문제 5.1

1. $m^*(\varnothing) = 0$임을 증명하여라.

2. $a \in \mathbb{R}$일 때 $m^*(\{a\}) = 0$임을 증명하여라.

3. $A \subset B$이면 $m^*(A) \le m^*(B)$임을 증명하여라.

4. 명제 5.1.3(가)의 역이 성립하지 않는 예를 들어라.

5. O_1과 O_2가 열린집합이면 $|O_1 \cup O_2| \le |O_1| + |O_2|$임을 보여라. 특히 $O_1 \cap O_2 = \varnothing$이면 $|O_1 \cup O_2| = |O_1| + |O_2|$임을 보여라.

6. O가 열린집합이면 $m^*(O) = |O|$임을 증명하여라.

7. m^*는 이동불변임을 증명하여라.

8. 보조정리 5.1.6(나)를 증명하여라.

9. 명제 5.1.12를 증명하여라.

10. 명제 5.1.13를 증명하여라.

5.2 가측함수(Measurable Functions)

정의 5.2.1

$E \subset \mathbb{R}$이고 $f : E \to \overline{\mathbb{R}}$가 함수라고 하자. 만일 E가 가측집합이고, 각 $\alpha \in \mathbb{R}$에 대하여 집

합 $\{x \in E \mid f(x) > \alpha\}$이 가측일 때, f를 **가측함수**(measurable function)라 한다.

■

(가) 집합 $\{x \in E \mid f(x) > \alpha\}$가 가측이라는 것을 $\{x \in E \mid f(x) > \alpha\} \in \mathscr{M}$으로 쓰기로 한다. 즉, $\mathscr{M}$은 가측집합들의 모임이다.

(나) 함수 $f : \mathbb{R} \to \mathbb{R}$을

$$f(x) = \begin{cases} 1, & 0 \le x < 1 \\ -1, & \text{그밖에} \end{cases}$$

라 정의하면

$$\{x \in \mathbb{R} \mid f(x) > \alpha\} = \begin{cases} \varnothing, & \alpha \ge 1 \\ [0, 1), & -1 \le \alpha < 1 \\ \mathbb{R}, & \alpha < -1 \end{cases}$$

이므로 가측함수이다.

(다) $E \subset \mathbb{R}$일 때 χ_E가 가측함수일 필요충분조건은 $E \in \mathscr{M}$이다.

(라) 가측이 아닌 함수를 **비가측함수**(nonmeasurable function)라 한다.

명제 5.2.2

$E \in \mathscr{M}$일 때 다음 명제들은 서로 동치이다.

(i) 각 $\alpha \in \mathbb{R}$에 대하여 $\{x \in E \mid f(x) > \alpha\} \in \mathscr{M}$.

(ii) 각 $\alpha \in \mathbb{R}$에 대하여 $\{x \in E \mid f(x) \ge \alpha\} \in \mathscr{M}$.

(iii) 각 $\alpha \in \mathbb{R}$에 대하여 $\{x \in E \mid f(x) < \alpha\} \in \mathscr{M}$.

(iv) 각 $\alpha \in \mathbb{R}$에 대하여 $\{x \in E \mid f(x) \le \alpha\} \in \mathscr{M}$.

증명 (i) ⇒ (iv) : 각 $\alpha \in \mathbb{R}$에 대하여 $\{x \in E \mid f(x) \le \alpha\} = E \cap \{x \in E \mid f(x) > \alpha\}^c$ 이므로 정리 5.1.7에 의하여 $\{x \in E \mid f(x) \le \alpha\} \in \mathscr{M}$이다.

(iv) ⇒ (i) : 각 $\alpha \in \mathbb{R}$에 대하여 $\{x \in E \mid f(x) > \alpha\} = E \cap \{x \in E \mid f(x) \le \alpha\}^c$ 이므로 정리 5.1.7에 의하여 $\{x \in E \mid f(x) > \alpha\} \in \mathscr{M}$이다.

(ii) ⇔ (iii) : (i) ⇔ (iv)의 증명과 같다.

(i) ⇒ (ii) : 각 $\alpha \in \mathbb{R}$에 대하여 $\{x \in E \mid f(x) \ge \alpha\} = \bigcap_{n=1}^{\infty} \left\{x \in E \mid f(x) > \alpha - \frac{1}{n}\right\}$

이므로 정리 5.1.7에 의하여 $\{x \in E \mid f(x) \ge \alpha\} \in \mathscr{M}$이다.

(ii) $\Rightarrow$ (i) : 각 $\alpha \in \mathbb{R}$에 대하여 $\{x \in E \mid f(x) > \alpha\} = \bigcup_{n=1}^{\infty} \left\{x \in E \mid f(x) \geq \alpha + \frac{1}{n}\right\}$

이므로 정리 5.1.7에 의하여 $\{x \in E \mid f(x) > \alpha\} \in \mathscr{M}$이다.

■

[따름정리 5.2.3]

$E \in \mathscr{M}$일 때 $f : E \to \overline{\mathbb{R}}$이 가측함수이면 각 $\alpha \in \overline{\mathbb{R}}$에 대하여

$$\{x \in E \mid f(x) = \alpha\} \in \mathscr{M}$$

이다.

증명 명제 5.2.2에 의하여 각 $\alpha \in \mathbb{R}$에 대하여 $\{x \in E \mid f(x) \geq \alpha\} \in \mathscr{M}$이고 $\{x \in E \mid f(x) \leq \alpha\} \in \mathscr{M}$이다.

$$\{x \in E \mid f(x) = \alpha\} = \{x \in E \mid f(x) \geq \alpha\} \cap \{x \in E \mid f(x) \leq \alpha\}$$

이므로 $\{x \in E \mid f(x) = \alpha\} \in \mathscr{M}$이다. $\alpha = \infty$에 대하여

$$\{x \in E \mid f(x) = \infty\} = \bigcap_{n=1}^{\infty} \{x \in E \mid f(x) \geq n\}$$

이므로 $\{x \in E \mid f(x) = \infty\} \in \mathscr{M}$이다.

$\alpha = -\infty$에 대해서도 $\{x \in E \mid f(x) = -\infty\} \in \mathscr{M}$이다.

(가) 따름정리 5.2.3의 역은 성립하지 않는다. P를 $E = [0, 1)$에서 비가측 집합이라 하고 함수 $f : E \to \overline{\mathbb{R}}$를

$$f(x) = \begin{cases} x^2 + 1, & x \in P \\ -x^2 - 1, & x \in E - P \end{cases}$$

라 정의하자. 그러면 각 $\alpha \in \overline{\mathbb{R}}$에 대하여 $\{x \in E \mid f(x) = \alpha\}$는 많아야 1개의 원소를 가지므로 가측집합이다. 그러나 $\{x \in E \mid f(x) > 0\} = P$는 비가측집합이다. 따라서 f는 비가측함수이다.

(나) $E \in \mathscr{M}$이고 $f : E \to \mathbb{R}$이 연속함수이면 f는 가측함수이다. 왜냐하면 각 $\alpha \in \mathbb{R}$에 대하여

$$\{x \in E \mid f(x) > \alpha\} = f^{-1}((\alpha, \infty)) \cap E$$

이다. (α, ∞)가 열린집합이고 f가 연속함수이므로 정리 2.6.3에 의하여 $f^{-1}((\alpha, \infty))$도 열린집합이고 열린집합은 가측이므로 $f^{-1}((\alpha, \infty)) \cap E \in \mathscr{M}$이다. 따라서 f는 가측함수이다.

(다) (나)의 역은 성립하지 않는다. 함수 $f : \mathbb{R} \to \{0, 1\}$를

$$f(x) = \begin{cases} 1, & 0 \le x < 1 \\ 0, & \text{그밖에} \end{cases}$$

라 정의하자. f는 가측함수이지만 불연속함수이다.

[정리 5.2.4]

c는 상수이고, f와 g는 같은 정의역 $E \in \mathscr{M}$를 갖는 두 개의 가측인 실숫값을 갖는 함수라 하자. 그러면 함수 $f+c$, cf, $f+g$, $f-g$, $|f|$, fg 는 가측함수이다.

증명 각 $\alpha \in \mathbb{R}$에 대하여 $\{x \mid f(x)+c > \alpha\} = \{x \mid f(x) > \alpha - c\}$ 이고 f가 가측함수이므로 $\{x \mid f(x) > \alpha - c\} \in \mathscr{M}$이다. 그러므로 $\{x \mid f(x)+c > \alpha\} \in \mathscr{M}$이고 따라서 $f+c$는 가측함수이다. 유사한 방법으로 cf가 가측함수임을 보일 수 있다. $f+g$가 가측함수임을 보이자.

$$\begin{aligned} \{x \mid f(x)+g(x) < \alpha\} &= \{x \mid f(x) < \alpha - g(x)\} \\ &= \bigcup_{r \in \mathbb{Q}} [\{x \mid f(x) < r\} \cap \{x \mid g(x) < \alpha - r\}] \end{aligned}$$

이다. $\mathbb{Q}$가 가산이고 $\{x \mid f(x) < r\} \in \mathscr{M}$이고 $\{x \mid g(x) < \alpha - r\} \in \mathscr{M}$이므로 $\{x \mid f(x)+g(x) < \alpha\} \in \mathscr{M}$이다. 따라서 $f+g$는 가측함수이다. g가 가측함수이면 $-g = (-1)g$도 가측함수이고 그러므로 $f-g = f+(-g)$ 도 가측함수이다.

$$\{x \mid |f(x)| > \alpha\} = \begin{cases} E, & \alpha < 0 \\ \{x \mid f(x) > \alpha\} \cup \{x \mid f(x) < -\alpha\}, & \alpha \ge 0 \end{cases}$$

이므로 $|f|$는 가측함수이다. fg가 가측함수임을 보이자.

$$\{x \mid f^2(x) > \alpha\} = \begin{cases} \{x \mid f(x) > \sqrt{\alpha}\} \cup \{x \mid f(x) < -\sqrt{\alpha}\}, & \alpha \ge 0 \\ E, & \alpha < 0 \end{cases}$$

이므로 f^2은 가측함수이다. 따라서

$$fg = \frac{1}{2}[(f+g)^2 - f^2 - g^2]$$

도 가측함수이다.

예제 5.2.5

P를 $E=[0, 1)$의 비가측 부분집합이라 하고 함수 $f: E \to \mathbb{R}$을

$$f(x) = \begin{cases} x^2+1, & x \in P \\ -x^2-1, & x \in E-P \end{cases}$$

라 정의하면 $|f|$는 가측함수이지만 f는 비가측함수이다.

[정리 5.2.6]

$< f_n >$을 정의역이 같은 가측함수열이라면 $\sup_n f_n$과 $\inf_n f_n$은 가측함수이다.

증명 $G(x) = \sup_n f_n(x)$라 두자. 각 $\alpha \in \mathbb{R}$에 대하여

$$\{x \mid G(x) \le \alpha\} = \bigcap_{n=1}^{\infty} \{x \mid f_n(x) \le \alpha\}$$

이다. 따라서 G는 가측함수이다. $\inf_n f_n = -\sup_n(-f_n)$이므로 $\inf_n f_n$도 가측함수이다.

(가) $\overline{\lim} f_n = \inf_{n \ge 1} \sup_{k \ge n} f_k$이고 $\underline{\lim} f_n = \sup_{n \ge 1} \inf_{k \ge n} f_k$이므로 $\overline{\lim} f_n$과 $\underline{\lim} f_n$도 가측함수이다.

정의 5.2.7

실수 x에 관한 **명제**(statement) $P(x)$가 $m(E_1)=0$인 E의 부분집합 E_1의 점들을 제외한 E의 모든 점에서 성립할 때 $P(x)$는 "E 위의 **거의 모든 곳에서**(almost everywhere 또는 a.e.) 성립한다"고 한다.

■

(가) f와 g가 $[a, b]$ 위에서 정의된 실숫값을 갖는 함수들이라 하자.

$$m(\{x \in [a, b] : f(x) \neq g(x)\}) = 0$$

일 때 f와 g는 **거의 모든 곳에서 같다**(equal almost everywhere)라 하고 $f = g$ a.e. 라 쓴다.

(나) f가 $[a, b]$ 위에서 정의된 실숫값을 갖는 함수들이라 하자.

$$m(\{x \in [a, b] : f\text{가 } x\text{에서 불연속}\}) = 0$$

일 때 f는 **거의 모든 곳에서 연속**(continuous almost everywhere)라 하고 f : 연속 $a.e.$라 쓴다.

(다) f와 $f_n(n = 1, 2, \cdots)$이 $[a, b]$ 위에서 정의된 실숫값을 갖는 함수들이라 하자.

$$m(\{x \in [a, b] : < f_n(x) > \text{가 } f(x)\text{에 수렴하지 않는다}\}) = 0$$

일 때 $< f_n >$은 f로 "**거의 모든 곳에서 수렴**(convergent almost everywhere)한다."라 하고 $f_n \rightarrow f$ a.e. 라 쓴다.

예제 5.2.8

(a) 함수 $f : \mathbb{R} \rightarrow \mathbb{R}$을 각 $x \in \mathbb{R}$에 대하여

$$f(x) = \begin{cases} 0, & x \in \mathbb{Q} \\ 1, & x \notin \mathbb{Q} \end{cases}$$

와 같이 정의하면 $f = 1$ a.e. 이다.

(b) $\mathbb{Q} \cap [0, 1] = \{x_k | 0 \leq x_k \leq 1, x_k \in \mathbb{Q}\}$라 하자. 각 $n \in \mathbb{N}$에 대하여

$$f_n(x) = \begin{cases} 0, & x = x_k,\ 1 \leq k \leq n \\ 1, & \text{그렇지 않은 경우} \end{cases}$$

라 정의하면 $[0, 1]$ 위에서 $f_n \rightarrow 1$ a.e. 이다.

[정리 5.2.9]

f와 g는 가측집합 E 위에서 정의된 실숫값을 갖는 함수들이라 하자. f가 가측함수이고 $f = g$ a.e. 이면 g도 E 위에서 가측함수이다.

증명 $A = \{x \in E : g(x) \neq f(x)\}$라 하자. 그러면 $m(A) = 0$이다. $F = E - A$라 하

자. A가 가측이므로 F도 가측이다. 또한 F 위에서 $g(x)=f(x)$이다. $s\in\mathbb{R}$이라 하자. 그러면

$$\begin{aligned}\{x\in E: g(x)>s\} &= \{x\in F: g(x)>s\}\cup\{x\in A: g(x)>s\}\\ &= \{x\in F: f(x)>s\}\cup\{x\in A: g(x)>s\}\end{aligned}$$

이다. $A_1 := \{x\in A: g(x)>s\}$은 A의 부분집합이고 $m(A)=0$이므로 $m^*(A)=0$이다. $A_1\subset A$이므로 $m^*(A_1)=0$이다. 따라서 A_1은 가측집합이다. 또한 f가 가측이므로 $\{x\in F: f(x)>s\}$도 가측이다. 그러므로 $\{x: g(x)>s\}$는 가측집합이다. 따라서 g도 가측함수이다.

예제 5.2.10

예제 5.2.8(a)에 있는 함수 f는 가측함수이다. 왜냐하면 함수 $g:\mathbb{R}\to\mathbb{R}$을 $g(x)=1$로 정의하면 g는 가측함수이고 $g=f$ a.e.이다. 따라서 정리 5.2.9에 의하여 f도 가측함수이다.

연습문제 5.2

1. $E\subset\mathbb{R}$일 때 χ_E가 가측함수일 필요충분조건은 $E\in\mathscr{M}$임을 증명하여라.

2. 함수 $f:[0,1]\to\mathbb{R}$을

$$f(x)=\begin{cases}\dfrac{1}{x}, & 0<x<1\\ 2, & x=0\\ 3, & x=1\end{cases}$$

라 정의할 때, f가 가측함수임을 증명하여라.

3. 임의의 $r\in\mathbb{Q}$에 대하여 $\{x\mid f(x)>r\}\in\mathscr{M}$이 되는 함수 $f:\mathbb{R}\to\mathbb{R}$은 가측함수임을 증명하여라.

4. f가 가측함수이고 B가 Borel 집합이면 $f^{-1}[B] \in \mathscr{M}$임을 보여라.

5. $E \subset \mathbb{R}$가 가측이고 각 $\alpha \in \mathbb{R}$에 대하여 $\{x \in E \mid f(x) > \alpha\}$가 Borel 집합일 때, $f: E \to \overline{\mathbb{R}}$를 **Borel 가측함수**(Borel measurable function)라 한다. 다음을 증명하여라.
   (i) $f: E \to \overline{\mathbb{R}}$가 Borel 가측함수이면 f는 가측함수이다.
   (ii) f가 Borel 가측함수이고 B가 Borel 집합이면 $f^{-1}[B]$도 Borel 집합이다.
   (iii) f와 g가 Borel 가측함수이면 $f \circ g$도 Borel 가측함수이다.
   (iv) f가 Borel 가측함수이고 g가 가측함수이면 $f \circ g$는 가측함수이다.

6. D와 E가 가측집합이고 $f: D \cup E \to \overline{\mathbb{R}}$라 하자. 이때, f가 가측함수일 필요충분조건은 $f|_D$와 $f|_E$가 가측함수임을 증명하여라.

7. f_1을 Cantor 함수라 하고 f를 $f(x) = f_1(x) + x$라 정의하자.
   (a) $f: [0, 1] \to [0, 2]$는 **위상동형사상**(homeomorphism) 즉, f는 전단사함수이며 f와 f^{-1}는 연속함수임을 보여라.
   (b) f는 Cantor 삼진집합 F에서 측도가 1인 집합 C로의 전사함수임을 보여라.
   (c) $g = f^{-1}$이라 하자. $g^{-1}(A)$가 비가측이 되는 가측집합 A가 존재한다.
   (d) $h \circ g$가 비가측함수가 되는 연속함수 g와 가측함수 h의 예를 들어라.
   (e) Borel 집합이 아닌 가측집합이 존재함을 보여라.

5.3 가측함수열(Sequences of Measurable Functions)

[정리 5.3.1]

E는 유한 가측집합이고 $\langle f_n \rangle$은 E 위에서 정의된 가측함수열이라 하자. 함수 $f: E \to \mathbb{R}$를 각 $x \in E$에 대하여 $f_n(x) \to f(x)$를 만족하는 가측함수라 하면, 주어진 $\epsilon > 0$과 $\delta > 0$에 대하여 $m(A) < \delta$인 가측집합 $A \subset E$와 자연수 N이 존재하여 모든 $x \in E - A$와 모든 $n \geq N$에 대하여 $|f_n(x) - f(x)| < \epsilon$을 만족한다.

증명 각 $n \in \mathbb{N}$에 대하여

$$G_n = \{x \in E \mid |f_n(x) - f(x)| \geq \epsilon\}$$

라 하면 f_n과 f가 가측함수이므로 G_n들도 가측집합들이다. 집합 E_k를

$$\begin{aligned} E_k &= \bigcup_{n=k}^{\infty} G_n \\ &= \{x \mid \text{어떤 } n \geq k \text{ 에 대하여 } x \in G_n\} \\ &= \{x \in E \mid \text{어떤 } n \geq k\text{에 대하여 } |f_n(x) - f(x)| \geq \epsilon\} \end{aligned}$$

라 정의하면, 집합열 $< E_k >$은 단조감소하고 각 $x \in E$에 대하여 $x \notin E_k$인 E_k가 존재한다. 왜냐하면 만일 모든 k에 대하여 $x \in E_k$라면 주어진 고정된 k에 대하여

$$\text{어떤 } n \geq k\text{에 대하여 } |f_n(x) - f(x)| \geq \epsilon$$

이다. 따라서 $\lim\limits_{n \to \infty} f_n(x) \neq f(x)$ 이므로 모순이다. 그러므로 $< E_k >$는 $\bigcap\limits_{k=1}^{\infty} E_k = \varnothing$ 을 만족하는 가측집합들의 단조감소 집합열이다. 그러므로 따름정리 5.1.11에 의하여

$$\lim_{n \to \infty} m(E_n) = 0$$

이다. 그러므로 주어진 $\delta > 0$에 대하여 자연수 N이 존재하여 어떤 $k \geq N$에 대하여 $m(E_k) < \delta$이다. 특히

$$m(E_N) = m(\{x \in E \mid \exists n (\geq N); |f_n(x) - f(x)| \geq \epsilon\}) < \delta$$

이다. $A = E_N$라 두면 $m(A) < \delta$이고

$$E - A = \{x \in E \mid \forall n \geq N, |f_n(x) - f(x)| < \epsilon\}$$

이다. 즉, 모든 $n \geq N$과 모든 $x \in E - A$에 대하여 $|f_n(x) - f(x)| < \epsilon$ 이다.

[따름정리 5.3.2]

E는 유한 가측집합이고 $< f_n >$은 E 위에서 정의된 가측함수열이라 하자. 함수 $f : E \to \mathbb{R}$를 각 $x \in E$에 대하여 $f_n(x) \to f(x)$ a.e. 를 만족하는 가측함수라 하면, 주어진 $\epsilon > 0$과 $\delta > 0$에 대하여 $m(A) < \delta$인 가측집합 $A \subset E$와 자연수 $N = N(\epsilon, \delta)$

이 존재하여 모든 $x \in E-A$와 모든 $n \geq N$에 대하여 $|f_n(x)-f(x)| < \epsilon$을 만족한다.

증명 F를

$$F=\left\{x \in E \mid \lim_{n \to \infty} f_n(x) \neq f(x)\right\}$$

라 하자. 그러면 $m(F)=0$이고 모든 $x \in E-F(=E_1)$에 대하여 $f_n(x) \to f(x)$이다. 정리 5.3.1에 의하여 $m(A_1) < \delta$인 가측집합 $A_1 \subset E_1$와 정수 N이 존재하여 모든 $x \in E_1 - A_1$와 모든 $n \geq N$에 대하여 $|f_n(x)-f(x)| < \epsilon$을 만족한다. $m(F)=0$이므로 $A = A_1 \cup F$라 두면 $E \backslash A = E_1 \backslash A_1$이 되어 증명이 끝난다.

예제 5.3.3

정리 5.3.1에서 조건 $m(E) < \infty$는 필수적이다. 왜냐하면 각 $n \in \mathbb{N}$에 대하여 함수 f_n을

$$f_n(x)=\begin{cases} 0, & 0 \leq x \leq n \\ 1, & x > n \end{cases}$$

라 정의하면 수열 $<f_n>$은 $f \equiv 0$로 수렴하는 가측함수열이다. $\epsilon = 1$이라 하고 $0 < \delta < 1$인 δ를 택하면 $|f_n(x)-f(x)| < \epsilon$을 만족하는 $m(A) < \delta$인 $A \subset E$와 자연수 N은 존재하지 않는다.

정의 5.3.4

가측함수열 $<f_n>$가 E 위에서 정의된 가측함수 f에 **거의 균등수렴**(converge almost uniformly) 한다는 것은 각 $\epsilon > 0$에 대하여 $m(A) < \epsilon$을 만족하는 가측집합 $A \subset E$가 존재하여 $<f_n>$은 $E-A$ 위에서 **균등하게**(uniformly) f에 수렴할 때를 말한다.

■

(가) $f_n(x)=x^n \ (0 \leq x \leq 1)$라 정의된 $[0, 1]$ 위에서 정의된 함수열 $<f_n>$은 $[0, 1]$ 위에서 **0-함수**(zero function)에 점별수렴 하지만 균등수렴 하지는 않는다. 그러나

각 $\epsilon > 0$에 대하여 닫힌구간 $[0, 1-\epsilon]$ 위에서 균등하게 0-함수에 수렴한다. 다시 말해서, 각각의 주어진 $\epsilon > 0$에 대하여 $m(A) < \epsilon$인 $A \subset E$가 존재하여 $< f_n >$은 집합 $[0, 1]-A$ 위에서 0-함수에 균등수렴한다.

(나) 거의 균등하게 $f_n \to f$ 라 하면 각 $n \in \mathbb{N}$에 대하여 E_n이 존재하여 $m(E_n) < \dfrac{1}{n}$이고 $E - E_n$ 위에서 균등하게 $f_n \to f$ 이다. $A = \bigcup_{n=1}^{\infty}(E - E_n)$라 하면 $m(E - A) = 0$이고 각 $x \in A$에 대하여 $f_n(x) \to f(x)$ 이다. 따라서 거의 균등수렴하면 측도로 수렴한다.

[정리 5.3.5] (Egoroff 정리)

E는 유한 가측집합이고 $< f_n >$은 E 위에서 정의된 가측함수열이라 하자. 함수 $f : E \to \mathbb{R}$를 각 $x \in E$에 대하여 $f_n(x) \to f(x)$ a.e. 를 만족하는 가측함수라 하면, 주어진 $\eta > 0$에 대하여 $m(A) < \eta$인 가측집합 $A \subset E$가 존재하여 $< f_n >$은 $E - A$ 위에서 f로 균등수렴한다.

증명 따름정리 5.3.2에서 $\epsilon = 1$, $\delta = \dfrac{\eta}{2}$라 두면 $m(A_1) < \delta$인 가측집합 $A_1 \subset E$과 자연수 N_1이 존재하여 모든 $n \geq N_1$과 $x \in E_1 (= E - A_1)$에 대하여

$$|f_n(x) - f(x)| < 1$$

를 만족한다. 다시 $\epsilon = \dfrac{1}{2}$, $\delta = \dfrac{\eta}{2^2}$라 두면 $m(A_2) < \delta$인 가측집합 $A_2 \subset E_1$과 자연수 N_2가 존재하여 모든 $n \geq N_2$과 $x \in E_2 (= E_1 - A_2)$에 대하여

$$|f_n(x) - f(x)| < \frac{1}{2}$$

를 만족한다. 이와 같이 계속하면 n번째 단계에서는 $m(A_n) < \delta$인 가측집합 $A_n \subset E_{n-1}$과 자연수 N_n가 존재하여 모든 $n \geq N_n$과 $x \in E_n (= E_{n-1} - A_n)$에 대하여

$$|f_n(x) - f(x)| < \frac{1}{n}$$

를 만족한다.

$$A = \bigcup_{n=1}^{\infty} A_n$$

라 두면

$$m(A) \le \sum_{n=1}^{\infty} m(A_n) < \sum_{n=1}^{\infty} \frac{\eta}{2^n} = \eta$$

이며 $E_0 := E$라 하면

$$\begin{aligned} E-A &= E-\bigcup_n A_n \\ &= \bigcap_n (E-A_n) = \bigcap_n (E_{n-1}-A_n) \\ &= \bigcap_n E_n \end{aligned}$$

이다. $x \in E-A$라 하면 모든 n에 대하여 $x \in E_n$이고 따라서 모든 $n \ge N_n$에 대하여

$$|f_n(x)-f(x)| < \frac{1}{n}$$

이다. $\frac{1}{n} < \epsilon$인 n을 택하면 모든 $x \in E-A$와 $n \ge N_n (:= N)$에 대하여

$$|f_n(x)-f(x)| < \epsilon$$

이다.

(가) 만일 $m(E)=\infty$이면 정리 5.3.5는 성립하지 않는다. $E=\mathbb{R}$, $f_n = \chi_{[n,\, n+1]}$라 두면 $f_n \to f \equiv 0$ a.e. 측도가 아무리 작은 가측집합 A에 대해서도 $E-A$ 위에서 $\|f_n - f\|_u = 1$이므로 $< f_n >$은 $E-A$ 위에서 f로 균등수렴하지 않는다.

(나) Egoroff 정리는 “$m(E-A)=0$를 만족하는 A가 존재하여 $< f_n >$이 A 위에서 균등수렴한다”는 것을 의미하지는 않는다. 예를 들어 $\{r_n\}$을 $[0, 1]$에 있는 유리수들의 **정렬**(enumeration)이라 하고 각 $n \in \mathbb{N}$에 대하여

$$f_n(x) = \begin{cases} 1, & x = r_1, \cdots, r_n \\ 0, & \text{그밖에} \end{cases}$$

이라 정의하면 $< f_n >$은 $[0, 1]$ 위에서 $\chi_{\mathbb{Q}}$로 점별수렴한다. 더욱이 무리수들의 집합 위에서는 균등수렴한다. 즉, $< f_n >$은 측도가 0인 집합 밖에서는 $\chi_{\mathbb{Q}}$로 균등수

렴한다. 각 n에 대하여 $g_n = \chi_{\left(0,\ \frac{1}{n}\right)}$라 정의하면 $< g_n >$은 $[0,\ 1]$ 위에서 0-함수로 점별수렴한다. 따라서 Egoroff 정리에 의하여 수렴성은 **거의균등**(almost uniform)이다. 하지만 $< g_n >$은 측도가 0인 집합 밖에서 균등수렴하지 않는다.

정의 5.3.6

다음과 같이 정의된 함수 $f : \mathbb{R} \to \mathbb{R}$를

$$f(x) = \sum_{i=1}^{n} \alpha_i \chi_{A_i}(x),\ \ \alpha_i \in \mathbb{R},\ A_i : \text{구간}$$

계단함수(step function)라 한다. ■

예제 5.3.7

(1) 함수 $f : [a,\ b] \to \mathbb{R}$를

$$f(x) = \begin{cases} \alpha, & a \le x < c \\ \beta, & c \le x \le b \end{cases}$$

라 정의하면 f 는 계단함수이다.

(2) $[-1,1]$ 위에서 정의된 sgn은 계단함수이다.

(3) 주어진 닫힌구간에서 정의된 **최대정수함수**(greatest integer function) $f(x) = [x]$는 계단함수이다.

(4) $H : \mathbb{R} \to \mathbb{R}$를

$$H(x) = \begin{cases} 1, & x > 0 \\ \frac{1}{2}, & x = 0 \\ 0, & x < 0 \end{cases}$$

라 정의하면 H는 계단함수이다. H를 Heaviside계단함수(Heaviside step function) 혹은 단위계단함수(unit step function)라 한다.

정의 5.3.8

집합 E_i , $i = 1, \cdots, n$들이 가측일 때 일차결합

$$\psi(x) = \sum_{i=1}^{n} \alpha_i \chi_{E_i}(x)$$

를 **단순함수**(simple function) 라 부른다.

■

(가) 가측집합 위에서 정의된 상수함수, 특성함수는 단순함수이다.

(나) 어떤 $[a, b]$ 상에서 정의된 계단함수는 단순함수이다.

(다) 함수 ψ가 단순함수일 필요충분조건은 가측이고, 오직 유한개의 값만을 갖는 것이다.

(라) 위의 단순함수 $\psi(x)=\sum_{i=1}^{n}\alpha_i\chi_{E_i}(x)$에서 특별히 가측집합 E_i 대신에 $A_i=\{x \mid \psi(x)=\alpha_i\}$를 이용해서 나타냈을 때 $\psi(x)=\sum_{i=1}^{m}\alpha_i\chi_{A_i}(x)$를 **표준표현**(canonical representation)이라 한다. 여기서 $A_i(i=1,2,\cdots,m)$는 서로소이며 $\alpha_i(i=1,2,\cdots,m)$은 0이 아닌 서로 다른 수이다.

(마) f와 g가 단순함수이며 $c\in\mathbb{R}$이면

$$|f|,\ cf,\ f+g$$

도 단순함수이다.

[정리 5.3.9]

$E\in\mathscr{M}$이고 $f:E\to[0,\infty]$가 가측함수이면 음이 아닌 단조증가 단순가측함수열 $<f_n>$이 존재하여 모든 $x\in E$에 대하여

$$\lim_{n\to\infty}f_n(x)=f(x)$$

가 성립한다.

증명 각 $n\in\mathbb{N}$과 각 $x\in E$에 대하여

$$f_n(x)=\begin{cases}\dfrac{i-1}{2^n}, & \dfrac{i-1}{2^n}\le f(x)<\dfrac{i}{2^n}\\ n, & f(x)\ge n\end{cases}$$

$i=1,2,\cdots,n2^n$라 정의하면 f_n은 $f_n(x)\ge 0$인 단순함수이다. $<f_n>$이 단조증가 함수열임을 보이자. $x\in E$일 때 어떤 i에 대하여 $\dfrac{i-1}{2^n}\le f(x)<\dfrac{i}{2^n}$ 또는 $f(x)\ge n$이다. $\dfrac{i-1}{2^n}\le f(x)<\dfrac{i}{2^n}$이면 $f_n(x)=\dfrac{i-1}{2^n}$이고 $\dfrac{2i-2}{2^{n+1}}\le f(x)<\dfrac{2i}{2^{n+1}}$이므로

$$f_{n+1}(x) = \begin{cases} \dfrac{2i-2}{2^{n+1}} = f_n(x), & \dfrac{2i-2}{2^{n+1}} \le f(x) < \dfrac{2i-1}{2^{n+1}} \\ \dfrac{2i-1}{2^{n+1}} > f_n(x), & \dfrac{2i-1}{2^{n+1}} \le f(x) < \dfrac{2i}{2^{n+1}} \end{cases}$$

이다. 그러므로 $f_n(x) \le f_{n+1}(x)$ 이다. 만일 $f(x) \ge n$ 이면 $n \le f(x) < n+1$ 또는 $n+1 \le f(x)$ 이므로 $f_n(x) = n \le f_{n+1}(x)$ 이다. 이제 $\lim_{n\to\infty} f_n(x) = f(x)$ 임을 증명하자. 만일 $f(x) = \infty$ 이면 각 n에 대하여 $f_n(x) = n$이다. 또한 $f(x) < \infty$ 이면 $n(> f(x))$에 대하여 $0 \le f(x) - f_n(x) < \dfrac{1}{2^n}$ 이므로 $\lim_{n\to\infty} f_n(x) = f(x)$ 이다.

[정리 5.3.10] (Lusin 정리)

함수 f를 가측집합 E 위에서 정의된 가측함수라 하면 각 $\epsilon > 0$에 대하여 $m(E-F) < \epsilon$인 가측집합 $F \subset E$가 존재하여 f는 F 위에서 연속이다.

(가) Lusin 정리의 역도 성립한다.

[정리 5.3.11]

함수 f를 가측집합 E 위에서 정의된 가측함수라 하면 각 $\epsilon > 0$에 대하여 연속함수 $g: E \to \mathbb{R}$가 존재하여 $m(\{x \in E \mid f(x) \ne g(x)\}) < \epsilon$이다. 만일 E 위에서 $|f(x)| \le M$이라면 함수 g를 $|g(x)| \le M$이 되도록 할 수 있다.

[정리 5.3.12] (Frechet 정리)

f를 가측집합 E 위에서 정의된 가측함수라 하면 E 위에서 정의된 연속함수열 $< f_n >$이 존재하여 E 위에서 $f_n \to f$ a.e. 이다.

연습문제 5.3

1. f와 g가 단순함수이고 $c \in \mathbb{R}$이면 $|f|$, cf, $f+g$ 도 단순함수임을 증명하여라.

Lebesgue 적분

6.1 유한측도집합 위에서 유계함수의 Lebesgue 적분 (The Lebesgue Integral of a Bounded Function over a Set of Finite Measure)

우선 $[a, b]$ 위에서 정의된 유계인 실숫값을 갖는 함수의 Riemann 적분의 정의를 상기해 보자. $[a, b]$의 부분분할

$$P : a = t_0 < t_1 < \cdots < t_n = b$$

에 대하여 상합 S_P와 하합 s_P는 각각 다음과 같다 :

$$S_P = \sum_{i=1}^{n} (t_i - t_{i-1}) M_i$$

그리고

$$s_P = \sum_{i=1}^{n} (t_i - t_{i-1}) m_i,$$

여기서

$$M_i = \sup f(x) \,;\, t_{i-1} < x \le t_i$$
$$m_i = \inf f(x) \,;\, t_{i-1} < x \le t_i$$

이다. $[a, b]$의 모든 분할 P에 대하여 f의 상 Riemann 적분과 하 Riemann 적분은 각각

$$(R)\overline{\int_a^b} f(x)dx = \inf{}_P S_P \,;\, (R)\underline{\int_a^b} f(x)dx = \sup{}_P s_P$$

이다. $\inf S_P = \sup s_P$일 때 f는 Riemann 적분가능하다. 상합 S_P는 분할점 $t_1, t_2, \cdots, t_n$을 갖는 $[a, b]$ 위에서 정의되고 구간 $[t_{i-1}, t_i]$ $(i=1, 2, \cdots, n)$에서 함숫값이 M_i인 계단함수 ψ의 Riemann 적분이다. 마찬가지로 하합 s_P는 분할점 $t_1, t_2, \cdots, t_n$을 갖는 $[a, b]$ 위에서 정의되고 구간 $[t_{i-1}, t_i]$ $(i=1, 2, \cdots, n)$에서 함숫값이 m_i인 계단함수 ϕ의 Riemann 적분이다. 즉,

$$S_P = (R)\int_a^b \psi(x)dx \; ; \; s_P = (R)\int_a^b \phi(x)dx$$

이다. $f(x) \le \psi(x)$이고 $\phi(x) \le f(x)$이므로 f의 Riemann 적분은 계단함수 ψ와 ϕ에 대하여

$$(R)\int_a^b f(x)dx = \inf_{\psi \ge f}(R)\int_a^b \psi(x)dx = \sup_{\phi \le f}(R)\int_a^b \phi(x)dx$$

으로 정의될 수 있다.

정의 6.1.1

유한측도집합 밖에서 0이 되고 $f=\sum_{k=1}^{n} a_k \chi_{A_k}$를 f에 대한 표준표현이라 할 때 f의 **Lebesgue 적분**(Lebesgue integral)을

$$\int f(x)dx = \sum_{k=1}^{n} a_k m(A_k)$$

로 정의한다. 여기서 m은 Lebesgue 측도이다. 또한 $E \in \mathscr{M}$이면

$$\int_E f(x)dx = \int f(x)\cdot \chi_E(x)dx$$

로 정의한다.

■

(가) $\int f(x)dx$를 $\int f$로 쓰기도 한다.

(나) 유한측도집합 밖에서 $f=0$라는 사실로부터 $m(A_k)<\infty$ $(k=1, 2, \cdots, n)$이다.

(다) $f=0$일 때 $\int f = 0$로 정의한다.

(라) $m(E) < \infty$ 이면 $\int \chi_E = m(E)$ 이다.

(마) $\int f(x)dx$ 를 $\int fdm$ 로 쓰기도 한다.

[보조정리 6.1.2]

$f = \sum_{k=1}^{n} a_k \chi_{A_k}$ 이고 $A_k \cap A_l = \varnothing \ (k \neq l)$ 이라 하자. $m(A_k) < \infty \ (k = 1, 2, \cdots, n)$ 이면

$$\int f = \sum_{k=1}^{n} a_k m(A_k)$$

이다.

증명 $E_a = \{x \mid f(x) = a\}$ 라 하면 $E_a = \bigcup_{a_k = a} A_k$ 이며 $am(E_a) = \sum_{a_k = a} a_k m(A_k)$ 이다. 그러므로

$$\int f = \sum am(E_a) = \sum a_k m(A_k)$$

이다.

예제 6.1.3

$A_1 = (-2, -1),\ A_2 = [-1, 0),\ A_3 = [0, 1),\ A_4 = [1, 2), A_5 = [2, 3)$ 이고 $a_1 = 0,\ a_2 = 1,\ a_3 = 0,\ a_{4=1},\ a_{5=5}$ 라 하고 함수 f 를 $f = \sum_{k=1}^{5} a_k \chi_{A_k}$ 라 정의하면 $\int f = \sum_{k=1}^{5} a_k m(A_k) = 7$ 이다.

[정리 6.1.4]

f 와 g 가 유한측도집합 밖에서 0인 단순함수라 하고 $a, b \in \mathbb{R}$ 라 하면 다음이 성립한다.

(i) $\int (af + bg) = a \int f + b \int g$.

(ii) $f \geq 0$ a.e. 이면 $\int f \geq 0$.

(iii) $f \geq 0$ a.e. 이고 $\int f = 0$이면 $f = 0$ a.e.

(iv) $f \geq g$ a.e. 이면 $\int f \geq \int g$.

증명 (i) $\{E_i\}$와 $\{F_j\}$를 표준표현으로부터 나타난 집합이라 하고 E_0와 F_0를 f와 g가 0인 집합이라 하자. 그러면 교집합 $E_i \cap F_j$들로 구성된 집합 A_k들은 유한개의 서로소인 가측집합이며

$$f = \sum_{k=1}^{N} a_k \chi_{A_k}$$

$$g = \sum_{k=1}^{N} b_k \chi_{A_k}$$

로 쓸 수 있고 따라서

$$af + bg = \sum (aa_k + bb_k) \chi_{A_k}$$

이므로 보조정리 6.1.2에 의하여

$$\begin{aligned} \int (af+bg) &= \sum (aa_k + bb_k) m(A_k) \\ &= \sum aa_k m(A_k) + \sum bb_k m(A_k) \\ &= a \sum a_k m(A_k) + b \sum b_k m(A_k) \\ &= a \int f + b \int g \end{aligned}$$

이다.

(ii) $f = \sum_{j=1}^{N} c_j \chi_{E_j}$를 f에 대한 표준표현이라 하자. $f \geq 0$ a.e. 이므로 $c_j < 0$이면 $m(E_j) = 0$이다. 따라서 모든 j에 대하여 $c_j \cdot m(E_j) = 0$이며

$$\int f = \sum_{j=1}^{N} c_j m(E_j) \geq 0$$

이다.

(iii) (ii)에서 $\int f = 0$이면 모든 j에 대하여 $m(E_j) = 0$이다. 따라서

$f = 0$ a.e. 이다.

(iv) (i)과 (ii)를 $f - g$ 에 적용하면

$$\int f - \int g = \int (f-g) \geq 0$$

이다. 따라서 $\int f \geq \int g$ 이다.

(가) 정리 6.1.4의 (iii)에서 조건 $f \geq 0$ a.e.은 필수적이다. 함수 $f : [-2, 2] \to \mathbb{R}$을

$$f(x) = \begin{cases} 1, & x \geq 0 \\ -1, & x < 0 \end{cases}$$

라 정의하면

$$\int_{-2}^{2} f(x)dx = 0$$

이다. 그러나 $[-2, 2]$ 위에서 $f \neq$ a.e. 이다.

[정리 6.1.5]

f는 유한측도집합 E 위에서 정의된 유계함수라 하자. 모든 단순함수 ψ와 ϕ에 대하여

$$\inf_{f \leq \psi} \int_E \psi(x)dx = \sup_{f \geq \phi} \int_E \phi(x)dx$$

이기 위한 필요충분조건은 f가 가측함수라는 것이다.

증명 f가 유계이므로 $M > 0$이 존재하여 모든 x에 대하여 $|f(x)| \leq M$이다.
$k = 0, 1, 2, \cdots, 2n$에 대하여

$$b_k = -M + \frac{(k-1)M}{n}$$

이라 하고

$$E_k = \{x \mid b_k < f(x) \leq b_{k+1}\}$$

라 두자. f가 가측함수이므로 E_k들은 $\bigcup_{k=0}^{2n} E_k = E$를 만족하는 서로소인 가측집합들이다. 그러므로

$$\sum_{k=0}^{2n} m(E_k) = m(E)$$

이다. 단순함수 ψ_n과 ϕ_n를 각각

$$\psi_n(x) = \sum_{k=0}^{2n} b_{k+1}\chi_{E_k}\,;\ \phi(x) = \sum_{k=0}^{2n} b_k\chi_{E_k}$$

로 정의하자. 모든 x 에 대하여

$$\phi_n(x) \le f(x) \le \psi_n(x)$$

이다. 정리 6.1.4 (iv)에 의하여

$$\int_E \phi_n \le \int_E \psi_n$$

이므로

$\inf_{f \le \psi}\int_E \psi \le \int_E \psi_n$ 이고 $\int_E \phi_n \le \sup_{\phi \le f}\int_E \phi$

이다. 더욱이 $\phi \le f \le \psi$를 만족하는 단순함수 ϕ와 ψ에 대하여

$$\int_E \phi \le \int_E \psi$$

이므로

$$\sup \int_E \phi \le \inf \int_E \psi$$

이다. 따라서

$$0 \le \inf \int_E \psi - \sup \int_E \phi \le \int_E \psi_n - \int_E \phi_n$$

이다. 그러나

$$\int_E \psi_n = \sum_k b_{k+1} m(E_k)\,;\ \int_E \phi_n = \sum_k b_k m(E_k)$$

이고

$$\int_E \psi_n - \int_E \phi_n = \int_E (\psi_n - \phi_n)$$

$$= \sum_{k=0}^{2n} (b_{k+1} - b_k) m(E_k)$$

$$= \frac{M}{n} \sum_{k=0}^{2n} m(E_k)$$

$$= \frac{M}{n} m(E)$$

이다. $m(E) < \infty$ 이므로

$$\inf_{f \le \psi} \int_E \psi = \sup_{\phi \le f} \int_E \phi$$

이다. 역으로

$$\inf_{f \le \psi} \int_E \psi = \sup_{\phi \le f} \int_E \phi$$

라 하면 주어진 n에 대하여

$$\phi_n(x) \le f(x) \le \psi_n(x)$$

이고

$$\int_E \psi_n(x) dx - \int_E \phi_n(x) dx < \frac{1}{n}$$

인 단순함수 ϕ_n과 ψ_n이 존재한다. 그러면 $h = \inf \psi_n$과 $g = \sup \phi_n$은 가측함수이고

$$g(x) \le f(x) \le h(x)$$

이다. 또한 $\Delta = \{x \mid g(x) \ne h(x)\}$라 하면

$$\Delta = \cup_\nu \left\{ x \mid g(x) < h(x) - \frac{1}{\nu} \right\}$$

이다.

$$\Delta_\nu = \left\{ x \mid g(x) < h(x) - \frac{1}{\nu} \right\}$$

이라 두자. 그러면 각 ν에 대하여

$$\Delta_\nu \subset \left\{ x \mid \phi_n(x) < \psi_n(x) - \frac{1}{\nu} \right\}$$

이다. $m(\Delta_\nu) \leq \dfrac{\nu}{n}$이므로 $m(\Delta_\nu)=0$이고 $m(\Delta)=0$이다. 따라서 $g=f=h$ a.e. 이다. 그러므로 정리 5.2.9에 의하여 f는 가측함수이다.

예제 6.1.6

P를 $E=[0,1)$의 비가측 부분집합이라 하고 함수 $f : E \to \mathbb{R}$를

$$f(x) = \begin{cases} 1, & x \in P \\ 0, & x \in E-P \end{cases}$$

라 하면 f는 비가측함수이다. 따라서 $1 = \inf_{f \leq \psi} \int \psi \neq \sup_{f \leq \phi} \int \phi = 0$이다. 여기서 ϕ, ψ는 단순함수이다.

(가) $f : [0, 1] \to \{0, 1\}$를 Dirichlet 함수라 하면 f는 가측이다. 따라서 정리 6.1.5에 의하여 $\inf_{f \leq \psi} \int \psi = \sup_{f \geq \phi} \int \phi = 0$이다.

정의 6.1.7

f가 유한측도집합 E 위에서 정의된 유계가측함수이면 E에 대한 f의 (Lebesgue) 적분을 모든 단순함수 $\phi \leq f$에 대하여

$$\int_E f(x)dx = \sup_{\phi \leq f} \int_E \phi(x)\,dx$$

로 정의한다.

(가) 만일 $E=[a, b]$이면 $\int_{[a,\, b]} f$ 대신에 $\int_a^b f$로도 쓴다.

[정리 6.1.8]

f가 $[a, b]$ 위에서 정의된 유계함수로서 $[a, b]$ 위에서 Riemann 적분가능하면 f는 가측함수이고

$$(R)\int_a^b f(x)dx = \int_a^b f(x)dx$$

이다.

증명 모든 계단함수는 단순함수이므로 $\phi \leq f$, $f \leq \psi$ 인 단순함수 ϕ, ψ에 대하여

$$(R)\underline{\int_a^b} f(x)dx \leq \sup_{\phi \leq f}\int_a^b \phi(x)dx$$

$$\leq \inf_{f \leq \psi}\int_a^b \psi(x)dx \leq (R)\overline{\int_a^b} f(x)dx$$

이다. f가 Riemann 적분가능하므로

$$(R)\underline{\int_a^b} f(x)dx = (R)\overline{\int_a^b} f(x)dx$$

이고 따라서

$$sup_{\phi \leq f}\int_a^b \phi(x)dx = inf_{f \leq \psi}\int_a^b \psi(x)dx$$

이므로 정리 6.1.5에 의하여 f는 가측함수이고

$$(R)\int_a^b f(x)dx = \int_a^b f(x)dx$$

이다.

예제 6.1.9

함수 $f:[a,\ b] \to \{0,\ 1\}$를

$$f(x) = \begin{cases} 1, & x \in [a,\ b] \cap \mathbb{Q} \\ 0, & x \in [a,\ b] \cap \mathbb{Q}^c \end{cases}$$

로 정의하자. 그러면 f는 Lebesgue 적분가능이지만 Riemann 적분가능하지 않다.

명제 6.1.10

f와 g가 유한측도집합 E 위에서 정의된 유계가측함수이고 $a \in \mathbb{R}$라 하자. 그러면:

(i) $\int_E af = a\int_E f$

(ii) $\int_E (f+g) = \int_E f + \int_E g$

(iii) $f=g$ a.e.이면 $\int_E f=\int_E g$이다.

(iv) $f \le g$ a.e.이면 $\int_E f \le \int_E g$이다. 또한 $\left|\int_E f\right| \le \int_E |f|$이다.

(v) $\alpha \le f(x) \le \beta$이면 $\alpha m(E) \le \int_E f \le \beta m(E)$이다.

(vi) E_1과 E_2를 E의 서로소인 가측부분집합이라면

$$\int_{E_1 \cup E_2} f=\int_{E_1} f+\int_{E_2} f$$

이다.

증명 (i) $a=0$이면 분명하다. 따라서 $a \ne 0$라 가정하자. ϕ가 단순함수이면 $a\phi$도 단순함수이며 그 역도 성립한다. $a>0$이면 정리 6.1.4에 의하여

$$\begin{aligned}\int_E af &= \sup_{\phi \le af}\int_E \phi=\sup_{\phi' \le f}\int_E a\phi'=\sup_{\phi' \le f}a\int_E \phi' \\ &= a\sup_{\phi' \ge f}\int_E \phi'=a\int_E f\end{aligned}$$

이다. $a<0$이면 정리 6.1.4와 정리 6.1.5에 의하여

$$\begin{aligned}\int_E af &= \sup_{\phi \le af}\int_E \phi=\sup_{\phi' \ge f}\int_E a\phi'=a\inf_{f \le \phi'}\int_E \phi' \\ &= a\sup_{\phi' \le f}\int_E \phi'=a\int_E f\end{aligned}$$

이다.

(ii) ψ_1과 ψ_2를 $\psi_1 \le f$이고 $\psi_2 \le g$인 단순함수라 하면 $\psi_1+\psi_2$는 $\psi_1+\psi_2 \le f+g$를 만족하는 단순함수이다. 그러므로

$$\int_E (f+g) \ge \int_E (\psi_1+\psi_2)=\int_E \psi_1+\int_E \psi_2$$

이므로

$$\int_E (f+g) \ge \sup_{\psi_1 \le f}\int_E \psi_1+\sup_{\psi_2 \le g}\int_E \psi_2=\int_E f+\int_E g$$

이다. 한편 ϕ_1과 ϕ_2를 $\phi_1 \ge f$이고 $\phi_2 \ge g$인 단순함수라면 $\phi_1+\phi_2 \ge f+g$이다. 정리 6.1.5에 의하여

$$\int_E (f+g) \leq \inf_{f \leq \phi_1} \int_E \phi_1 + \inf_{g \leq \phi_2} \int_E \phi_2 = \int_E f + \int_E g$$

이다. 따라서 $\int_E (f+g) = \int_E f + \int_E g$ 이다.

(iii) $f-g=0$ a.e. 이므로 $\psi \geq f-g$ 이면 $\psi \geq 0$ a.e이다. 그러므로 $\int_E \psi \geq 0$ 이고 따라서 $\int_E (f-g) \geq 0$ 이다. 마찬가지로 $\int_E (f-g) \leq 0$ 이다. 따라서 $\int_E (f-g) = 0$ 이다. 즉, $\int_E f = \int_E g$ 이다.

(iv) (iii)의 증명과 유사하다.

(v) $\int_E 1 = m(E)$라는 사실과 (iv)로부터 얻어진다.

(vi)
$$\int_{E_1 \cup E_2} f = \int_E f\chi_{E_1 \cup E_2} = \int_E (f\chi_{E_1} + f\chi_{E_2})$$
$$= \int_E f\chi_{E_1} + \int_E f\chi_{E_2} = \int_{E_1} f + \int_{E_2} f$$

이다.

■

연습문제 6.1

1. $m(E) < \infty$ 이면 $\int \chi_E = m(E)$임을 보여라.

2. $c \in \mathbb{R}$일 때 단순함수 f에 대하여

$$\int_{a+c}^{b+c} f(x)dx = \int_a^b f(x+c)dx$$

임을 증명하라.

3. 정리 6.1.5의 증명에서 다음을 보여라.

(i) $\Delta = \bigcup_{\nu} \Delta_{\nu}$

(ii) $m\left(\left\{x \mid \phi_n(x) < \psi_n(x) - \frac{1}{n}\right\}\right) \leq \frac{\nu}{n}$

4. 예제 6.1.9에서 $\int_a^b f$는 얼마인가?

5. 예제 6.1.9에서 f는 왜 Riemann 적분가능하지 않는가?

6.2 음이 아닌 함수의 Lebesgue 적분(The Lebesgue Integral of a Nonnegative Function)

$\phi = \sum_{k=1}^{n} \alpha_k \chi_{A_k}$를 $\alpha_k \geq 0\ (k = 1, 2, \cdots, n)$인 단순함수라 하자. ϕ의 적분을

$$\int \phi = \sum_{k=1}^{n} \alpha_k m(A_k)$$

로 정의한다. 그러면 $\int \phi$는 음이 아닌 확장실수계의 원소이다. $A \subset E$가 가측집합이면

$$\int_A \phi = \int_E \phi \chi_A$$

로 정의한다.

정의 6.2.1

f가 가측집합 E 위에서 정의된 음이 아닌 가측함수라 하자. f의 E 위에서의 적분을

$$\int_E f = \sup_{0 \leq \phi \leq f} \int_E \phi$$

라 정의한다. 여기서 ϕ는 단순함수이다.

■

(가) f가 유계이고 $m(E) < \infty$라면 정의 6.2.1과 정의 6.1.7은 동치이다.

명제 6.2.2

f와 g는 가측집합 E 위에서 정의된 음이 아닌 가측함수라면 다음이 성립한다.

(i) $f \le g$이면 $\int_E f \le \int_E g$이다.

(ii) $A \subset B$이면 $\int_A f \le \int_B f$이다.

(iii) $c > 0$이면 $\int_E cf = c\int_E f$이다.

(iv) E 위에서 $f = 0$ a.e.이면 $\int_E f = 0$이다.

(v) $m(E) = 0$이면 $\int_E f = 0$이다.

(vi) $A \subset E$를 가측집합이라면 $\int_A f = \int_E f\chi_A$이다.

■

[정리 6.2.3]

f는 가측집합 E 위에서 정의된 음이 아닌 가측함수라 하자. $< E_n >$을 $\bigcup_{n=1}^{\infty} E_n = E$를 만족하는 서로소인 가측집합열이라 하면

$$\int_E f = \sum_{n=1}^{\infty} \int_{E_n} f$$

이다.

증명 (i) 우선 $f = \chi_A$라 두자. 여기서 A는 가측집합이다. 그러면 Lebesgue 측도는 가산덧셈 가능하므로

$$\begin{aligned}\int_E f &= m(E \cap A)\\ &= \sum_{n=1}^{\infty} m(E_n \cap A)\\ &= \sum_{n=1}^{\infty} \int_{E_n} f\end{aligned}$$

이다.

(ii) f를 단순함수 $\sum_k c_k \chi_{A_k}$라 하면

$$\begin{aligned}\int_E f &= \int_E \sum_k c_k \chi_{A_k} \\ &= \sum_k c_k \int_E \chi_{A_k} \\ &= \sum_k c_k \left(\sum_{n=1}^{\infty} \int_{E_n} \chi_{A_k} \right) \\ &= \sum_{n=1}^{\infty} \left(\sum_k c_k \int_{E_n} \chi_{A_k} \right) \\ &= \sum_{n=1}^{\infty} \left(\int_{E_n} \sum_k c_k \chi_{A_k} \right) \\ &= \sum_{n=1}^{\infty} \int_{E_n} f\end{aligned}$$

이다.

(iii) 일반적인 경우로 $0 \le \phi \le f$인 모든 단순함수 ϕ에 대하여

$$\int_E \phi = \sum_{n=1}^{\infty} \int_{E_n} \phi \le \sum_{n=1}^{\infty} \int_{E_n} f$$

이므로 정의에 의하여

$$\int_E f \le \sum_{n=1}^{\infty} \int_{E_n} f$$

이다. 이제 어떤 $n \in \mathbb{N}$에 대하여 $\int_{E_n} f = \infty$이면 $\int_{E_n} f \le \int_E f$이므로 $\int_E f = \sum_{n=1}^{\infty} \int_{E_n} f$이다. 그러므로 모든 n에 대하여 $\int_{E_n} f < \infty$라 가정하자. 그러면 주어진 $\epsilon > 0$에 대하여 $0 \le \phi \le f$인 단순함수 ϕ가 존재하여

$$\int_{E_1} \phi \ge \int_{E_1} f - \epsilon, \int_{E_2} \phi \ge \int_{E_2} f - \epsilon$$

이 성립한다. 따라서

$$\int_{E_1 \cup E_2} f \geq \int_{E_1 \cup E_2} \phi$$
$$= \int_{E_1} \phi + \int_{E_2} \phi$$
$$\geq \int_{E_1} f + \int_{E_2} f - 2\epsilon$$

이다. $\epsilon > 0$이 임의의 실수이므로

$$\int_{E_1} f + \int_{E_2} f \leq \int_{E_1 \cup E_2} f$$

이다. 그러므로 모든 n에 대하여

$$\sum_{k=1}^{n} \int_{E_k} f \leq \int_{\bigcup_{k=1}^{n} E_k} f$$

이다. 그런데 $\bigcup_{k=1}^{n} E_n \subset E$이므로

$$\sum_{k=1}^{n} \int_{E_k} f \leq \int_E f$$

이다. 따라서

$$\sum_{n=1}^{\infty} \int_{E_n} f \leq \int_E f$$

이다. 그런데

$$\int_E f \leq \sum_{n=1}^{\infty} \int_{E_n} f$$

이므로

$$\int_E f = \sum_{n=1}^{\infty} \int_{E_n} f$$

이다.

[따름정리 6.2.4]

f는 가측집합 E 위에서 정의된 음이 아닌 가측함수라 하자. 그러면

(i) $E_1 \subset E$, $m(E_1)=0$이면 $\int_E f = \int_{E-E_1} f$ 이다.

(ii) $\int_E f = 0$이면 $f=0$ a.e. 이다.

증명 (i) $E_1 \subset E$이므로 E_1과 $E-E_1$은 서로소이다. 따라서

$$\begin{aligned}\int_E f &= \int_{E_1 \cup (E-E_1)} f \\ &= \int_{E_1} f + \int_{E-E_1} f \\ &= \int_{E-E_1} f\end{aligned}$$

(ii) $A=\{x \in E \mid f(x)>0\}$라 하자. $m(A)=0$임을 보이기 위하여 $m(A)>0$라 가정하자. 모든 $n \in \mathbb{N}$에 대하여 $A_n = \left\{x \in A \mid f(x) > \frac{1}{n}\right\}$라 하자. f가 가측함수이므로 A_n은 가측집합이고 따라서 $A=\bigcup_{n=1}^{\infty} A_n$도 가측집합이다. 각 n에 대하여

$$\frac{1}{n} \cdot m(A_n) \le \int_{A_n} f \le \int_E f = 0$$

이다. 따라서 모든 n에 대하여 $m(A_n)=0$이다. 그러므로 $m(A)=0$이다. 이것은 가정에 모순된다. 따라서 $f=0$ a.e. 이다.

[정리 6.2.5] (Lebesgue 단조수렴정리)

$\langle f_n \rangle$을 가측집합 E 위에서 정의된 음이 아닌 단조증가 가측함수열이라 하자. 즉

$$0 \le f_1(x) \le f_2(x) \le \cdots \le f_n(x) \le \cdots,\ x \in E$$

이다. 그러면

$$\lim_{n\to\infty}\int_E f_n = \int_E \lim_{n\to\infty} f_n$$

이다.

증명 각 $x\in E$에 대하여 수열 $< f_n(x) >$는 단조증가이므로 $\lim_{n\to\infty} f_n(x)$는 존재한다. (값이 $+\infty$일 수도 있다.) $f(x) = \lim_{n\to\infty} f_n(x)$라 두면 f는 가측함수이다. $\lim_{n\to\infty}\int_E f_n = a(\in\overline{\mathbb{R}})$라 하자. 모든 n에 대하여 $\int_E f_n \le \int_E f$이므로 $a \le \int_E f$이다. $\lambda(0<\lambda<1)$와 단순함수 $\phi(0\le\phi\le f)$에 대하여

$$E_n = \{x \in E \mid f_n(x) \ge \lambda\phi(x)\}\ (n\in\mathbb{N})$$

라 두자. $E = \bigcup_{n=1}^{\infty} E_n$임을 보이자. $\bigcup_{n=1}^{\infty} E_n \subset E$은 분명하므로 $E \subset \bigcup_{n=1}^{\infty} E_n$임을 보이자. $x\in E$라 하자. $f(x)=0$이면 $\phi(x)=0$이다. 따라서 $x\in E_n\,(n\in\mathbb{N})$이고 결국 $x\in\bigcup_{n=1}^{\infty} E_n$이다. $f(x)>\phi(x)$이면 $0<\lambda<1$이므로 $\lambda\phi(x)<f(x)$이다. $\lim_{n\to\infty} f_n(x) = f(x)$이므로 충분히 큰 n_0에 대하여 $f_{n_0}(x) > \lambda\phi(x)$이다. 따라서 $x\in\bigcup_{n=1}^{\infty} E_n$이다. 명제 1.2.4에 의하여 서로소인 가측집합열 $< A_n >$이 존재하여 각 n에 대하여 $\bigcup_{i=1}^{n} E_i = \bigcup_{i=1}^{n} A_i$이고 $E = \bigcup_{n=1}^{\infty} E_n = \bigcup_{n=1}^{\infty} A_n$이다. 주어진 n에 대하여

$$\begin{aligned}
\int_E f_n &= \int_{\cup_{n=1}^{\infty} E_n} f_n = \int_{\cup_{n=1}^{\infty} A_n} f_n \\
&= \sum_{n=1}^{\infty}\int_{A_n} f_n \ge \sum_{n=1}^{\infty}\int_{A_n} \lambda\phi \\
&= \lim_{m\to\infty}\sum_{n=1}^{m}\int_{A_n}\lambda\phi = \lim_{m\to\infty}\int_{\cup_{n=1}^{m} A_n}\lambda\phi = \lambda\lim_{m\to\infty}\int_{\cup_{n=1}^{m} A_n}\phi \\
&= \lambda\lim_{m\to\infty}\int_{\cup_{n=1}^{m} E_n}\phi = \lambda\int_E \phi
\end{aligned}$$

이므로

$$a \geq \lambda \int_E \phi$$

이다. 그러므로

$$a \geq \lim_{\lambda \to 1} (\lambda \int_E \phi) = \int_E \phi$$

이다. 정의에 의하여

$$a \geq \int_E f$$

이다. 그러므로 $\int_E f = a = \lim_{n \to \infty} \int_E f_n$ 이다.

(가) 이 정리는 Riemann적분의 경우는 성립하지 않는다.

예제 6.2.6

Dirichlet 함수

$$f(x) = \begin{cases} 0, & x \in [0,\ 1] \cap \mathbb{Q}^c \\ 1, & x \in [0,\ 1] \cap \mathbb{Q} \end{cases}$$

에 대하여

$$f_n(x) = \begin{cases} 1, & x = r_1,\ r_2,\ \cdots,\ r_n,\ r_i \in [0,\ 1] \cap \mathbb{Q} \\ 0, & \text{그밖에} \end{cases}$$

라 정의하면 $(R)\int_0^1 f_n$은 존재하지만 $(R)\int_0^1 f$는 존재하지 않는다.

[따름정리 6.2.7]

$f_1,\ f_2$를 가측집합 E 위에서 정의된 음이 아닌 가측함수라 하면

$$\int_E (f_1 + f_2) = \int_E f_1 + \int_E f_2$$

이다.

증명 정리 5.3.9에 의하여 함숫값이 음이 아닌 단순함수들의 단조증가 함수열 $< \phi_n >$과 $< \psi_n >$가 존재하여 $\phi_n \to f_1,\ \psi_n \to f_2$ 이다.

$$\int_E (\phi_n + \psi_n) = \int_E \phi_n + \int_E \psi_n$$

이므로

$$\begin{aligned}\int_E (f_1 + f_2) &= \int_E \lim_n (\phi_n + \psi_n) \\ &= \lim_n \int_E (\phi_n + \psi_n) = \lim_n \left(\int_E \phi_n + \int_E \psi_n\right) \\ &= \lim_n \int_E \phi_n + \lim_n \int_E \psi_n = \int_E \lim_n \phi_n + \int_E \lim_n \psi_n \\ &= \int_E f_1 + \int_E f_2\end{aligned}$$

이다.

예제 6.2.8

$\int_0^1 \frac{1}{\sqrt{x}} dx$를 구하여라.

풀이 $f_n : [0, 1] \to \mathbb{R}$ 을

$$f_n(x) = \begin{cases} \frac{1}{\sqrt{x}}, & \frac{1}{n} \le x \le 1 \\ 0, & 0 \le x < \frac{1}{n} \end{cases}$$

라 정의하고

$$f(x) = \begin{cases} \frac{1}{\sqrt{x}}, & 0 < x \le 1 \\ 0, & x = 0 \end{cases}$$

라 정의하면 $< f_n >$은 단조증가함수열이고 $\lim_{n \to \infty} f_n(x) = f(x)$ 이다. 따라서 정리 6.2.5에 의하여

$$\begin{aligned}\int_0^1 \frac{1}{\sqrt{x}} dx &= \int_0^1 \lim_{n \to \infty} f_n(x) dx \\ &= \lim_{n \to \infty} \int_0^1 f_n(x) dx\end{aligned}$$

$$= \lim_{n\to\infty}\left[\int_0^{\frac{1}{n}} f_n(x)dx + \int_{\frac{1}{n}}^1 f_n(x)dx\right]$$

$$= \lim_{n\to\infty}(R)\int_{\frac{1}{n}}^1 f_n(x)dx$$

$$= \lim_{n\to\infty}\left[2\sqrt{x}\,\right]_{\frac{1}{n}}^1$$

$$= \lim_{n\to\infty}\left(2-2\sqrt{\frac{1}{n}}\right) = 2$$

이다.

예제 6.2.9

함수 $f:[0,\,1]\to\mathbb{R}$을

$$f(x) = \begin{cases} x^{-\frac{1}{3}}, & 0 < x \le 1 \\ 0, & x = 0 \end{cases}$$

이라 할 때 적분 $\int_0^1 f$를 구하여라.

풀이 함수 $f_n:[0,\,1]\to\mathbb{R}$을

$$f_n(x) = \begin{cases} x^{-\frac{1}{3}}, & \frac{1}{n^3} < x \le 1 \\ n, & 0 < x \le \frac{1}{n^3} \\ 0, & x = 0 \end{cases}$$

라 하면 $\langle f_n \rangle$은 음이 아닌 가측함수들의 단조증가함수열로서 $[0,\,1]$ 위에서 $f_n\to f$ 이다. 그러므로 Lebesgue 단조수렴정리에 의하여

$$\int_0^1 f = \lim_{n\to\infty}\int_0^1 f_n$$

$$= \lim_{n\to\infty}\left[\int_0^{n^{-3}} n\,dx + \int_{n^{-3}}^1 x^{-\frac{1}{3}}dx\right]$$

$$= \lim_{n\to\infty}\left[(R)\int_0^{n^{-3}} n\,dx + (R)\int_{n^{-3}}^1 x^{-\frac{1}{3}}dx\right]$$

$$= \lim_{n\to\infty}\left[\frac{1}{n^2}+\frac{3}{2}-\frac{3}{2n^2}\right]$$

$$= \frac{3}{2}$$

이다.

예제 6.2.10

함수 $f:[0,\ 1]\to\mathbb{R}$을

$$f(x)=\begin{cases}\dfrac{1}{x}, & 0<x\le 1\\ 0, & x=0\end{cases}$$

라 정의하면 예제 6.2.8의 경우와 같이 풀이하면 $\int_0^1 f=\infty$ 이다.

(가) 정리 6.2.5는 단조감소수열에 대해서는 성립하지 않는다. (예제 6.2.11 참조)

예제 6.2.11

각 $n\in\mathbb{N}$에 대하여 $f_n:\mathbb{R}\to\mathbb{R}$을

$$f_n(x)=\begin{cases}0, & x<n\\ 1, & x\ge n\end{cases}$$

라 정의하면 $\langle f_n\rangle$은 음이 아닌 가측함수들의 단조감소함수열이며 $f_n\to f=0$ 이다. 그러므로 $\int_{-\infty}^{\infty} f(x)dx=0$ 이다. 그러나

$$\int_{-\infty}^{\infty} f_n(x)dx=\int_n^{\infty} f_n(x)dx=\infty$$

이므로

$$\lim_{n\to\infty}\int_{-\infty}^{\infty} f_n(x)dx=\infty$$

이다.

[따름정리 6.2.12] (Beppo Levi 정리)

$< f_n >$을 가측집합 E 위에서 정의된 음이 아닌 가측함수열이라 하면

$$\int_E \left(\sum_{n=1}^{\infty} f_n\right) = \sum_{n=1}^{\infty} \int_E f_n$$

[정리 6.2.13] (Fatou 보조정리)

$< f_n >$을 가측집합 E 위에서 정의된 음이 아닌 가측함수열이라 하면

$$\int_E \underline{\lim}_{n \to \infty} f_n \le \underline{\lim}_{n \to \infty} \int_E f_n$$

이다.

증명 각 $n \in \mathbb{N}$에 대하여 g_n을

$$g_n(x) = \inf_{k \ge n} f_k(x)$$

라 정의하면 g_n은 단조증가 가측함수이며 $g_n \le f_n$이다. $\lim_{n\to\infty} g_n = \underline{\lim}_{n\to\infty} f_n$이므로 Lebesgue 단조수렴정리에 의하여

$$\lim_{n\to\infty} \int_E g_n = \int_E \left(\lim_{n\to\infty} g_n\right) = \int \underline{\lim}_{n\to\infty} f_n$$

이다. $g_n \le f_n$이므로 $\int_E g_n \le \int_E f_n$이며 따라서

$$\int_E \underline{\lim}_{n\to\infty} f_n = \lim_{n\to\infty} \int_E g_n \le \underline{\lim}_{n\to\infty} \int_E f_n$$

이다.

(가) Fatou 보조정리에서 조건 $f_n \ge 0$은 필수적이다. 함수 $f_n : [0, 1] \to \mathbb{R}$을

$$f_n(x) = \begin{cases} -n, & \dfrac{1}{n} \le x \le \dfrac{2}{n} \\ 0, & \text{그밖에} \end{cases}$$

라 정의하면 $[0, 1]$ 위에서 $f(x) = \lim_{n\to\infty} f_n(x) = 0$ a.e. 이고

$$\lim_{n\to\infty} \int_0^1 f_n(x)dx = -1$$

이지만

$$\int_0^1 f(x)dx = 0$$

이다.

예제 6.2.14

각 $n \in \mathbb{N}$에 대하여 $g_n : [0, 1] \to \mathbb{R}$을

$$g_n(x) = \begin{cases} n, & 0 < x < \dfrac{1}{n} \\ 0, & \text{그밖에} \end{cases}$$

라 정의하고 모든 $x \in [0, 1]$에 대하여 $g(x) = 0$라 두면 $< g_n >$는 $[0, 1]$ 위에서 g로 점별수렴한다. 왜냐하면 $x = 0$이면 분명하다. $0 < x \le 1$인 경우는 임의의 $\epsilon > 0$에 대하여 $m = \max\{n \in \mathbb{N} : 0 < x < \dfrac{1}{n}\}$라 하면 $n \ge m+1$이면 $g_n(x) = 0$이다. 따라서 $n \ge m+1$이면

$$|g_n(x) - g(x)| = |g_n(x)| = 0 < \epsilon$$

이므로 $< g_n >$는 $[0, 1]$ 위에서 g로 점별수렴한다. 또한

$$\int_0^1 g = 0 < 1 = \lim_{n \to \infty} \int_0^1 g_n$$

이다.

[정의 6.2.15]

가측집합 E 위에서 정의된 음이 아닌 가측함수 f가 **Lebesgue 적분가능**(Lebesgue integrable) 하다는 것은 E 위에서의 f의 Lebesgue 적분이 유한할 때, 즉

$$\int_E f < \infty$$

일 때를 말한다.

예제 6.2.16

각 $n\in\mathbb{N}$에 대하여 함수 $f_n : [0, 1] \to \mathbb{R}$을

$$f_n(x) = \begin{cases} \dfrac{1}{x}, & \dfrac{1}{n} \le x \le 1 \\ 0, & \text{그밖에} \end{cases}$$

라 정의하고

$$f(x) = \begin{cases} \dfrac{1}{x}, & 0 < x \le 1 \\ 0, & x = 0 \end{cases}$$

라 정의하면 $< f_n >$은 $[0, 1]$ 위에서 f로 점별수렴한다. f_n은 Lebesgue 적분가능하지만 f는 Lebesgue 적분가능하지 않다.

명제 6.2.17

f가 가측집합 E 위에서 정의된 음이 아닌 적분가능한 함수라면

$$m(\{x \mid f(x) = \infty\}) = 0$$

이다.

증명 $m(\{x \mid f(x) = \infty\}) > 0$이라면 $\displaystyle\int_E f = m(E) \times \infty = \infty$가 되어 모순이 된다. ■

명제 6.2.18

f가 가측집합 E 위에서 정의된 적분가능한 음이 아닌 가측함수라 하자. 그러면 주어진 $\epsilon > 0$에 대하여 $\delta > 0$가 존재하여 $m(S) < \delta$인 모든 가측집합 $S \subset E$에 대하여

$$\int_S f < \epsilon$$

이다.

증명 함수열 $< f_n >$을 다음과 같이 정의하자.

$$f_n(x) = \begin{cases} f(x), & f(x) \le n \\ n, & f(x) > n \end{cases}$$

그러면 각 f_n은 음이 아닌 유계가측함수이며 각 $x \in E$에 대하여

$$\lim_{n \to \infty} f_n(x) = f(x)$$

이다. Lebesgue 단조수렴정리에 의하여

$$\int f = \lim_{n \to \infty} \int f_n$$

이다. 그러므로 주어진 $\epsilon > 0$에 대하여 자연수 M이 존재하여

$$\int_E f < \int_E f_M + \frac{\epsilon}{2}$$

이다. $\delta < \dfrac{\epsilon}{2M}$인 δ를 택하면 $m(S) < \delta$인 모든 가측집합 S에 대하여

$$\begin{aligned} \int_S f &= \int_S (f - f_M) + \int_S f_M \\ &\le \int_E (f - f_M) + Mm(S) \\ &< \frac{\epsilon}{2} + \frac{\epsilon}{2} = \epsilon \end{aligned}$$

이다. 따라서

$$\int_S f < \epsilon$$

이다.

■

예제 6.2.19

f가 음이 아닌 적분가능함수일 때

$$F(x) = \int_{-\infty}^{x} f(t)dt$$

로 정의된 함수 F는 $\mathbb{R}$ 위에서 연속함수임을 보여라.

풀이 명제 6.2.18에 의하여 주어진 $\epsilon > 0$에 대하여 $\delta > 0$가 존재하여 $m(A) < \delta$인 모든 집합 $A \subset \mathbb{R}$에 대하여

$$\left| \int_A f \right| < \epsilon$$

이다. 만일 $x_0 \in \mathbb{R}$라면, $|x - x_0| < \delta$인 모든 $x \in \mathbb{R}$에 대하여

$$\left|\int_{x_0}^{x} f(t)\,dt\right| = \left|\int_{-\infty}^{x} f(t)dt - \int_{-\infty}^{x_0} f(t)dt\right| = |F(x) - F(x_0)| < \epsilon$$

이다. 그러므로 F는 x_0에서 연속이고 따라서 F는 $\mathbb{R}$ 위에서 연속함수이다.

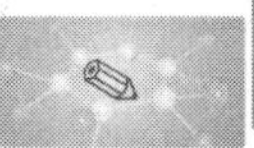

연습문제 6.2

1. 명제 6.2.2를 증명하여라.

2. 따름정리 6.2.12을 증명하여라.

3. 명제 6.2.17을 증명하여라.

6.3 일반적인 Lebesgue 적분(The General Lebesgue Integral)

함수 f에 대하여 f^+와 f^-를 각각

$$f^+(x) = \max\{f(x), 0\} \text{ 와 } f^-(x) = \max\{-f(x), 0\}$$

로 정의한다. 그러면 $f^+ \geq 0$이며 $f^- \geq 0$이다. 또한 f가 가측함수이면 f^+와 f^-도 가측함수이다. 한편

$$f = f^+ - f^-, \quad |f| = f^+ + f^-$$

이다. 또한

$$(-f)^+ = f^-, \ (-f)^- = f^+$$

이다.

정의 6.3.1

가측함수 f가 가측집합 E 위에서 적분가능하다함은 f^+와 f^-가 E 위에서 적분가능할 때를 말한다. 이 경우에

$$\int_E f = \int_E f^+ - \int_E f^-$$

로 정의한다.

■

(가) f_1, f_2, f 를 $f_1 \geq 0, f_2 \geq 0$ 이고 $f = f_1 - f_2$ 인 적분가능한 함수라 하면

$$\int f = \int f_1 - \int f_2$$

이다. 왜냐하면 $f = f^+ - f^- = f_1 - f_2$ 이므로 $f^+ + f_2 = f^- + f_1$ 이다. 따름정리 6.2.12에 의하여

$$\int f^+ + \int f_2 = \int (f^+ + f_2) = \int (f^- + f_1) = \int f^- + \int f_1$$

이다. 따라서

$$\int f = \int f^+ - \int f^- = \int f_1 - \int f_2$$

이다.

[정리 6.3.2]

f와 g가 $\mathbb{R}$ 위에서 적분가능한 함수이고 $c \in \mathbb{R}$라 하자. 그러면 다음이 성립한다.

(i) $f+g$와 cf가 적분가능하다.

(ii) $\int f+g = \int f + \int g$ 이다.

(iii) $\int cf = c\int f$ 이다.

증명 (i) f와 g가 가측함수이므로 정리 5.2.4에 의하여 $f+g$와 cf도 가측함수이다.

$$\int |f+g| \leq \int (|f|+|g|) = \int |f| + \int |g| < +\infty$$

이므로 $(f+g)^+$와 $(f+g)^-$도 적분가능하다. 또한

$$\int |cf| = |c| \int |f| < +\infty$$

이므로 $(cf)^+$ 와 $(cf)^-$ 도 적분가능하다. 그러므로 $f+g$와 cf는 적분가능하다.

(ii) f와 g가 적분가능하면 $f^+ + g^+$ 와 $f^- + g^-$ 도 적분가능하고

$$f+g = (f^+ + g^+) - (f^- + g^-)$$

이다. 따라서

$$\begin{aligned}\int (f+g) &= \int (f^+ + g^+) - \int (f^- + g^-) \\ &= \int f^+ + \int g^+ - \left(\int f^- + \int g^-\right) \\ &= \left(\int f^+ - \int f^-\right) + \left(\int g^+ - \int g^-\right) \\ &= \int f + \int g\end{aligned}$$

이다.

(iii) 만일 $c \geq 0$이면

$$\begin{aligned}cf &= (cf)^+ - (cf)^- \\ &= cf^+ - cf^-\end{aligned}$$

이므로

$$\begin{aligned}\int cf &= \int (cf^+ - cf^-) \\ &= c\left(\int f^+ - \int f^-\right) \\ &= c\int f\end{aligned}$$

이다. $c < 0$라 하면

$$\begin{aligned}cf &= (cf)^+ - (cf)^- \\ &= (-(-cf))^+ - (-(-cf))^- \\ &= (-cf)^- - (-cf)^+\end{aligned}$$

따라서 정의 6.3.1 (가)에 의하여

$$\begin{aligned}\int cf &= \int (-cf)^- - \int (-cf)^+ \\ &= \int (-c)f^- - \int (-c)f^+ \\ &= (-c)\int f^- - (-c)\int f^- \\ &= c\left(\int f^+ - \int f^-\right) \\ &= c\int f\end{aligned}$$

이다.

[정리 6.3.3]

f가 적분가능 함수이면 $|f|$도 적분가능하고 역도 성립한다.

증명 f가 적분가능하다고 하자. 그러면 f^+와 f^{-1}는 적분가능하다.
$|f|^+ = |f| = f^+ + f^-$ 이고 $|f|^- = 0$ 이므로 $|f|^+$ 도 적분가능하다. 따라서

$$\int |f|^+ = \int (f^+ + f^-) = \int f^+ + \int f^- < \infty$$

이고

$$\int |f|^- = 0 < \infty$$

이다. 그러므로 $|f|$는 적분가능하다. 역으로 $|f|$가 적분가능하면

$$\int |f| = \int (f^+ + f^-) = \int f^+ + \int f^- < \infty$$

이므로 $\int f^+ < \infty$ 이고 $\int f^- < \infty$ 이다. 따라서 $\int f = \int f^+ - \int f^- < \infty$ 이다. 즉, f도 적분가능하다.

(가) $\left|\int f\right| \leq \int |f|$ 이다.

(나) 정리 6.3.3의 역은 Riemann 적분의 경우에는 성립하지 않는다.

예제 6.3.4

함수 $f:[0,1]\to\mathbb{R}$을

$$f(x)=\begin{cases}1, & x\in[0,1]\cap\mathbb{Q}\\ -1, & \text{그밖에}\end{cases}$$

라 정의하자. $|f|=1$이므로 $|f|$은 Riemann 적분가능하지만 f는 Riemann 적분가능하지 않다.

예제 6.3.5

함수 $f:[0,\infty)\to\mathbb{R}$을

$$f(x)=\begin{cases}\dfrac{\sin x}{x}, & x\neq 0\\ 0, & x=0\end{cases}$$

라 정의하면 f는 $[0,\infty)$ 위에서 Lebesgue 적분가능하지 않음을 보여라.

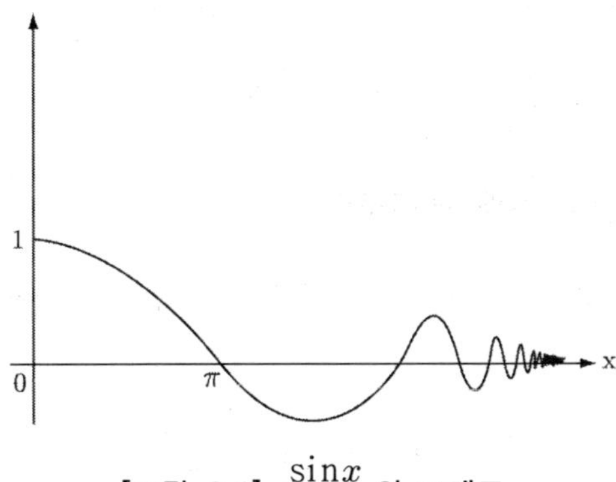

[그림 6.1] $\dfrac{\sin x}{x}$**의 그래프**

풀이 정리 6.3.3에 의하여

$$\int_0^{\infty}\left|\frac{\sin x}{x}\right|=\infty$$

임을 보이면 된다.

$$\begin{aligned}
\int_0^{n\pi}\frac{|\sin x|}{x}dx &= \sum_{k=1}^{n}\int_{(k-1)\pi}^{k\pi}\frac{|\sin x|}{x}dx \\
&= \sum_{k=1}^{n}\int_0^{\pi}\frac{|\sin(u+(k-1)\pi)|}{u+(k-1)\pi}du \\
&\geq \sum_{k=1}^{n}\int_0^{\pi}\frac{|\sin(u+(k-1)\pi)|}{k\pi}du \\
&= \frac{1}{\pi}\sum_{k=1}^{n}\frac{1}{k}\int_0^{\pi}|\sin u|du \\
&= \frac{1}{\pi}\sum_{k=1}^{n}\frac{1}{k}(R)\int_0^{\pi}|\sin u|du \\
&= \sum_{k=1}^{n}\frac{2}{k\pi}
\end{aligned}$$

이므로

$$\lim_{n\to\infty}\int_0^{n\pi}\frac{|\sin x|}{x}dx \geq \sum_{k=1}^{\infty}\frac{2}{k\pi} = \infty$$

이고 따라서

$$\int_0^{\infty}\frac{|\sin x|}{x}dx = \infty$$

이다.

(가) 예제 4.4.4에서 $(R)\int_0^{\infty}\frac{\sin x}{x}dx = \frac{\pi}{2}$이다.

[정리 6.3.6] (Lebesgue 지배수렴정리)

g가 적분가능하고, 가측함수열 $\langle f_n \rangle$이 $|f_n| \leq g$이고 $f(x) = \lim f_n(x)$ a.e.를 만족한다면

$$\int f = \lim_{n\to\infty}\int f_n$$

이다.

증명 $|f| \leq g$이고 g가 가측함수이므로 정리 6.3.3에 의하여 f도 적분가능하다. 또한 $|f_n - f| \leq 2g$이다. Fatou 보조정리에 의하여

$$\begin{aligned}
\int 2g &\leq \underline{\lim}_{n\to\infty}\int(2g - |f_n - f|) \\
&= \int 2g + \underline{\lim}_{n\to\infty}\left(-\int|f_n - f|\right) = \int 2g - \overline{\lim}_{n\to\infty}\int|f_n - f|
\end{aligned}$$

이다.

$$\int 2g < \infty$$

이므로

$$\overline{\lim_{n\to\infty}} \int |f_n - f| \le 0$$

이고 따라서

$$\lim_{n\to\infty} \int |f_n - f| = 0$$

이다.

$$\left| \int f_n - \int f \right| \le \int |f_n - f|$$

이므로

$$\lim_{n\to\infty} \int f_n = \int f$$

이다.

예제 6.3.7

$f_n : [0, 1] \to \mathbb{R}$ 을 다음과 같이 정의하자.

$$f_n(x) = \begin{cases} n, & 0 < x \le \dfrac{1}{n} \\ 0, & \text{그밖에} \end{cases}$$

그러면 $\lim_n f_n(x) = 0 (:= f(x))$ 이지만 $\int_{[0,\,1]} f_n = 1$ 이다. 그러므로

$$\int f \ne \lim_n \int f_n$$

이다.

[따름정리 6.3.8]

$< u_n >$을 $\sum_{n=1}^{\infty} u_n$이 가측집합 E 위에서 측도로 수렴하는 E 위에서 정의된 적분가능한 함수열이라 하고 g가 E 위에서 적분가능한 함수로서 각 n에 대하여 E 위에서

$\left|\sum_{i=1}^{n} u_i\right| \le g$ a.e.를 만족한다면 $\sum_{n=1}^{\infty} u_n$은 E 위에서 적분가능하고

$$\int_E \sum_{n=1}^{\infty} u_n = \sum_{n=1}^{\infty} \int_E u_n$$

이다.

증명 $\sum_{i=1}^{n} u_i = f_n$라 하면 Lebesgue 지배수렴정리에 의하여

$$\int_E \sum_{n=1}^{\infty} u_n = \sum_{n=1}^{\infty} \int_E u_n$$

이다.

[따름정리 6.3.9]

f가 가측집합 E 위에서 적분가능하고 $< E_n >$를 $\bigcup_{n=1}^{\infty} E_n = E$를 만족하는 서로소인 가측집합열이라 하면

$$\int_E f = \sum_{n=1}^{\infty} \int_{E_n} f$$

이다.

증명 $< E_n >$가 서로소이므로 $f\chi_E = \sum_{n=1}^{\infty} f \cdot \chi_{E_n}$이다. $|f\chi_{E_n}| \le |f|$이고 $|f|$가 E 위에서 적분가능하므로 $f \cdot \chi_{E_n}$는 E 위에서 적분가능하다. 또한 각 $n \in \mathbb{N}$에 대하여

$$\left|\sum_{i=1}^{n} f \cdot \chi_{E_i}\right| \le |f|$$

이므로 따름정리 6.3.8에 의하여

$$\begin{aligned}\int_E f &= \int \sum_{n=1}^{\infty} f \cdot \chi_{E_n} \\ &= \sum_{n=1}^{\infty} \int f \cdot \chi_{E_n} = \sum_{n=1}^{\infty} \int_{E_n} f\end{aligned}$$

이다.

예제 6.3.10

따름정리 6.3.9에서 조건 "E 위에서 적분가능성"은 필수적이다. 각 $n \in \mathbb{N}$에 대하여 $E_n = \left[n - \frac{1}{n}, n\right]$이고 $E = \bigcup_{n=1}^{\infty} E_n$라 하자. 함수 $f : E \to \mathbb{R}$을

$$f(x) = \sum_{n=1}^{\infty} (-1)^n \chi_{E_n}(x)$$

라 정의하자. 각 $n \in \mathbb{N}$에 대하여

$$\begin{aligned} \int_{E_n} f = \int f \cdot \chi_{E_n} &= (-1)^n \cdot m(E_n) \\ &= (-1)^n \cdot \frac{1}{n} \end{aligned}$$

이므로

$$\sum_{n=1}^{\infty} \int_{E_n} f = \sum_{n=1}^{\infty} (-1)^n \cdot \frac{1}{n} = -\ln 2$$

이므로 수렴한다. 한편

$$\int_E |f| = \sum_{n=1}^{\infty} \frac{1}{n}$$

이므로 f는 E 위에서 적분가능하지 않다. 따라서 $\int_E f$은 존재하지 않는다.

[정리 6.3.11] (Lebesgue 유계수렴정리)

$< f_n >$을 유계가측집합 E 위에서 정의된 가측함수열이라 하고 실수 $M > 0$이 존재하여 모든 n과 $x \in E$에 대하여 $|f_n(x)| \le M$이라 하자. 만일 모든 x에 대하여

$$\lim_{n \to \infty} f_n(x) = f(x)$$

이면

$$\int_E f = \lim_{n \to \infty} \int_E f_n$$

이다.

증명 Lebesgue 지배수렴정리에서 $g = M\chi_E$라 두면 된다.

[정리 6.3.12]

$< f_n >$을 유계가측집합 E 위에서 정의된 가측함수열이라 하고 실수 $M > 0$이 존재하여 모든 n과 $x \in E$에 대하여 $|f_n(x)| \leq M$이라 하자. 만일 모든 x에 대하여 E 위에서

$$\lim_{n \to \infty} f_n = f \text{ a.e.}$$

이면 f는 적분가능하고

$$\lim_{n \to \infty} \int_E f_n = \int_E f$$

이다.

(가) 정리 6.3.11는 Riemann 적분의 경우에는 성립하지 않는다.

예제 6.3.13

$\{r_n \mid n \in \mathbb{N}\}$을 $[0, 1]$에 있는 모든 유리수들의 집합이라 하고 각 $n \in \mathbb{N}$에 대하여 $f_n : [0, 1] \to \mathbb{R}$을

$$f_n(x) = \begin{cases} 1, & x = r_1, \cdots, r_n \\ 0, & \text{그밖에} \end{cases}$$

라 정의하자. 그러면 $f_n \to f = \chi_{[0, 1] \cap \mathbb{Q}}$이다. f_n은 Riemann 적분가능하지만 f는 Riemann 적분가능하지 않다.

[정리 6.3.14]

모든 n과 $x \in [a, b]$에 대하여 $M > 0$이 존재하여 $|f_n(x)| \leq M$을 만족하는 $[a, b]$ 위에서 정의된 함수 f_n들의 함수열 $< f_n >$이 $[a, b]$ 위에서 정의된 Riemann 적분가능한 함수 f에 거의 모든 곳에서 수렴한다면

$$(R)\int_a^b f(x)dx = \lim_{n\to\infty}(R)\int_a^b f_n(x)dx$$

이다.

증명 정리 6.1.8과 정리 6.3.12에 의해서 증명된다.

예제 6.3.15

(1) $f_n(x) = nx^n$, $0 \le x \le 1$라 하면 $\lim_{n\to\infty} f_n = 0$ a.e. 이고

$$\lim_{n\to\infty}\int_0^1 f_n(x)dx = \lim_{n\to\infty}\int_0^1 nx^n dx$$

$$= \lim_{n\to\infty}\frac{n}{n+1} = 1$$

이므로

$$\lim_{n\to\infty}\int_0^1 f_n \ne \int_0^1 \lim_{n\to\infty} f_n$$

이다.

(2) $f_n(x) = n^2x^n$, $0 \le x \le 1$라 하면 $\lim_{n\to\infty} f_n = 0$ a.e. 이고

$$\lim_{n\to\infty}\int_0^1 f_n(x)dx = \lim_{n\to\infty}\int_0^1 n^2x^n dx$$

$$= \lim_{n\to\infty}\frac{n^2}{n+1} = \infty$$

이므로

$$\lim_{n\to\infty}\int_0^1 f_n = \infty \ne 0 = \int_0^1 \lim_{n\to\infty} f_n$$

이다.

(3) 함수 f_n을

$$f_n(x) = \begin{cases} n\sin nx, & 0 \le x \le \dfrac{\pi}{n} \\ 0, & \dfrac{\pi}{n} \le x \le \pi \end{cases}$$

라 정의하면 각 $x \in [0, \pi]$에 대하여 $\lim_{n\to\infty} f_n(x) = 0$이고

$$\lim_{n\to\infty}\int_0^{\pi} f_n(x)dx = \lim_{n\to\infty} n\int_0^{\frac{\pi}{n}} \sin nx dx = 2$$

이므로

$$\lim_{n\to\infty}\int_0^{\pi} f_n(x)dx \neq \int_0^{\pi}\lim_{n\to\infty} f_n(x)dx$$

이다.

(4) $f_n : [0, 1] \to \mathbb{R}$을 $f_n(x) := \dfrac{x^2 + nx}{n}$이라 하면 $|f_n(x)| \leq 2$이다. $f(x) := x$ 라 하면 $f_n(x) \to f(x)$이다. 그러므로 정리 6.3.14에 의하여

$$\lim_{n\to\infty}(R)\int_0^1 f_n(x)dx = (R)\int_0^1 f(x)dx = \frac{1}{2}$$

이다.

예제 6.3.16

함수 $f_n : [0, 2] \to \mathbb{R}$을

$$f_{n(x)} = \begin{cases} \sqrt{n}, & \dfrac{1}{n} \leq x \leq \dfrac{2}{n} \\ 0, & \text{그밖에} \end{cases}$$

라 정의하면 각 $x \in [0, 2]$에 대하여

$$f(x) = \lim_{n\to\infty} f_n(x) = 0$$

이다. 함수 $g : [0, 2] \to \mathbb{R}$을

$$g(x) = \begin{cases} \sqrt{\dfrac{2}{x}}, & 0 < x \leq 2 \\ 0, & x = 0 \end{cases}$$

라 정의하면 각 $x \in [0, 2]$에 대하여 $|f_n(x)| \leq g(x)$이다. g가 $[0, 2]$ 위에서 적분가능하므로 Lebesgue 지배수렴정리의 가정을 만족한다. 그러나 $< f_n >$은 $[0, 2]$ 위에서 균등수렴하지 않는다.

예제 6.3.17

함수 f_n을

$$f_n(x) = \begin{cases} \frac{1}{x}, & n - \frac{1}{2} < x < n + \frac{1}{2} \\ 0, & \text{그밖에} \end{cases}$$

라 하면 모든 x 에 대하여 $f_n(x) \to 0$ 이고

$$\int_0^\infty f_n(x)dx = \log\left(\frac{2n+1}{2n-1}\right) \to 0$$

이다. 그러므로 Lebesgue 지배수렴정리의 결과가 만족되지만 각 x에 대하여 $|f_n(x)| \le g(x)$ 이면 $g(x) \ge \frac{1}{x}$ 이므로 적분가능한 지배함수가 존재하지 않는다.

다음 정리는 Lebesgue 관점에서 Riemann의 적분가능성 여부를 알 수 있는 매우 중요한 정리이다.

[정리 6.3.18] (Lebesgue)

$f : [a, b] \to \mathbb{R}$ 을 유계함수라 하고

$$S = \{x \in [a, b] \mid f\text{는 } x\text{에서 불연속이다.}\}$$

라 할 때, f가 Riemann 적분가능할 필요충분조건은 $m(S) = 0$이다.

증명 $P : a = x_0 < x_1 < x_2 < \cdots < x_n = b$를 $[a, b]$의 분할이라 하고

$$|P| = \max_{1 \le i \le n} |x_i - x_{i-1}|$$

라 두자. 각 $i(1 \le i \le n)$에 대하여

$$M_i = \sup_{x_{i-1} \le x \le x_i} f(x), \ m_i = \inf_{x_{i-1} \le x \le x_i} f(x)$$

라 하자. 각 $i(1 \le i \le n-1)$에 대하여

$$E_i = \{x \mid x_{i-1} \le x \le x_i\}$$

라 하고

$$E_n = \{x \mid x_{n-1} \le x \le x_n\}$$

이라 하자. 또한

$$U_P = \sum_i M_i \chi_{E_i}$$

이고

$$u_P = \sum_i m_i \chi_{E_i}$$

라 하자. 그러면 U_P와 u_P는 유계가측함수이며

$$\int U_P = \sum_i M_i \cdot m(E_i)$$

이고

$$\int u_P = \sum_i m_i \cdot m(E_i)$$

이다. $< P_k >$를 $|P_k| \to 0\ (k \to \infty)$이고 임의의 $k \in \mathbb{N}$에 대하여 P_{k+1}가 P_k의 세분할인 $[a, b]$의 분할열이라 하자.

$$f_k = u_{P_k},\ F_k = U_{P_k}$$

라 하면 $f_k \le f_{k+1}$이고 $F_{k+1} \le F_k$이며

$$\begin{aligned} -\sup_{x \in [a,\, b]}|f(x)| &\le f_k(x) \le f(x) \\ &\le F_k(x) \le \sup_{x \in [a,\, b]}|f(x)| \end{aligned}$$

이다. $< f_k >$와 $< F_k >$는 단조함수열이므로

$$\lim_{k \to \infty} f_k(x) = g(x),\ \lim_{k \to \infty} F_k(x) = G(x)$$

인 유계가측함수 g와 G가 존재한다. Lebesgue 지배수렴정리에 의하여

$$\lim_{k \to \infty} \int f_k = \int g,\ \lim_{k \to \infty} \int F_k = \int G$$

이다.

$$S \subset \{x \mid G(x) - g(x) > 0\} \cup S_0 \qquad (6.3.1)$$

임을 증명하자. 여기서 S_0는 어떤 가산집합이다.

$(R)\int_a^b f$가 존재한다고 하자, $W; = \{x \in [a,b]; g(x) = f(x) = G(x)\}$라 하고 $Z \subset [a,b] \setminus W$ 이며, $m(Z) = 0$이라 하자. $x \not\in S_0$이며 $x \not\in Z$이면 f는 x에서 연속이다. 이를 보이기 위하여 f가 x에서 불연속이라 하자. 그러면 $\epsilon > 0$이 존재하여 $F_k(x) - f_k(x) \geq \epsilon$이다. 따라서 $G(x) - g(x) \geq 0$이다. 그러므로 $x \in Z$이다. 이는 모순이다. 그러므로 $m(S) = 0$이다. 역으로, $m(S) = 0$이라 하자. f의 연속성에 의하여 f_k와 F_k는 f로 a.e. 수렴한다. 그러므로 유계수렴정리에 의하여

$$\lim_{n\to\infty}\int_{[a,b]} f_k = \lim_{n\to\infty}\int_{[a,b]} f = \lim_{n\to\infty}\int_{[a,b]} F_k \qquad (*)$$

정리 6.1.8에 의하여

$$\int_{[a,b]} f_k = (R)\int_a^b f_k \text{이며, } \int_{[a,b]} F_k = (R)\int_a^b F_k \qquad (**)$$

이다.

$$(R)\underline{\int_a^b} f(x)\,dx = sup_{P_k}(R)\int_a^b f_k \quad , \quad (R)\overline{\int_a^b} f(x)\,dx = inf_{P_k}(R)\int_a^b F_k$$

이므로 (*)와 (**)에 의하여

$$(R)\underline{\int_a^b} f(x)dx = (R)\int_a^b f(x)dx = (R)\underline{\int_a^b} f(x)dx$$

이므로 f는 Riemann 적분가능하다.

예제 6.3.19

(i) 함수 f가

$$f(x) = \begin{cases} 1, & x \in [0, 1] \cap \mathbb{Q} \\ 0, & x \in [0, 1] \cap \mathbb{Q}^c \end{cases}$$

이면 $S = [0, 1]$이므로 $m(S) = 1 \neq 0$이 되어 f는 Riemann 적분가능하지 않다.

(ii) 예제 3.2.8 (가)에 의하여 h는 무리수에 연속이며 유리수에서 불연속이다. 그러므로 $S = [0, 1] \cap \mathbb{Q}$이며 $m(S) = 0$이다. 그러므로 h는 $[0, 1]$ 위에서 Riemann 적분가능하다.

연습문제 6.3

1. 정리 6.3.3의 (가)를 증명하여라.

2. f가 적분가능하고 g가 유계가측함수이면 fg도 적분가능함을 증명하여라.

3. f가 적분가능한 함수이면 f는 측도로 유한값을 갖는 함수임을 증명하여라.

4. 예제 6.3.16에서 $\int_0^2 g(x)dx$을 구하여라.

6.4 Lebesgue 이상적분(Lebesgue Improper Integral)

정리 6.1.8에 의해서 함수 f가 유계인 닫힌구간에서 Riemann 적분가능하면 Lebesgue 적분가능하고 두 적분값은 같다. 그러나 이 사실은 이상적분에 대해서는 성립하지 않는다.

예제 6.4.1

(1) 함수 $f:[0, \infty) \to \mathbb{R}$을

$$f = \sum_{k=1}^{\infty} \frac{(-1)^{k+1}}{k} \chi_{[k-1,k)}$$

라 정의하면

$$(R)\int_0^{\infty} f < \infty$$

이지만

$$\int_0^{\infty} |f| = \sum_{n=1}^{\infty} \frac{1}{n} = \infty$$

이다.

(2) 함수 $f:[0, \infty) \to \mathbb{R}$을

$$f(x)=\begin{cases}\dfrac{\sin x}{x}, & x\neq 0\\ 0, & x=0\end{cases}$$

라 정의하면 예제 4.4.4에 의하여

$$(R)\int_0^\infty f=\frac{\pi}{2}$$

이지만 예제 6.3.5에 의하여

$$\int_0^\infty |f|=\infty$$

이므로 f는 Lebesgue 적분가능하지 않다.

(3) $-1<a<0$이고 함수 $f:[0,1]\to\mathbb{R}$을

$$f(x)=\begin{cases}x^a, & 0<x\le 1\\ 0, & x=0\end{cases}$$

라 하자. 각 n에 대하여 $f_n:[0,1]\to\mathbb{R}$을

$$f_n(x)=\begin{cases}x^a, & \dfrac{1}{n}\le x\le 1\\ 0, & 0\le x<\dfrac{1}{n}\end{cases}$$

라 정의하면 $\langle f_n\rangle$은 단조증가 함수열로서 $f_n\to f$ 이고 모든 $n\in\mathbb{N}$에 대하여

$$\int_0^1 f_n=\frac{1}{a+1}\left(1-\frac{1}{n^{a+1}}\right)$$

이므로 모든 $n\in\mathbb{N}$에 대하여

$$\int_0^1 f\le\frac{1}{a+1}$$

이다. 그러므로 Lebesgue 단조수렴정리에 의하여

$$\int_0^1 f=\lim_{n\to\infty}\int_0^1 f_n=\frac{1}{a+1}$$

이다. $(R)\int_0^1 x^a dx=\left[\dfrac{x^{1+a}}{1+a}\right]_0^1$이므로 $\int_0^1 f=(R)\int_0^1 f$가 성립된다.

(4) $E=[0,1]$라 하고 함수 $f:E\to\overline{\mathbb{R}}$를

$$f(x)=\begin{cases}\infty, & x\in E\cap\mathbb{Q}\\ 1, & \text{그밖에}\end{cases}$$

라 정의하면 $\int_0^1 f=1$ 이고 $(R)\int_0^1 f$는 존재하지 않는다.

(5) 함수 $f:[0,\infty)\to\mathbb{R}$을

$$f(x)=\begin{cases}0, & x\in[0,\infty)\cap\mathbb{Q}\\ 1, & \text{그밖에}\end{cases}$$

라 정의하면 f는 Lebesgue 적분가능하지 않다. 또한 f는 Riemann 이상적분 가능하지 않다.

[정리 6.4.2]

$[a,b]$ 위에서 정의된 함수 $f\geq 0$가 각 $\epsilon>0$에 대하여 $[a+\epsilon, b]$ 위에서 유한하고 Riemann 적분가능하다고 하자. 만일 Riemann 이상적분 $\lim\limits_{\epsilon\to 0}(R)\int_{a+\epsilon}^b f$가 존재하여 유한값을 갖는다면, f는 $[a,b]$ 위에서 Lebesgue 적분가능하고

$$\int_a^b f=\lim_{\epsilon\to 0}(R)\int_{a+\epsilon}^b f$$

이다.

증명 정리 6.1.8에 의하여 각 $\epsilon>0$에 대하여

$$\int_{a+\epsilon}^b f=(R)\int_{a+\epsilon}^b f$$

이므로 Lebesgue 단조수렴정리에 의하여

$$\int_a^b f=\lim_{\epsilon\to 0}(R)\int_{a+\epsilon}^b f$$

이다.

(가) 정리 6.4.2는 유계하지 않은 구간에 대해서도 성립한다.

[따름정리 6.4.3]

f가 어떤 구간 위에서 정의된 함수로서 $|f|$의 Riemann 이상적분이 존재하면 f의 Riemann 이상적분과 Lebesgue 이상적분은 동시에 존재하고 두 적분값은 같다.

예제 6.4.4

(i) 함수 $f:[0, \pi] \to \mathbb{R}$을 다음과 같이 정의하자.

$$f(x)=\begin{cases} \dfrac{\sin x}{x}, & 0<x\leq \pi \\ 1, & x=0 \end{cases}$$

그러면

$$\begin{aligned}(R)\int_0^{\pi} f &= (R)\int_0^{\pi}\frac{\sin x}{x}dx \\ &= \lim_{a\to 0}(R)\int_a^{\pi}\frac{\sin x}{x}dx \\ &\leq \lim_{a\to 0}(R)\int_a^{\pi}\frac{x}{x}dx \\ &= \pi\end{aligned}$$

이므로 f는 적분가능하고 $\int_0^{\pi} f = \lim_{a\to 0}(R)\int_a^{\pi} f$ 이다. 실제로

$$\begin{aligned}\int_0^{\pi}\frac{\sin x}{x}dx &= \lim_{a\to 0}(R)\int_a^{\pi}\frac{\sin x}{x}dx \\ &= \lim_{a\to 0}(R)\int_a^{\pi}\frac{x-\frac{x^3}{3!}+\frac{x^5}{5!}-\cdots}{x}dx \\ &= \lim_{a\to 0}(R)\int_a^{\pi}\left(1-\frac{x^2}{3!}+\frac{x^4}{5!}-\cdots\right)dx \\ &= \pi-\frac{\pi^3}{3\cdot 3!}+\frac{\pi^5}{5\cdot 5!}-\cdots\end{aligned}$$

이다.

(ii) 함수 $f:[0,\infty)\to\mathbb{R}$을 $f=\sum_{k=1}^{\infty}\frac{(-1)^{k+1}}{k^2}\chi_{[k-1,k)}$라 정의하면

$$\begin{aligned}\int_{[0,\,\infty]} f &= \int_{[0,\,\infty]} f^+ - \int_{[0,\,\infty]} f^- \\ &= \sum_{k=1}^{\infty}\left(\int_{[k-1,\,k)} f^+ - \int_{[k-1,\,k)} f^-\right) \\ &= \sum_{k=1}^{\infty}\int_{[k-1,\,k)} f \\ &= \sum_{k=1}^{\infty}(R)\int_{k-1}^{k} f \\ &= (R)\int_0^{\infty} f \\ &= \sum_{k=1}^{\infty}(-1)^{k+1}\cdot\frac{1}{k^2} < \infty\end{aligned}$$

연습문제 6.4

1. 함수 $f:[0,1]\to\mathbb{R}$을

$$f(x)=\begin{cases}\dfrac{1}{x}\sin\dfrac{1}{x}, & x\neq 0\\ 0, & x=0\end{cases}$$

라 정의하면 f의 Riemann 이상적분은 존재하지만 Lebesgue 적분이 존재하지 않음을 증명하여라.

2. 함수 $f:[0,1]\to\mathbb{R}$을

$$f(x)=\begin{cases}\displaystyle\sum_{n=1}^{\infty}(-1)^n n\chi_{\left(\frac{1}{n+1},\,\frac{1}{n}\right]}(x), & 0<x\leq 1\\ 0, & x=0\end{cases}$$

라 정의하면 f의 Riemann 이상적분은 존재하지만 Lebesgue 적분이 존재하지 않음을 증명하여라.

3. $(R)\displaystyle\int_0^{\infty}\frac{1-\cos x}{x^2}\,dx=\frac{\pi}{2}$를 이용하여 $(R)\displaystyle\int_0^{\infty}\frac{\sin x}{x}\,dx=\frac{\pi}{2}$임을 보여라.

유계변동과 절대연속성

7.1 유계변동함수(Functions of Bounded Variation)

정의 7.1.1

$P : a = x_0 < x_1 < \cdots < x_n = b$를 유계인 닫힌구간 $[a, b]$의 한 분할이라 하자. 함수 $f : [a, b] \to \mathbb{R}$이 $[a, b]$ 위에서 **유계변동**(bounded variation)이라는 것은 양수 M이 존재하여 $[a, b]$의 모든 분할에 대하여

$$\sum_{k=1}^{n} |f(x_k) - f(x_{k-1})| \le M$$

일 때이다.

■

(가) f가 $[a, b]$ 위에서 단조함수이면 f는 유계변동이다.

(나) $\psi : [0,1] \to [0,1]$: Cantor 함수이면 단조증가함수이다. 따라서 ψ는 유계변동함수이다.

예제 7.1.2

1. 유계변동함수가 연속일 필요는 없다. 함수 $f : [0, 2] \to \mathbb{R}$을 $f(x) = [x]$라 정의하면 f는 유계변동함수이지만 $[0, 2]$ 위에서 불연속이다.
2. 연속함수가 유계변동일 필요는 없다. 함수 $f : [0, 1] \to \mathbb{R}$를

$$f(x)=\begin{cases} x\sin\dfrac{\pi}{x}, & 0<x\le 1 \\ 0, & x=0 \end{cases}$$

라 정의하면 f는 $[0,\ 1]$ 위에서 연속함수이지만 유계변동은 아니다. 왜냐하면 각 $n\in\mathbb{N}$에 대하여 $\sum_{k=1}^{n}\left|f\left(\frac{2}{4k}\right)-f\left(\frac{2}{4k+1}\right)\right|=\sum_{k=1}^{n}\frac{2}{4k+1}\to\infty$ 이므로 유계변동이 아니다.

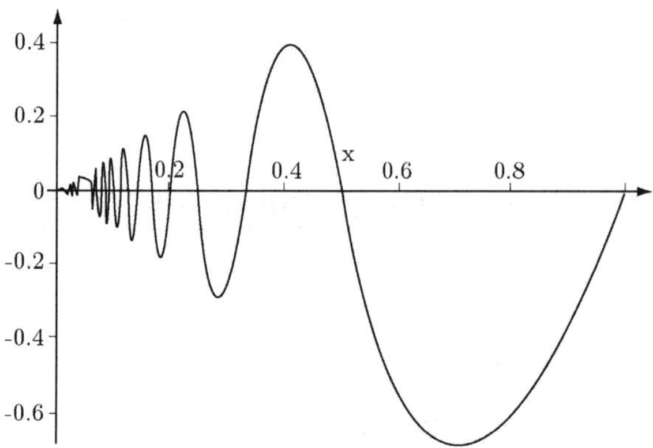

[그림 7.1] $x\sin\dfrac{\pi}{x}(0\le x\le 1)$**의 그래프**

명제 7.1.3

f가 $[a,\ b]$ 위에서 연속이고 f'가 $(a,\ b)$ 위에서 존재하여 유계하면 f는 유계변동이다.

증명 평균값정리에 의하여 $f(x_k)-f(x_{k-1})=f'(t_k)(x_k-x_{k-1})$ 이 되는 $t_k\in(x_{k-1},\ x_k)$가 존재한다. 따라서

$$\sum_{k=1}^{n}|f(x_k)-f(x_{k-1})|=\sum_{k=1}^{n}|f'(t_k)(x_k-x_{k-1})|$$

이다. 가정에 의하여 $x\in(a,\ b)$이면 $|f'(x)|\le\dfrac{M}{b-a}$인 $M>0$이 존재한다. 따라서 $|f'(t_k)(x_k-x_{k-1})|\le\dfrac{M}{b-a}(x_k-x_{k-1})$이다. 그러므로

$$\sum_{k=1}^{n} |f(x_k) - f(x_{k-1})| \le \frac{M}{b-a} \sum_{k=1}^{n} (x_k - x_{k-1}) = M$$

이다. 따라서 f는 유계변동이다.

■

예제 7.1.4

$f(x) = \cos x$는 $[0, 2\pi]$에서 유계변동이다.

명제 7.1.5

f가 $[a, b]$ 위에서 유계변동이면 f는 $[a, b]$ 위에서 유계하다.

증명 f가 $[a, b]$ 위에서 유계변동이고 $P: a < x < b$를 $[a, b]$의 한 분할이라 하자. 그러면 $|f(x) - f(a)| + |f(b) - f(x)| \le M$ 이다. 따라서 $|f(x) - f(a)| \le M$이고 그러므로 $|f(x)| \le M + |f(a)|$이다.

■

(가) 명제 7.1.5의 역은 성립하지 않는다.

(i) 함수 f를

$$f(x) = \begin{cases} x \sin \dfrac{\pi}{x}, & 0 < x \le 1 \\ 0, & x = 0 \end{cases}$$

라 정의하자. 그러면 f는 유계이고 연속이다. 그러나 f는 유계변동이 아니다.

(ii) $\chi_{\mathbb{Q} \cap [0, 1]}$는 유계이지만 유계변동이 아니다. 왜냐하면

$$P: 0 (:= c_0) < \frac{1}{M} < c_1 < \frac{1}{M-1} < c_2 < \cdots < c_{M-1} < 1$$

을 $[0, 1]$의 한 분할이라 하자. 여기서 $c_0 = 0$이고, $c_i (i = 1, 2, \cdots, M-1)$는 무리수이다. 임의의 $M \in \mathbb{N}$에 대하여

$$\sum_{k=0}^{M-1} \left| \chi_{\mathbb{Q} \cap [0, 1]} \left(\frac{1}{M-k} \right) - \chi_{\mathbb{Q} \cap [0, 1]} (c_k) \right| = \sum_{k=1}^{M-1} 1 = M - 1$$

이므로 유계변동이 아니다.

정의 7.1.6

f는 $[a, b]$ 위에서 유계변동이고

$$P: a = x_0 < x_1 < \cdots < x_{i-1} < x_i < \cdots < x_k = b$$

를 $[a, b]$의 분할이라 하자. $\mathscr{P}[a, b]$를 $[a, b]$의 모든 분할들의 모임이라 할 때,

$$T_P = \sum_{i=1}^{k} |f(x_i) - f(x_{i-1})|$$

라 하면

$$V_f[a, b] = \sup\{T_P \mid P \in \sup\{T_P \mid P \in \mathscr{P}[a, b]\}$$

를 $[a, b]$ 위에서 f의 **전변동**(total variation)이라 부른다.

■

(가) $V_f[a, b]$ 대신에 V_f로 쓰기도 한다.

명제 7.1.7

f를 $[a, b]$ 위에서 유계변동이라 하고 $a < c < b$라 하면 f는 $[a, c]$와 $[c, b]$ 위에서 각각 유계변동이다. 이때

$$V_f[a, b] = V_f[a, c] + V_f[c, b]$$

이다.

증명 P_1과 P_2를 각각 $[a, c]$와 $[c, b]$의 임의의 분할이라 하자. 그러면 $P_0 = P_1 \cup P_2$는 $[a, b]$의 분할이고

$$T_{P_1} + T_{P_2} = T_{P_0} \leq V_f[a, b]$$

이다. 따라서 T_{P_1}과 T_{P_2}는 유계이다. 그러므로 f는 $[a, c]$와 $[c, b]$ 위에서 유계변동이고

$$V_f[a, c] + V_f[c, b] \leq V_f[a, b]$$

이다.

$$V_f[a, b] \leq V_f[a, c] + V_f[c, b]$$

임을 증명하자. $P: a = x_0 < x_1 < \cdots < x_k = b$를 $[a, b]$의 임의의 분할이라 하고

$P' = P \cup \{c\}$는 c를 추가해서 얻어진 분할이라 하자. $c \in [x_{i-1}, x_i]$이면

$$|f(x_i) - f(x_{i-1})| \leq |f(x_i) - f(c)| + |f(c) - f(x_{i-1})|$$

이므로 $T_P \leq T_{P'}$이다. $[a, c]$에 속하는 P'의 점들은 $[a, c]$의 분할 P_1을 결정하고 $[c, b]$에 속하는 P'의 점들은 $[c, b]$의 분할 P_2를 결정하므로

$$T_P \leq T_{P'} = T_{P_1} + T_{P_2} \leq V_f[a, c] + V_f[c, b]$$

이다. 따라서

$$V_f[a, b] \leq V_f[a, c] + V_f[c, b]$$

이다.

■

(가) 명제 7.1.7로부터 f가 $[a, b]$ 위에서 유계변동이면 f는 $[a, b]$의 모든 부분구간 (subinterval) 위에서도 유계변동이다.

명제 7.1.8

f와 g가 $[a, b]$ 위에서 유계변동이면

(i) fg, $f+g$ 그리고 $f-g$도 유계변동이다. 또한

(ii) $V_{f \pm g} \leq V_f + V_g$,

(iii) $V_{fg} \leq \sup_{x \in [a, b]}|g(x)| \cdot V_f + \sup_{x \in [a, b]}|f(x)| \cdot V_g$

이다.

증명 (iii)만 증명하기로 한다. $P: a = x_0 < x_1 < \cdots < x_k = b$를 $[a, b]$의 분할이라 하고 $\sup_{x \in [a, b]}|g(x)| = V$, $\sup_{x \in [a, b]}|f(x)| = U$라 두자.

$$\begin{aligned}
&\sum_{i=1}^{k} |(fg)(x_i) - (fg)(x_{i-1})| \\
&\leq \sum_{i=1}^{k} |f(x_i) - f(x_{i-1})||g(x_i)| + \sum_{i=1}^{k} |g(x_i) - g(x_{i-1})||f(x_{i-1})| \\
&\leq V\sum_{i=1}^{k} |f(x_i) - f(x_{i-1})| + U\sum_{i=1}^{k} |g(x_i) - g(x_{i-1})|
\end{aligned}$$

이다. 따라서 $V_{fg} \leq U \cdot V_g + V \cdot V_f$이다.

■

명제 7.1.9

f가 $[a, b]$ 위에서 유계변동이라 할 때 $[a, b]$ 위에서 함수 F를

$$F(x) = \begin{cases} V_f[a, x], & a < x \le b \\ 0, & x = a \end{cases}$$

라 정의하면 함수 F와 $F-f$는 $[a, b]$ 위에서 단조증가이다.

증명 $a \le x < y \le b$일 때 명제 7.1.7에 의하여

$$V_f[a, y] = V_f[a, x] + V_f[x, y]$$

이므로

$$F(y) - F(x) = V_f[x, y] \ge 0$$

이다. 따라서 F는 단조증가이다. 또한

$$\begin{aligned}[F(y) - f(y)] - [F(x) - f(x)] &= [F(y) - F(x)] - [f(y) - f(x)] \\ &= V_f[x, y] - [f(y) - f(x)] \ge 0\end{aligned}$$

이므로 $F-f$도 단조증가이다. ■

[정리 7.1.10]

함수 $f : [a, b] \to \mathbb{R}$가 유계변동일 필요충분조건은 $f = f_1 - f_2$ 일 때다. 여기서 $f_1 : [a, b] \to \mathbb{R}$, $f_2 : [a, b] \to \mathbb{R}$는 단조증가함수들이다.

증명 f가 유계변동이라 하자. F를 명제 7.1.9의 함수라 하면 $f = F - (F - f)$ 이고 F와 $F-f$는 단조증가이다. 역으로 $f = f_1 - f_2$ 라 하자. 여기서 f_1, f_2는 단조증가이다. f_1과 f_2가 단조함수이므로 정의 7.1.1 (가)에 의하여 f_1과 f_2는 유계변동이다. 따라서 명제 7.1.8에 의하여 $f_1 - f_2 = f$ 도 유계변동이다.

예제 7.1.11

$f(x) = x^2 - x$는 $[0, 1]$ 위에서 유계변동이다. 왜냐하면 x^2과 x가 $[0, 1]$ 위에서 단조증가이기 때문이다.

정의 7.1.12

$E\subset\mathbb{R}$라 하자. 각 $x\in E$와 $\epsilon>0$에 대하여 구간 I가 존재하여 $x\in I$이고 $m(I)<\epsilon$일 때 구간 I들의 모임 $\mathscr{I}$를 E의 **Vitali 덮개**(Vitali cover)라 한다.

■

예제 7.1.13

$\{r_n\}$을 $[a, b]$에 있는 유리수들의 정렬(enumeration)이라 하면 $\{I_{n,\,i}\}_{n,\,i\in\mathbb{N}}$은 $[a, b]$의 Vitali 덮개이다. 여기서 $I_{n,\,i}=\left[r_n-\frac{1}{i},\, r_n+\frac{1}{i}\right]$이다.

[보조정리 7.1.14] (Vitali 덮개 보조정리)

집합 $E\subset\mathbb{R}$가 $m^*(E)<\infty$일 때, $\mathscr{I}$가 E의 Vitali 덮개라면 각 $\epsilon>0$에 대하여 $\mathscr{I}$에 있는 서로소인 구간들의 유한개의 모임 $\{I_k \mid 1\le k\le n\}$이 존재해서 $m^*\left(E-\bigcup_{k=1}^{n} I_k\right)<\epsilon$이다. 아울러 $m^*\left(E-\bigcup_{k=1}^{\infty} I_k\right)=0$을 만족하는 $\mathscr{I}$에 서로소인 구간들의 집합열 $\langle I_k\rangle$가 존재한다.

증명 $\mathscr{I}$에 속하는 각 구간들이 닫힌집합인 경우만 증명하면 충분하다. 왜냐하면 닫힌집합이 아닌 경우에는 닫힌집합으로 바꾸고 $I_1, I_2, \cdots, I_n$들의 끝점들의 측도가 0임을 감안하면 되기 때문이다. E를 포함하는 유한측도 열린집합을 O라 하자. $\mathscr{I}$는 E의 Vitali 덮개이므로 $\mathscr{I}$에 속하는 각 구간 I는 O에 포함된다고 가정해도 일반성을 잃지 않는다. I_1을 $\mathscr{I}$의 한 구간이라 하고 $I_1, \cdots, I_n$을 $\mathscr{I}$에 있는 서로소인 구간들이라 하자. $E\subset\bigcup_{k=1}^{n} I_k$이면 증명은 끝이 난다. 그렇지 않은 경우에는

$$\mathscr{I}_n=\{I\in\mathscr{I}\,|\,I\cap(\bigcup_{k=1}^{n} I_k)=\varnothing\}$$

이고

$$\alpha_n=\sup\{m(I)\,|\,I\in\mathscr{I}_n\}$$

이라 하자. $\bigcup_{k=1}^{n} I_k$가 닫힌집합이므로 $\mathscr{G}_n \neq \varnothing$이고 따라서 $\alpha_n > 0$이다. $m(I_{n+1}) > \dfrac{\alpha_n}{2}$인 $I_{n+1} \in \mathscr{G}_n$을 선택하자. 이 과정을 계속하면 어떤 n에 대하여 $E \subset \bigcup_{k=1}^{n} I_k$이거나 $\mathscr{G}$에 있는 서로소인 구간들의 수열 $< I_k >$가 얻어진다. 만일 $E \subset \bigcup_{k=1}^{n} I_k$이면 증명은 끝이 난다. 그렇지 않을 경우에는

$$\sum_{k=1}^{\infty} m(I_k) = m\left(\bigcup_{k=1}^{\infty} I_k\right) \leq m(O) < \infty$$

이므로 $\lim_{k\to\infty} m(I_k) = 0$이고 어떤 n에 대하여 $\sum_{k=n+1}^{\infty} m(I_k) < \dfrac{\epsilon}{5}$이다. $A = E - \bigcup_{k=1}^{n} I_k$라 하고 $m^*(A) < \epsilon$을 보이자. 각 $k > n$에 대하여 J_k는 중심이 I_k와 같고 길이가 I_k의 길이의 5배가 되는 구간이라 하자. 그러면

$$m\left(\bigcup_{k=n+1}^{\infty} J_k\right) \leq \sum_{k=n+1}^{\infty} m(J_k) = \sum_{k=n+1}^{\infty} 5m(I_k) < \epsilon$$

이므로 $A \subset \bigcup_{k=n+1}^{\infty} J_k$을 증명하면 된다. $x \in A$라 하자. $\mathscr{G}$가 E의 Vitali 덮개이므로 구간 $I_x \in \mathscr{G}_n$가 존재하여 $x \in I_x$이다. 어떤 $k > n$에 대하여 $I_x \cap I_k \neq \varnothing$이다. 왜냐하면 모든 k에 대하여 $I_x \cap I_k = \varnothing$이면 $\alpha_k \geq m(I_x)$인데 이것은

$$0 \leq \lim_{k\to\infty} \alpha_k \leq \lim_{k\to\infty} 2m(I_{k+1}) = 0$$

라는 사실에 모순이 된다. t을 $I_x \cap I_t \neq \varnothing$을 만족하는 최소의 첨자라 하면 $t > n$이다. $I_x \in \mathscr{G}_{n-1}$이므로

$$m(I_x) \leq \alpha_{t-1} < 2m(I_t)$$

이다. c를 구간 I_t의 중심이라 하면

$$|x - c| \leq m(I_x) + \frac{1}{2}m(I_t) < \frac{5}{2}m(I_t)$$

이다. 따라서 $x \in J_t$이다. 그러므로

$$E-\bigcup_{k=1}^{n} I_k \subset \bigcup_{k=n+1}^{\infty} J_k$$

이고

$$m^*\left(E-\bigcup_{k=1}^{n} I_k\right) \le m\left(\bigcup_{k=n+1}^{\infty} J_k\right) \le \sum_{k=n+1}^{\infty} m(J_k)$$

이다. 또한 급수 $\sum_{k=1}^{\infty} m(J_k)$가 수렴하므로 $m^*\left(E-\bigcup_{k=1}^{\infty} I_k\right)=0$이다.

(가) $E \subset [a, b]$이고 $\mathscr{I}$를 E의 Vitali 덮개라 하자. 각 $\epsilon > 0$에 대하여 $\mathscr{I}$에 있는 서로소인 구간들의 유한 모임 $\{I_k \mid 1 \le k \le n\}$이 존재해서 $\sum_{k=1}^{n} l(I_k) > m^*(E)-\epsilon$이다. 왜냐하면 $U=\bigcup_{k=1}^{n} I_k$라 하면

$$\begin{aligned} m^*(E) &= m^*(E \cap U)+m^*(E-U) \\ &\le m(U)+m^*(E-U) \\ &< \sum_{k=1}^{n} l(I_k)+\epsilon \end{aligned}$$

이다.

정의 7.1.15

함수 $f:[a, b] \to \mathbb{R}$에 대하여 $x \in [a, b)$에서 f의 **Dini 도함수**(Dini's derivative)라 불리는 네 가지를 다음과 같이 정의한다.

(i) $D^+f(x)=\lim_{\delta \to 0^+} \sup\left\{\dfrac{f(y)-f(x)}{y-x} : x < y < x+\delta\right\}$

(ii) $D_+f(x)=\lim_{\delta \to 0^+} \inf\left\{\dfrac{f(y)-f(x)}{y-x} : x < y < x+\delta\right\}$

(iii) $D^-f(x)=\lim_{\delta \to 0^+} \sup\left\{\dfrac{f(y)-f(x)}{y-x} : x-\delta < y < x\right\}$

(iv) $D_-f(x)=\lim_{\delta \to 0^+} \inf\left\{\dfrac{f(y)-f(x)}{y-x} : x-\delta < y < x\right\}$

■

(가) 함수 f의 Dini 도함수는 항상 존재하며 (유한 또는 무한)

$$D^+f(x) \geq D_+f(x) \text{ 이고 } D^-f(x) \geq D_-f(x)$$

이다.

(나) $D^+f(x) = D_+f(x) = D^-f(x) = D_-f(x) \neq \pm\infty$ 일 때 "f는 x에서 **미분가능** (differentiable)하다"하고 공통의 값을 $f'(x)$로 정의한다.

예제 7.1.16

1. 함수 $f:\mathbb{R} \to \mathbb{R}$를 $f(x) = |x|$라 정의하면

$$D^+f(0) = D_+f(0) = 1,\ D_-f(0) = D^-f(0) = -1$$

이므로 $f'(0)$는 존재하지 않는다.

2. 함수 $f:\mathbb{R} \to \mathbb{R}$를

$$f(x) = \begin{cases} x\sin\frac{1}{x}, & x > 0 \\ 0, & x = 0 \\ x\sin\frac{1}{x} + 4x, & x < 0 \end{cases}$$

라 정의하면

$$D^+f(0) = 1,\ D_+f(0) = -1,\ D^-f(0) = 5 \text{ 이고 } D_-f(0) = 3$$

이다.

3. 함수 $f:\mathbb{R} \to \mathbb{R}$를

$$f(x) = \begin{cases} x\sin\frac{1}{x}, & x \neq 0 \\ 0, & x = 0 \end{cases}$$

라 정의하면

$$D^+f(0) = D^-f(0) = 1,\ D_+f(0) = D_-f(0) = -1$$

이다.

4. 함수 $f:\mathbb{R} \to \mathbb{R}$를

$$f(x) = \begin{cases} x\{1 + \sin(\log x)\}, & x > 0 \\ 0, & x = 0 \\ x + \sqrt{-x\sin^2(\log x)}, & x < 0 \end{cases}$$

라 정의하면

$$D^{+}f(0)=2,\ D_{+}f(0)=0,\ D^{-}f(0)=1 \text{ 이고 } D_{-}f(0)=-\infty$$

이다.

5. 함수 $f:[0,1]\to\mathbb{R}$를

$$f(x)=\begin{cases}0, & x\in[0,1]\cap\mathbb{Q}\\ 1, & x\in[0,1]\cap\mathbb{Q}^c\end{cases}$$

라 정의하면

① $x\in[0,1]\cap\mathbb{Q}$일 때

$$D^{+}f(x)=\infty,\ D_{-}f(x)=-\infty \text{ 이고 } D_{+}f(x)=0=D^{-}f(x)$$

② $x\in[0,1]\cap\mathbb{Q}^c$일 때

$$D^{+}f(x)=0=D_{-}f(x),\ D^{-}f(x)=\infty \text{ 이고 } D_{+}f(x)=-\infty$$

이다.

[보조정리 7.1.17]

함수 f가 $[a,b]$ 위에서 단조증가하면 f의 4개의 Dini 도함수들은 $[a,b]$ 위에서 측도로 유한이다.

증명 Dini 도함수들 모두가 음이 아니므로 $[a,b]$ 위에서 측도로 $D^{+}f<\infty$이고 $D^{-}f<\infty$를 증명하면 충분하다. 우선 $m^{*}(A)=\alpha>0$라 가정하자. 여기서 $A=\{x\in[a,b]\mid D^{+}f(x)=\infty\}$이다. $M\cdot\dfrac{\alpha}{2}>f(b)-f(a)$인 양수 M을 택하자. 각 $x\in A$에 대하여 x에 수렴하는 단조감소수열 $\{y_n^x\}$가 존재하여 모든 n에 대하여

$$\frac{f(y_n^x)-f(x)}{y_n^x-x}\geq M$$

을 만족한다. $\{[x,y_n^x]\mid x\in A,\ n\in\mathbb{N}\}$은 A의 Vitali덮개이다. Vitali 덮개 보조정리에 의하여 $\sum_{i=1}^{n}(y_i-x_i)>\dfrac{\alpha}{2}$를 만족하는 구간들의 서로소인 모임

$\{[x_i, y_i] \mid 1 \leq i \leq n\}$이 존재한다. 그러나

$$\sum_{i=1}^{n}(f(y_i)-f(x_i)) \geq \sum_{i=1}^{n}M(y_i-x_i) > M\frac{\alpha}{2} > F(b)-F(a)$$

이므로 모순이 된다. 따라서 $m^*(A)=0$이다. $D^-F<\infty$의 증명도 같은 식으로 하면 된다.

[정리 7.1.18]

함수 f가 $[a, b]$ 위에서 단조증가하면 f는 $[a, b]$ 위에서 측도로 미분가능하다.

증명 보조정리 7.1.17에 의하여 4개의 Dini도함수들이 측도로 같다는 것을 보이면 충분하다.

$$A=\{x\in(a, b) \mid D_+f(x)<D^+f(x)\}$$

라 하면 $m^*(A)=0$를 보이자. $m^*(A)>0$라 가정하면 유리수 p, q가 존재하여 $m^*(B)=\beta>0$를 만족하는 집합

$$B=\{x\in A \mid D_+f(x)<p<q<D^+f(x)\}$$

가 존재한다. 명제 5.1.13에 의하여 $B\subset O$이고 $\mu(O)<\beta+\epsilon$를 만족하는 열린집합 $O\subset(a, b)$가 존재한다. 각 $x\in B$와 $n\in\mathbb{N}$에 대하여 y_n^x가 존재하여

$x<y_n^x<x+\frac{1}{n}$, $[x, y_n^x]\subset O$이고

$$\frac{F(y_n^x)-F(x)}{y_n^x-x}<p$$

를 만족한다. $\{[x, y_n^x] \mid x\in B, n\in\mathbb{N}\}$는 B의 Vitali 덮개이다. Vitali 덮개 보조정리에 의하여

$$m^*\left(B-\bigcup_{i=1}^{l}[x_i, y_i]\right)<\epsilon$$

을 만족하는 구간들의 서로소인 모임 $\{[x_i, y_i] \mid 1\leq i\leq l\}$이 존재한다.

$$\sum_{i=1}^{l}(f(y_i)-f(x_i))<p\cdot\sum_{i=1}^{l}(y_i-x_i)\leq p\cdot m(O)<p(\beta+\epsilon)$$

이다. $C = B \cap \left(\bigcup_{i=1}^{l}(x_i, y_i)\right)$라 하면 $m^*(C) > \beta - \epsilon$이다. 각 $u \in C$와 $n \in \mathbb{N}$에 대하여 v_n^u가 존재하여 $u < v_n^u < u + \frac{1}{n}$이고 어떤 i에 대하여 $[u, v_n^u] \subset (x_i, y_i)$이며

$$\frac{f(v_n^u) - f(u)}{v_n^u - u} > q$$

를 만족한다. $\{[u, v_n^u] \mid u \in C, n \in \mathbb{N}\}$은 C의 Vitali 덮개이다. Vitali 덮개보조정리에 의하여

$$\sum_{j=1}^{n}(v_j - u_j) > m^*(C) - \epsilon$$

을 만족하는 구간들의 서로소인 모임 $\{[u_j, v_j] \mid 1 \le j \le n\}$이 존재한다. 이때

$$\sum_{j=1}^{n}(f(v_i) - f(u_j)) > q\sum_{j=1}^{n}(v_j - u_j) > q(m^*(C) - \epsilon) > q(\beta - 2\epsilon)$$

이다. 각 $i(1 \le i \le l)$에 대하여 $\pi_i = \{j \mid [u_j, v_j] \subset (x_i, y_i)\}$라 하면 f가 단조증가함수이므로

$$\begin{aligned} q(\beta - 2\epsilon) &< \sum_{j=1}^{n}(f(v_j) - f(u_j)) \\ &= \sum_{i=1}^{l}\sum_{j \in \pi_i}(f(v_j) - f(u_j)) \\ &\le \sum_{i=1}^{l}(f(y_i) - f(x_i)) \\ &< p(\beta + \epsilon) \end{aligned}$$

이다. 따라서 $q\beta \le p\beta$이며 이것은 모순이다.

[정리 7.1.19]

함수 f가 $[a, b]$ 위에서 단조증가하면 f'는 $[a, b]$ 위에서 Lebesgue 적분가능하고

$$\int_a^b f' \leq f(b) - f(a)$$

이다.

증명 f'는 $f' \geq 0$ a.e.인 가측함수이므로 $\int_a^b f' < \infty$ 임을 보이면 된다. 함수 f를 확장해서 $x > b$에 대하여 $f(x) = f(b)$라 하자. 각 $n \in \mathbb{N}$에 대하여

$$f_n(x) = \frac{f\left(x + \frac{1}{n}\right) - f(x)}{\frac{1}{n}}$$

라 하면

$$\int_a^b f_n = \int_a^b \frac{f\left(x + \frac{1}{n}\right) - f(x)}{\frac{1}{n}} dx$$

$$= n\int_b^{b+\frac{1}{n}} f - n\int_a^{a+\frac{1}{n}} f$$

$$\leq f(b) - n\int_a^{a+\frac{1}{n}} f(a)dx$$

$$= f(b) - f(a)$$

이다. f가 단조증가이므로 $f_n \geq 0$이고 수열 $< f_n >$은 $[a, b]$ 위에서 측도로 f'에 수렴한다. 그러므로 Fatou 보조정리에 의하여

$$\int_a^b f' = \int_a^b \liminf_{n \to \infty} f_n \leq \liminf_{n \to \infty} \int_a^b f_n \leq f(b) - f(a)$$

이다.

(가) 함수 $f : [a, b] \to \mathbb{R}$가 $[a, b]$ 위에서 Riemann 적분가능하고 각 $x \in [a, b]$에 대하여 $F(x) = (R)\int_a^x f$이면 F는 연속(실제로는 절대연속)이고 $[a, b]$ 위에서 측도로 $F' = f$이다.

예제 7.1.20

1. 함수 $f:[0,1]\to\mathbb{R}$ 를

$$f(x)=\begin{cases}0, & 0\le x\le \dfrac{1}{2}\\ 1, & \dfrac{1}{2}< x\le 1\end{cases}$$

라 정의하면 $[0,1]$ 위에서 $f'(x)=0$ a.e. 이고

$$\int_0^1 f'=0<1=f(1)-f(0)$$

이다.

2. Cantor 함수 ψ는 $[0,1]$ 위에서 정리 7.1.19의 조건을 만족하고 $[0,1]$ 위에서 $\psi'(x)=0$ a.e.이다. 따라서

$$\int_0^1 \psi'=0<1=\psi(1)-\psi(0)$$

이다. 아울러 다음이 성립한다.

$$\int_{[0,1]}\psi=\frac{1}{3}\cdot\frac{1}{2}+\frac{1}{3^2}\cdot 1+\frac{1}{3^3}\cdot 2+\cdots+\frac{2^{n-1}}{3^n}+\cdots=\frac{1}{2}$$

다음 두 그림은 연습문제 7.1에 필요한 그림들이다.

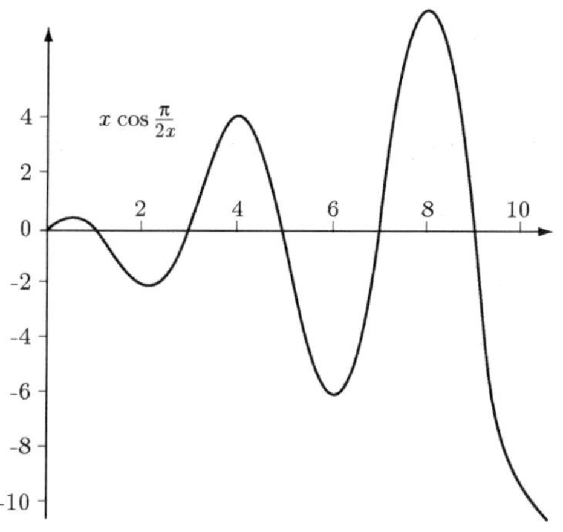

[그림 7.2] $x\cos\dfrac{\pi}{2x}(x\ge 0)$의 그래프

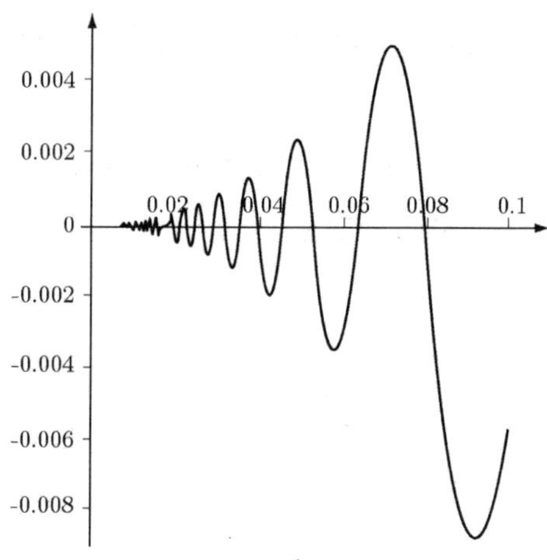

[그림 7.3] $x^2\sin\dfrac{1}{x}(x\ge 0)$의 그래프

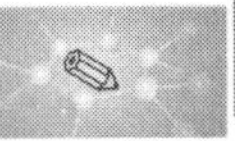

연습문제 7.1

1. f가 단조함수이면 f는 유계변동임을 증명하여라.

2. (i) 함수 $f:[0,1]\to\mathbb{R}$를

$$f(x)=\begin{cases} x\cos\dfrac{\pi}{2x}, & x\neq 0 \\ 0, & x=0 \end{cases}$$

라 정의하면 f는 $[0, 1]$ 위에서 유계하고 연속이지만 유계변동이 아님을 증명하여라.

(ii) 함수 $f:[-1,1]\to\mathbb{R}$ 를

$$f(x)=\begin{cases} x^2\sin\dfrac{1}{x^2}, & x\neq 0 \\ 0, & x=0 \end{cases}$$

이라 정의하면 f는 $[-1, 1]$ 위에서 유계변동이 아님을 증명하여라.

(iii) 함수 $g:[-1,1]\to\mathbb{R}$를

$$g(x)=\begin{cases} x^2\sin\dfrac{1}{x}, & x\neq 0 \\ 0, & x=0 \end{cases}$$

라 정의하면 g는 $[-1, 1]$ 위에서 유계변동임을 증명하여라.

3. 정리 7.1.18의 증명에서 B가 존재함을 증명하여라.

4. 함수 $f:[a,b]\to\mathbb{R}$ 가 $[a, b]$ 위에서 유계변동이면 집합 $\{x\in[a,b]\,|\,f\text{는 } x\text{에서 불연속}\}$은 가산집합임을 증명하여라.

7.2 부정적분의 도함수와 절대연속성 (The Derivative of an Indefinite Integral and Absolute Continuity)

[보조정리 7.2.1]

함수 f가 $[a, b]$ 위에서 적분가능하면

$$F(x) = \int_a^x f(t)dt$$

라 정의된 F는 $[a, b]$ 위에서 유계변동인 연속함수이다.

증명 $x \in [a, b]$이고 $\epsilon > 0$라 하자. 명제 6.2.18에 의하여 $\delta > 0$가 존재하여 $m(E) < \delta$인 $E \subset [a, b]$에 대하여 $\int_E |f| < \epsilon$이다. 그러므로 $0 < |h| < \delta$인 h에 대하여

$$|F(x+h) - F(x)| = \left| \int_x^{x+h} f(t)dt \right| \le \int_x^{x+h} |f(t)|dt < \epsilon$$

이다. 따라서 F는 $[a, b]$ 위에서 연속함수이다. F가 유계변동이라는 것을 보이기 위해 $P: a = x_0 < x_1 < \cdots < x_k = b$를 $[a, b]$의 분할이라 하자.

$$\begin{aligned}\sum_{i=1}^{k} |F(x_i) - F(x_{i-1})| &= \sum_{i=1}^{k} \left| \int_{x_{i-1}}^{x_i} f(t)dt \right| \\ &\le \sum_{i=1}^{k} \int_{x_{i-1}}^{x_i} |f(t)|dt \\ &= \int_a^b |f(t)|dt\end{aligned}$$

이므로

$$V_F[a, b] \le \int_a^b |f(t)|dt < \infty$$

이다. 그러므로 F는 $[a, b]$ 위에서 유계변동이다.

예제 7.2.2

함수 $f: [0, 1] \to \mathbb{R}$을

$$f(x) = \begin{cases} -1, & x \notin [0, 1] \cap \mathbb{Q} \\ 0, & x \in [0, 1] \cap \mathbb{Q} \end{cases}$$

라 하면 $\int_0^1 f = -1$이고 $F(x) = \int_0^x f(t)dt = -x$이다.

[보조정리 7.2.3]

f가 $[a, b]$ 위에서 적분가능하고 모든 $x \in [a, b]$에 대하여

$$\int_a^x f(t)dt = 0$$

이면 $[a, b]$ 위에서 $f(t) = 0$ a.e. 이다.

증명 $f(t) \neq 0$ a.e. 라 하자. 그러면 가측집합 $E(m(E) > 0)$가 존재하여 E 위에서 $f(x) \neq 0$ 이다. 그러면 $f(x) > 0$ 이거나 $f(x) < 0$ 이다. 우선 $f(x) > 0$ 이라 하면 명제 5.1.13에 의하여 $m(F) > 0$인 E의 닫힌부분집합 F가 존재한다. $O = (a, b) - F$라 하면 $\int_a^b f \neq 0$ 이거나

$$0 = \int_a^b f = \int_F f + \int_O f$$

이다. 정리 2.8.5에 의하여 O는 열린구간들의 가산 모임 $\{(a_n, b_n)\}$의 서로소인 합집합이므로 정리 6.2.3에 의하여

$$\int_O f = \sum_{n=1}^{\infty} \int_{a_n}^{b_n} f$$

이다. 만일 모든 $n \in \mathbb{N}$에 대하여 $\int_{a_n}^{b_n} f = 0$ 이면 $\int_O f = 0$ 이므로 $\int_F f = 0$ 이다. 따라서 따름정리 6.2.4에 의하여 $f = 0$ a.e. 이 되어 모순이 된다. 따라서 어떤 n에 대하여 $\int_{a_n}^{b_n} f \neq 0$ 이다. 아울러 $\int_a^{b_n} f \neq 0$ 이다. $\int_a^b f \neq 0$ 이거나 $\int_a^b f = 0$ 인 경우 양의 측도집합 위에서 $f > 0$ 이면 어떤 $x \in [a, b]$에 대하여

$$\int_a^x f \neq 0$$

이다. $f(x) < 0$ 인 경우도 마찬가지로 $\int_a^x f \neq 0$ 이므로 모순이 된다. 그러므로 $[a, b]$ 위에서 $f(t) = 0$ a.e. 이다.

[보조정리 7.2.4]

f가 $[a, b]$ 위에서 유계이고 가측이면

$$F(x) = \int_a^x f(t)dt + F(a)$$

인 함수 F는 $[a, b]$ 위에서 $F' = f$ a.e. 이다.

증명 보조정리 7.2.1에 의하여 F는 유계변동이고 연속함수이다. 정리 7.1.10에 의하여 단조증가함수 f_1과 f_2가 존재하여 $F = f_1 - f_2$ 이다. 또한 정리 7.1.18에 의하여 f_1'와 f_2'가 측도로 존재한다. 따라서 $F' = f_1' - f_2'$ a.e. 이다. $|f| \leq K$ 라 하고 $h = \frac{1}{n}$에 대하여

$$f_n(x) = \frac{F(x+h) - F(x)}{h}$$

라 두면

$$f_n(x) = \frac{1}{h}\int_x^{x+h} f(t)dt$$

이므로 $|f_n| \leq K$이다. 한편 $f_n(x)$는 $F'(x)$에 측도로 점별수렴하므로 유계수렴정리와 F의 연속성에 의하여

$$\begin{aligned}
\int_a^c F'(x)dx &= \lim \int_a^c f_n(x)dx \\
&= \lim_{h\to 0}\frac{1}{h}\int_a^c [F(x+h) - F(x)]dx \\
&= \lim_{h\to 0}\frac{1}{h}(R)\int_a^c [F(x+h) - F(x)]dx \\
&= \lim\left[\frac{1}{h}(R)\int_{a+h}^{c+h} F(x)dx - \frac{1}{h}(R)\int_a^c F(x)dx\right] \\
&= \lim\left[\frac{1}{h}(R)\int_c^{c+h} F(x)dx - \frac{1}{h}(R)\int_a^{a+h} F(x)dx\right] \\
&= F(c) - F(a) \text{(Riemann 적분에 관한 중간값정리에 의하여)} \\
&= \int_a^c f(x)dx
\end{aligned}$$

이다. 모든 $c \in [a, b]$에 대하여

$$\int_a^c \{F'(x) - f(x)\}dx = 0$$

이므로 보조정리 7.2.3에 의하여 $F' = f$ a.e. 이다.

예제 7.2.5

$$f(x)=\begin{cases} x, & 0 \le x < \frac{1}{2} \\ \chi_{\left[\frac{1}{2},\, 1\right]\cap\mathbb{Q}}(x), & \frac{1}{2} \le x \le 1 \end{cases}$$

라 정의하면

$$F(x)=\begin{cases} \frac{x^2}{2}, & 0 \le x < \frac{1}{2} \\ \frac{1}{8}, & \frac{1}{2} \le x \le 1 \end{cases}$$

이므로 $F'(x)=f(x)$ a.e. 이다.

[정리 7.2.6]

f가 $[a, b]$ 위에서 적분가능하고

$$F(x)=\int_a^x f(t)dt+F(a)$$

라 하면 $F'=f$ a.e. 이다.

증명 $f=f^+-f^-$ 이므로 f가 적분가능하면 f^+, f^- 도 적분가능하다. 따라서 $f \ge 0$ 이라 가정해도 일반성을 잃지 않는다.

$$f_n(x)=\begin{cases} f(x), & f(x) \le n \\ 0, & f(x) > n \end{cases}$$

라 정의하면 $f-f_n \ge 0$ 이고

$$G_n(x)=\int_a^x (f-f_n)$$

은 x에 관한 단조증가함수이며 또한 도함수를 갖고 그 도함수는 음이 아니다. 보조정리 7.2.4에 의하여

$$\frac{d}{dx}\int_a^x f_n = f_n(x) \text{ a.e.}$$

이므로

$$F'(x) = \frac{d}{dx}\int_a^x f$$
$$= \frac{d}{dx}\int_a^x (f - f_n) + \frac{d}{dx}\int_a^x f_n$$
$$= \frac{d}{dx}G_n(x) + \frac{d}{dx}\int_a^x f_n$$
$$\geq f_n(x) \text{ a.e.}$$

이다. 따라서

$$F'(x) \geq f(x) \text{ a.e.}$$

이며

$$\int_a^b F'(x)dx \geq \int_a^b f(x)dx = F(b) - F(a)$$

이다. 그러므로 정리 7.1.19에 의하여

$$\int_a^b F'(x)dx = F(b) - F(a) = \int_a^b f(x)dx$$

이고

$$\int_a^b \{F'(x) - f(x)\}dx = 0$$

이다. $F'(x) - f(x) \geq 0$ a.e.이므로 $F'(x) = f(x)$ a.e.이다.

예제 7.2.7

(i) 함수 $f : [0, 2] \to \mathbb{R}$ 를

$$f(x) = \begin{cases} 1, & 0 \leq x \leq 1 \\ 2, & 1 < x \leq 2 \end{cases}$$

라 정의하면

$$F(x) = \int_0^x f(t)dt = \begin{cases} x, & 0 \leq x \leq 1 \\ 2x - 1, & 1 < x \leq 2 \end{cases}$$

이다. F는 $[0, 2]$ 위에서 연속이지만 $x = 1$에서 미분가능하지 않다.

(ii) 함수 $f : [0, 1] \to \mathbb{R}$을

$$f(x)=\begin{cases}\dfrac{1}{q},\ x=\dfrac{p}{q}\ (p,\ q\in\mathbb{N},\ p,\ q\text{는 서로소})\\ 0,\ \text{그 외의 경우에}\end{cases}$$

라 정의하면 $F(x)=\int_0^x f(t)dt=0$이다. F는 $(0,\ 1)$ 위에서 미분가능하지만

$x=\dfrac{p}{q}\in[0,\ 1]$에 대하여 $F'(x)\neq f(x)$이다.

(iii) 다음 함수 f는 $[0,\ 1]$ 위에서 적분가능하지만 유계함수는 아니다.

$$f(x)=\begin{cases}\dfrac{1}{\sqrt{x}}, & 0<x\leq 1\\ 0, & x=0\end{cases}$$

$F(x)=\int_0^x f(t)dt$라 하면 $F(x)=2\sqrt{x}$이다. 왜냐하면

$$f_n(x)=\begin{cases}f(x), & f(x)\leq n\\ 0, & f(x)>n\end{cases}$$

라 정의하면 $f(x)=\lim\limits_{n\to\infty}f_n(x)$ a.e. 이므로 Lebesgue 단조수렴정리에 의하여

$$\begin{aligned}F(x)&=\int_0^x\lim_{n\to\infty}f_n(t)dt\\ &=\lim_{n\to\infty}\int_0^x f_n(t)dt\\ &=\lim_{n\to\infty}(R)\int_0^x f_n(t)dt\\ &=\lim_{n\to\infty}(R)\int_{\frac{1}{n^2}}^x\frac{1}{\sqrt{t}}dt\\ &=2\sqrt{x}\end{aligned}$$

이다. 그러므로 $F'(x)=\dfrac{1}{\sqrt{x}}=f(x)$ a.e. 이다.

정의 7.2.8

$[a,\ b]$ 위에서 정의된 실숫값을 갖는 함수 f가 주어진 양수 ϵ에 대하여 양수 δ가 존재해서

$$\sum_{i=1}^n|x_i'-x_i|<\delta$$

인 겹쳐지지 않는 모든 구간들의 유한 모임 $\{(x_i, x_i')\}_{i=1}^{n}$에 대하여

$$\sum_{i=1}^{n} |f(x_i') - f(x_i)| < \epsilon$$

을 만족할 때 f를 $[a, b]$에서 **절대연속**(absolutely continuous)이라 한다.

■

(가) 절대연속함수는 연속이며 명제 6.2.18에 의하여 모든 부정적분은 절대연속이다.
(나) 절대연속함수의 합과 차도 절대연속이다.
(다) 절대연속함수는 균등연속이다.
(라) f가 절대연속이면 $|f|$도 절대연속이다.

예제 7.2.9

함수 $f: \mathbb{R} \to \mathbb{R}$를 주기가 1인 함수(즉, $f(x+1) = f(x)$)이고 $[0, 1]$ 위에서

$$f(x) = \begin{cases} \sqrt{x}, & 0 \le x \le \dfrac{1}{2} \\ -\sqrt{2}x + \sqrt{2}, & \dfrac{1}{2} < x \le 1 \end{cases}$$

라 정의하면 f는 $\mathbb{R}$ 위에서 연속함수이지만 절대연속함수는 아니다. 왜냐하면 주어진 $\delta\left(0 < \delta < \dfrac{1}{2}\right)$에 대하여 $x_i = i$이고 $y_i = i + \dfrac{\delta}{i^2}$라 하자. 각 $n \in \mathbb{N}$에 대하여 $\sum_{i=1}^{n} |x_i - y_i| < 2\delta$이지만

$$\sum_{i=1}^{n} |f(x_i) - f(y_i)| = \sum_{i=1}^{n} \frac{\sqrt{\delta}}{i} \to \infty$$

이다. 따라서 f는 절대연속이 아니다.

예제 7.2.10

함수 $F: [0, 1] \to \mathbb{R}$를

$$F(x) = \begin{cases} x \sin\dfrac{\pi}{x}, & 0 < x \le 1 \\ 0, & x = 0 \end{cases}$$

라 정의하면 F는 $[0, 1]$ 위에서 균등연속이지만 절대연속은 아니다. 왜냐하면 각 $n \in \mathbb{N}$

에 대하여 $a_n = \dfrac{2}{4n+1}$이고 $b_n = \dfrac{2}{4n}$라 하자. $\delta > 0$일 때 $\dfrac{1}{M} < \delta$이고 $\sum_{n=M}^{N} a_n > 1$을 만족하는 $M, N \in \mathbb{N}\,(M < N)$을 선택하자. 그러면 $\{[a_n, b_n] \mid M \le n \le N\}$은

$$\begin{aligned}\sum_{n=M}^{N}(b_n - a_n) &= \left(\frac{2}{4M} - \frac{2}{4M+1}\right) + \left(\frac{2}{4(M+1)} - \frac{2}{4M+5}\right) \\ &\quad + \cdots + \left(\frac{2}{4N} - \frac{2}{4N+1}\right) \\ &= \frac{2}{4M} - \left(\frac{2}{4M+1} - \frac{2}{4(M+1)}\right) - \cdots - \frac{2}{4N+1} \\ &< \frac{2}{4M} = \frac{1}{2}\cdot\frac{1}{M} < \frac{1}{2}\delta < \delta\end{aligned}$$

을 만족하는 $[0, 1]$에 있는 서로소인 닫힌구간들의 유한 모임이다. 그러나

$$\sum_{n=M}^{N} |F(b_n) - F(a_n)| = \sum_{n=M}^{N} a_n > 1$$

이므로 F는 $[0, 1]$ 위에서 절대연속이 아니다.

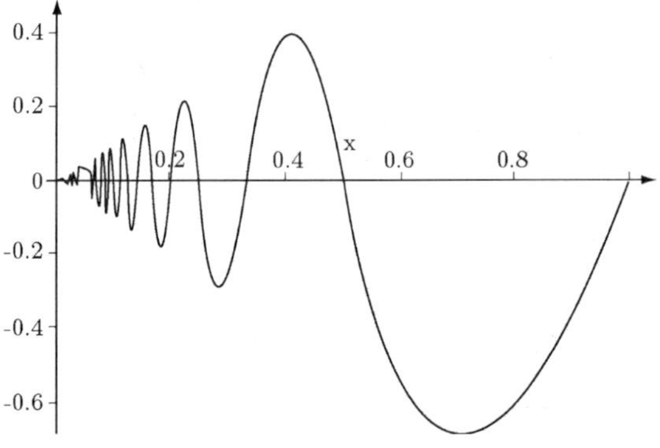

[그림 7.4] $x\sin\dfrac{\pi}{x}\,(0 \le x \le 1)$의 그래프

[보조정리 7.2.11]

함수 f가 절대연속이면 $[a, b]$ 위에서 유계변동이다.

증명 정의 7.2.8에 의하여 $\epsilon = 1$에 대응하는 조건을 만족하는 양수 δ를 잡자. δ가 $d\delta + e = b - a$을 만족한다고 하자. 여기서 $0 \le e < \delta$이다. 그러면

$$d = \frac{b-a}{\delta} - \frac{e}{\delta}$$

이다. 따라서

$$d+1 < \frac{b-a}{\delta} + \frac{\delta - e}{\delta} < \frac{b-a}{\delta} + 1$$

이 성립한다. 그러므로 구간 $[a, b]$를 길이가 δ보다 작은 부분구간들의 유한개 (K)의 집합들로 나눌 수 있다. 여기서 $K = \sup\left\{c \in \mathbb{N} \mid c < 1 + \frac{b-a}{\delta}\right\}$이다. 그러면 모든 부분분할에 대하여 $V_f \leq K$이다.

[따름정리 7.2.12]

f가 절대연속이면 f는 측도로 도함수를 갖는다.

(가) 따름정리 7.2.12의 역은 성립하지 않는다. 예를 들어 Cantor 함수 $\psi : [0,1] \to [0,1]$은 유계변동이지만 절대연속은 아니다.

[보조정리 7.2.13]

함수 f가 $[a, b]$ 위에서 절대연속이고 $f'(x) = 0$ a.e. 이면 f는 상수함수이다.

증명 임의의 $c \in [a, b]$에 대하여 $f(a) = f(c)$ 임을 보이자. $E \subset [a, c]$를 측도가 $c - a$이며 $x \in E$에 대하여 $f'(x) = 0$을 만족하는 집합이라 하자. ϵ, η는 임의의 양수라 하자. E에 속하는 각 x에 대하여, $[a, c]$에 포함되는 충분히 작은 구간 $[x, x+h]$가 존재하여 $|f(x+h) - f(x)| < \eta h$ 이다. f의 절대연속성에 의하여 ϵ에 대응되는 $\delta > 0$가 존재한다. Vitali 덮개 보조정리 7.1.14에 의하여 측도가 δ보다 작은 집합을 제외한 E 전체를 덮는 서로소인 구간들의 모임 $\{[x_k, y_k]\}$을 찾을 수 있다. $x_k \leq x_{k+1}$이 되도록 번호를 붙이면

$$y_0 = a \leq x_1 < y_1 \leq x_2 < \cdots \leq y_n \leq c = x_{n+1}$$

이고

$$\sum_{k=0}^{n} |x_{k+1} - y_k| < \delta$$

이다. 구간들의 모임 $\{[x_k, y_k]\}$를 구성하는 과정에 의하여

$$\sum_{k=1}^{n}|f(y_k)-f(x_k)| \leq \eta\sum_{k=1}^{n}(y_k-x_k)$$
$$\leq \eta(c-a)$$

이고 f의 절대연속성에 의하여

$$\sum_{k=1}^{n}|f(x_{k+1})-f(y_k)| < \epsilon$$

이다. 그러므로

$$|f(c)-f(a)| = \left|\sum_{k=0}^{n}[f(x_{k+1})-f(y_k)]+\sum_{k=0}^{n}[f(y_k)-f(x_k)]\right|$$
$$\leq \epsilon+\eta(c-a)$$

이다. 따라서 $f(c)-f(a)=0$ 이다.

[정리 7.2.14]

함수 F가 부정적분일 필요충분조건은 F가 절대연속이다.

증명 F가 부정적분이면 명제 6.2.18에 의하여 F는 절대연속이다. 역으로 F가 $[a, b]$ 위에서 절대연속이라 하자. 그러면 F는 유계변동이고 두 단조증가함수 F_1, F_2가 있어서

$$F(x)=F_1(x)-F_2(x)$$

로 쓸 수 있다. 따라서 $F'(x)$ a.e.가 존재하고

$$|F'(x)| \leq F_1'(x)+F_2'(x) \text{ a.e.}$$

이므로 정리 7.1.19에 의하여

$$\int_{[a,b]}|F'(x)|dx \leq F_1(b)+F_2(b)-F_1(a)-F_2(a)$$

이고 따라서 $F'(x)$는 적분가능하다.

$$G(x)=\int_a^x F'(t)dt$$

라 두면 G는 절대연속이고 함수 $f=F-G$도 절대연속이다. 따름정리 7.2.12 로부터

$$f'(x)=F'(x)-G'(x)=0 \text{ a.e.}$$

이고 보조정리 7.2.13에 의해 f는 상수함수이다. 즉, $f(x)=F(x)-G(x)=c$이다. 그런데 $c=F(a)-G(a)=F(a)$이다. 그러므로

$$F(x)=\int_a^x F'(t)dt+F(a)$$

이다.

[따름정리 7.2.15]

모든 절대연속함수는 자신의 도함수의 부정적분이다.

예제 7.2.16

(i) 함수 $F:[0,1]\to\mathbb{R}$를

$$F(x)=\begin{cases} x^2\sin\dfrac{\pi}{x^2}, & 0<x\le 1 \\ 0, & x=0 \end{cases}$$

라 정의하면 $F(x)$는 연습문제 7.1.2(ii)에 의하여 절대연속이 아니다.

$$\int F'(x)dx=2\int x\sin\frac{\pi}{x^2}dx-2\pi\int\frac{1}{x}\cos\left(\frac{\pi}{x^2}\right)dx$$

이다. 그런데 $\displaystyle\int_0^1 x\sin\frac{\pi}{x^2}$은 유한 확정값이지만

$$\int_0^1\frac{1}{x}\left|\cos\frac{\pi}{x^2}\right|dx=\lim_{a\to 0^+}\int_a^1\frac{1}{x}\left|\cos\frac{\pi}{x^2}\right|dx$$

$$\ge\lim_{a\to 0^+}\int_a^1\left|\cos\frac{\pi}{x^2}\right|dx=\infty$$

이므로 $\dfrac{1}{x}\cos\left(\dfrac{\pi}{x^2}\right)$은 적분가능하지 않다. 따라서 F'는 $[0,1]$ 위에서 존재하지만 적분가능하지 않다.

(ii) 연습문제 7.2.4에 의하여 Cantor 함수는 $[0,1]$ 위에서 연속이며 단조증가함수

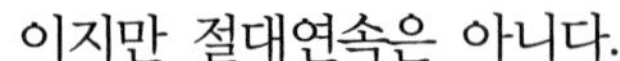
이지만 절대연속은 아니다.

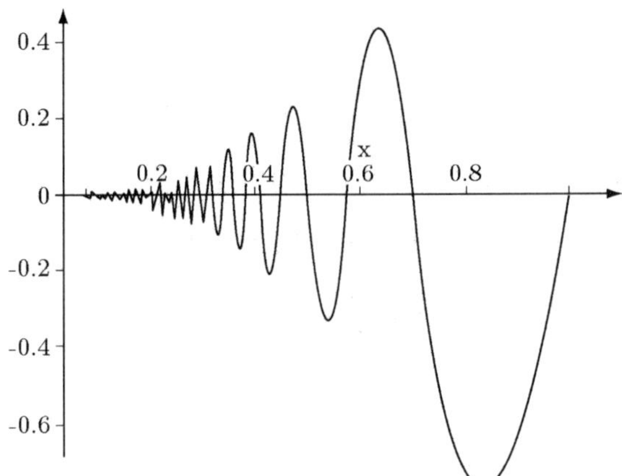

[그림 7.5] $x^2\sin\frac{\pi}{x^2}(0 \le x \le 1)$의 그래프

[정리 7.2.17]

f와 g를 $[a, b]$ 위에서 적분가능한 함수라 하자. 모든 $x \in [a, b]$에 대하여

$$F(x) = \int_a^x f(t)dt + F(a), \quad G(x) = \int_a^x g(t)dt + G(a)$$

라 하면

$$\int_a^b F(t)g(t)dt + \int_a^b f(t)G(t)dt = F(b)G(b) - F(a)G(a)$$

이다.

증명 정리 7.2.14에 의하여 F와 G는 $[a, b]$ 위에서 절대연속함수이며 따라서 연습문제 7.2.1(iii)에 의하여 FG도 절대연속함수이다. 정리 7.2.14에 의하여

$$\int_a^b (FG)' = (FG)(b) - (FG)(a)$$

$$= F(b)G(b) - F(a)G(a)$$

이다. $[a, b]$ 위에서 $F' = f$ a.e. 이고 $G' = g$ a.e. 이며

$$(FG)' = FG' + F'G = Fg + fG \text{ a.e.}$$

이다. 그러므로

$$\int_a^b F(t)g(t)dt + \int_a^b f(t)G(t)dt = F(b)G(b) - F(a)G(a)$$

이다.

[따름정리 7.2.18]

함수 f와 g가 $[a, b]$ 위에서 절대연속함수이면

$$\int_a^b f(t)g'(t)dt + \int_a^b f'(t)g(t)dt = f(b)g(b) - f(a)g(a)$$

이다.

증명 f와 g가 절대연속이므로 f'와 g'는 $[a, b]$ 위에서 적분가능하다. 또한

$$f(x) = \int_a^x f'(t)dt + f(a)$$

이고

$$g(x) = \int_a^x g'(t)dt + g(a)$$

이다. 정리 7.2.17에 의하여

$$\int_a^b f(t)g'(t)dt + \int_a^b f'(t)g(t)dt = f(b)g(b) - f(a)g(a)$$

이다.

연습문제 7.2

1. f와 g가 $[a, b]$ 위에서 절대연속이고 λ를 상수라 하면 다음 함수들도 절대연속임을 보여라.

   (i) $f+g$ (ii) λf (iii) fg

2. 함수 $f:[0, 1]\to\mathbb{R}$을

$$f(x)=\begin{cases}1, & x\in[0, 1]\cap\mathbb{Q}\\ 0, & x\in[0, 1]\cap\mathbb{Q}^c\end{cases}$$

   라 하고 $F(x)=\int_0^x f(t)dt$라 하면 $[0, 1]$에서 $F'(x)=f(x)$ a.e. 임을 증명하여라.

3. 함수 $f:[a, b]\to\mathbb{R}$가 상수 K가 존재하여 모든 $x, t\in[a, b]$에 대하여

$$|f(x)-f(t)|\le K|x-t|$$

   를 만족할 때 $[a, b]$ 위에서 f를 Lipschitzian이라 부른다. f가 $[a, b]$ 위에서 Lipschitzian이면 f는 절대연속임을 증명하여라.

4. Cantor 함수는 $[0, 1]$ 위에서 연속이고 단조증가함수이지만 절대연속은 아님을 증명하여라.

5. $f(x)=x^{1/2}$, $x\in[0, 1]$이고

$$g(x)=\begin{cases}x^2\left|\sin\dfrac{1}{x}\right|, & 0<x\le 1\\ 0, & x=0\end{cases}$$

   라 할 때, f와 g는 절대연속이지만 $f\circ g$는 절대연속이 아님을 보여라.

Lebesgue 공간 L_p

8.1 노름선형공간(Normed Linear Spaces)

정의 8.1.1

$(X, +, \cdot)$를 **실선형공간**(real linear space)이라 하자. 다음 성질을 만족하는 X 위에서 정의된 실숫값을 갖는 함수 $\|\cdot\|$를 X 위에서의 **노름**(norm)이라 부른다.

(i) 모든 $x \in X$에 대하여 $\|x\| \geq 0$이다.

(ii) $\|x\| = 0$일 필요충분조건은 $x = 0$이다.

(iii) 모든 $x \in X$와 $\alpha \in \mathbb{R}$에 대하여 $\|\alpha \cdot x\| = |\alpha| \|x\|$이다.

(iv) 모든 $x, y \in X$에 대하여 $\|x + y\| \leq \|x\| + \|y\|$이다.

■

(가) 위의 정의에서 i), iii)과 iv)만을 만족하는 함수 $\|\cdot\|$를 X에 대한 **준노름**(semi-norm) 또는 **유사노름**(pseudo-norm)이라 부른다.

(나) 노름 $\|\cdot\|$를 갖는 선형공간 $(X, \|\cdot\|)$을 **노름선형공간**(normed linear space)이라 부른다. 혼동의 염려가 없을 때는 $(X, \|\cdot\|)$을 X로 쓰기로 한다.

(다) X 위에서의 노름 $\|\cdot\|$은 $d(x, y) = \|x - y\|$로 주어지는 X 위에서의 **거리**(metric) d를 정의한다. 이와 같이 정의된 거리 d를 **노름에 의해서 유도된 거리**(the metric induced by the norm)라 부른다.

예제 8.1.2

(i) 절댓값을 갖는 함수 $|\cdot|$는 $\mathbb{R}$ 위에서 노름이다.

(ii) 선형공간 $\mathbb{R}^n$ 위에서 다음과 같은 노름들을 줄 수 있다.

(a) $\|(u_1, \cdots, u_n)\|_1 = |u_1| + \cdots + |u_n|$

(b) $\|(u_1, \cdots, u_n)\|_p = \left\{|u_1|^p + \cdots + |u_n|^p\right\}^{\frac{1}{p}}, p \geq 1$

(c) $\|(u_1, \cdots, u_n)\|_\infty = \sup\{|u_1|, \cdots, |u_n|\}$

(iii) $l_1 = \left\{u = < u_n > \mid \sum |u_n| < +\infty\right\}$이고 $\|u\|_1 = \sum |u_n|$이면 $(l_1, \|\cdot\|_1)$은 노름선형공간이다. 마찬가지로 $1 \leq p < \infty$일 때 $l_p = \left\{u = < u_n > \mid \sum |u_n|^p < +\infty\right\}$이고 $\|u\|_p = \left\{\sum |u_n|^p\right\}^{\frac{1}{p}}$이면 $(l_p, \|\cdot\|_p)$은 노름선형공간이다.

(iv) $B(X) = \{f : X \to \mathbb{R} \mid f$는 X 위에서 유계하다$\}$ 이고

$$\|f\| = \sup\{|f(x)| : x \in X\}$$

로 정의하면 $(B(X), \|\cdot\|)$은 유계인 함수들의 노름선형공간이다.

(가) 예제 8.1.2(ii)의 (a)의 노름을 **Manhattan 노름**(Manhattan norm)이라 한다.

예제 8.1.3

(i) $\mathbb{R}^n$ 위에서 $\|(u_1, u_2, \cdots, u_n)\|_0 = \sup\{|u_2|, \cdots, |u_n|\}$라 하면 $\|\cdot\|_0$은 $\mathbb{R}^n$ 위에서 준노름이다.

(ii) $C[0, 1] = \{f : [0, 1] \to \mathbb{R} \mid f : [0, 1]$ 위에서 연속$\}$ 위에서

$$\|f\|_0 = \sup\left\{|f(x)| \mid 0 \leq x \leq \frac{1}{2}\right\}$$

이라 하면 $\|\cdot\|_0$은 $C[0, 1]$ 위에서 준노름이다.

(iii) $C^1[a, b] = \{f : [a, b] \to \mathbb{R} \mid f' : [a, b]$ 위에서 연속$\}$ 위에서

$$\|f\|_0 = \sup\{|f'(x)| \mid a \leq x \leq b\}$$

라 하면 $\|\cdot\|_0$은 $C^1[a, b]$ 위에서 준노름이다.

정의 8.1.4

노름선형공간 $(X, \|\cdot\|)$에서 수열 $< x_n >$이 $x \in X$에 수렴한다는 것은 주어진 $\epsilon > 0$에 대하여 $N \in \mathbb{N}$이 존재하여 $n \geq N$이면 $\|x_n - x\| < \epsilon$일 때를 말한다.

■

(가) 기호로 $x_n \to x$ 또는 $\lim_{n \to \infty} x_n = x$로 쓰기도 한다.

정의 8.1.5

노름선형공간 $(X, \|\cdot\|)$에서 수열 $< x_n >$이 **Cauchy 수열**(Cauchy sequence)이라는 것은 주어진 $\epsilon > 0$에 대하여 $N \in \mathbb{N}$이 존재해서 $n, m \geq N$이면 $\|x_n - x_m\| < \epsilon$ 일 때를 말한다.

■

(가) 노름선형공간에서 수렴하는 수열은 Cauchy 수열이지만 Cauchy 수열이라 해서 수렴하지는 않는다.

정의 8.1.6

노름선형공간 X가 **완비**(complete)라는 것은 X에서의 모든 Cauchy 수열이 X에서 수렴할 때이다. 즉, 모든 Cauchy 수열 $< x_n > \subset X$에 대하여 $x \in X$가 존재하여 $x_n \to x$일 때를 말한다.

■

정의 8.1.7

완비노름선형공간(a complete normed linear space)을 **Banach 공간**(Banach space)이라 부른다.

■

예제 8.1.8

(i) 예제 8.1.2에 있는 노름선형공간들은 모두 Banach 공간이다.

(ii) $\mathbb{Q}$ 위에서 $\|x\| = |x|$라 하면 $(\mathbb{Q}, \|\cdot\|)$은 노름선형공간이지만 Banach 공간은 아니다.

8.2 L_p 공간(The Space L_p)$(1 \le p < \infty)$

정의 8.2.1

Lebesgue 적분가능한 두 함수 f와 g가 $f = g$ a.e. 일 때 "f와 g는 동치(equivalent)이다." 라 하며 f와 동치인 모든 Lebesgue 적분가능한 함수들의 집합을 f에 의해서 결정된 **동치류**(the equivalence class determined by f)라 하고 $[f]$로 쓴다. $[0, 1]$ 위에서 Lebesgue 적분가능한 함수들의 모든 동치류들로 이루어진 집합을 L_1(혹은 $L_1[0, 1]$)이라 한다. 그리고 $[f] \in L_1$이면 $[f]$의 노름을

$$\|[f]\|_1 = \int_0^1 |f| < +\infty$$

로 정의한다.

■

[정리 8.2.2]

$(L_1, \|\cdot\|_1) = ((L_1, \oplus, \otimes), \|\cdot\|_1)$은 노름선형공간이다.

증명 L_1에서 스칼라곱 $\otimes$과 덧셈 $\oplus$를 각각

$$\alpha \otimes [f] = [\alpha f], \quad [f] \oplus [g] = [f + g]$$

로 정의하면 L_1은 $\otimes$와 $\oplus$에 관해 닫혀 있으며 $(L_1, \oplus, \otimes)$은 선형공간이 된다. L_1의 영(zero) 원소는 $[0]$이다. 이제 $\|\cdot\|_1$이 L_1 위에서 노름임을 보이자. $\|[f]\|_1 \ge 0$이고 $\|[0]\|_1 = 0$임은 분명하다. 만일 $\|[f]\|_1 = 0$이면 $\int_0^1 |f| = 0$이므로 $f = 0$ a.e.이다. 따라서 $[f] = [0]$이다. 또한 $\|\cdot\|_1$은 정의 8.1.1의 (iii)과 (iv)를 만족한다. 그러므로 $(L_1, \|\cdot\|_1)$은 노름선형공간이다.

(가) 앞으로는 동치류 $[f]$을 L_1의 원소 f로 간주하고 $\|[f]\|_1$ 대신에 $\|f\|_1$로 쓰기로 한다.

정의 8.2.3

$1 \le p < \infty$라 하고 f를 $[0, 1]$ 위에서 $\int_0^1 |f|^p dm < +\infty$를 만족하는 가측함수라 하자. 이때 f가 $L_p(= L_p[0, 1])$에 속한다고 하고 노름 $\|f\|_p$를

$$\|f\|_p = \left(\int_0^1 |f|^p dm\right)^{\frac{1}{p}}$$

라 정의한다.

■

명제 8.2.4

L_p는 선형공간이다.

증명 $\alpha \in \mathbb{R}$이고 $f, g \in L_p$라 하자.

(i) $\alpha f \in L_p$은 분명하다.

(ii) $f, g \in L_p$이면 $|f+g|^p \le 2^p[|f|^p + |g|^p]$이다. 왜냐하면

$$\max\{|f|, |g|\} \le |f| + |g| \le 2\max\{|f|, |g|\}$$

이므로

$$\begin{aligned} |f+g|^p &\le (|f| + |g|)^p \le (2\max\{|f|, |g|\})^p \\ &= \max\{2^p|f|^p, 2^p|g|^p\} \\ &\le 2^p|f|^p + 2^p|g|^p \end{aligned}$$

이다. 따라서

$$\int_0^1 |f+g|^p \le \int_o^1 2^p[|f|^p + |g|^p] < +\infty$$

이다. 즉, $f+g \in L_p$이다.

■

예제 8.2.5

함수 $f : [0, 1] \to \mathbb{R}$을 $f(x) = x^{-\frac{1}{4}}$라 정의하면

$$\int_0^1 |f(x)|^2 dx = \int_0^1 x^{-\frac{1}{2}} dx = 2 < +\infty$$

이므로 $f \in L_2$ 이고 $f \in L_1$ 이지만

$$\int_0^1 |f(x)|^4 dx = \int_0^1 \frac{1}{x} dx = \infty$$

이므로 $f \notin L_4$ 이다.

[정리 8.2.6] (Hölder 부등식)

$1 < p < +\infty$ 이고 $\frac{1}{p} + \frac{1}{q} = 1$을 만족하는 두 실수 p, q에 대하여 $f \in L_p$ 이고 $g \in L_q$ 라 하면 $fg \in L_1$ 이고

$$\int_0^1 |fg| \leq \|f\|_p \cdot \|g\|_q \tag{8.2.1}$$

이다. 등식이 성립할 때는 0이 아닌 두 상수 α, β가 존재해서

$$\alpha |f|^p = \beta |g|^q \text{ a.e.}$$

이다.

증명 $\|f\|_p = 0$ 또는 $\|g\|_q = 0$이면 $f = 0$ a.e. 또는 $g = 0$ a.e.이므로 부등식 (8.2.1)이 성립한다. 따라서 $\|f\|_p \neq 0$ 이고 $\|g\|_q \neq 0$이라 하자. 함수 $h : [0, \infty] \to \mathbb{R}$을 $h(t) = t - \frac{t^p}{p} - \frac{1}{q}$이라 정의하면 $h(1) = 0$이 $h(t)$의 최댓값이다. 따라서

$$t \leq \frac{t^p}{p} + \frac{1}{q} \ (t \geq 0)$$

이다. $t = |a||b|^{1-q}$ $(a \neq 0, b \neq 0)$라 두면

$$|a \cdot b| \leq \frac{|a|^p}{p} + \frac{|b|^q}{q} \tag{8.2.2}$$

이다. 따라서 $a = 0$ 또는 $b = 0$일 때도 부등식 (8.2.2)는 성립한다.

$$a = \frac{f(x)}{\|f\|_p}, \ b = \frac{g(x)}{\|g\|_q}$$

라 하면

$$\frac{|f(x)g(x)|}{\|f\|_p\|g\|_q} \le \frac{|f(x)|^p}{p\|f\|_p^p} + \frac{|g(x)|^q}{q\|g\|_q^q} \tag{8.2.3}$$

이므로

$$\int_0^1 |fg| \le \|f\|_p \cdot \|g\|_q$$

이다. $\alpha = \dfrac{1}{\|f\|_p^p}$, $\beta = \dfrac{1}{\|g\|_q^q}$ 이라 하면

$$\begin{aligned} \alpha|f|^p = \beta|g|^q \text{ a.e.} &\Leftrightarrow \frac{|f|^p}{\|f\|_p^p} = \frac{|g|^q}{\|g\|_q^q} \text{ a.e.} \\ &\Leftrightarrow |a|^p = |b|^q \text{ a.e.} \\ &\Leftrightarrow t = 1 \\ &\Leftrightarrow \int_0^1 |fg| = \|f\|_p \cdot \|g\|_q \end{aligned}$$

이다.

(가) 정리 8.2.6은 $p=1$ 또는 $q=1$일 때도 성립한다.

[정리 8.2.7] (Minkowski 부등식)

$1 \le p < +\infty$이고 $f, g \in L_p$이면

$$\|f+g\|_p \le \|f\|_p + \|g\|_p \tag{8.2.4}$$

이다.

증명 (i) $p=1$이면 (8.2.4)는 분명히 성립한다.

(ii) $1 < p < +\infty$라 가정하자.

(a) $\|f+g\|_p = 0$이면 (8.2.4)는 분명하다.

(b) $0 < \|f+g\|_p < \infty$라 하자. 그러면

$$\int |f+g|^p \le \int |f+g|^{p-1}|f| + \int |f+g|^{p-1}|g|$$

이다. $1 < q < \infty$ $\left(\frac{1}{p}+\frac{1}{q}=1\right)$이라 하면

$$\int (|f+g|^{p-1})^q = \int |f+g|^p$$

이므로 $|f+g|^{p-1} \in L_q$이다. Hölder 부등식에 의하여

$$\int |f+g|^{p-1}|f| \le \|f\|_p \|(|f+g|^{p-1})\|_q$$

이고

$$\int |f+g|^{p-1}|g| \le \|g\|_p \|(|f+g|^{p-1})\|_q$$

이다. 그런데

$$\|(|f+g|^{p-1})\|_q = \left(\int |f+g|^{(p-1)q}\right)^{\frac{1}{q}} = (\|f+g\|_p)^{\frac{p}{q}}$$

이므로

$$\|f+g\|_p^p = \int |f+g|^p \le (\|f\|_p + \|g\|_p)(\|f+g\|_p)^{\frac{p}{q}}$$

이다. 양변을 $(\|f+g\|_p)^{\frac{p}{q}}$로 나누면 (8.2.4)를 얻는다.

(가) 정리 8.2.7은 $p=+\infty$일 때도 성립한다.

(나) 정리 8.2.7에서 등식이 성립할 필요충분조건은 f가 g의 상수배일 때다.

(다) $(L_p, \|\cdot\|_p)$는 노름선형공간이다.

[정리 8.2.8] (Riesz-Fisher 정리)

$(L_p, \|\cdot\|_p)(1 \le p < \infty)$는 Banach 공간이다.

증명 정리 8.2.7(다)에 의하여 L_p의 완비성(completeness)만 보이면 증명은 끝난다. $< f_n >$을 $\|\cdot\|_p$에 관한 Cauchy 수열이라 하면 임의의 $\epsilon > 0$에 대하여 $M(\epsilon) \in \mathbb{N}$이 존재하여 $l, n \ge M(\epsilon)$이면

$$\int |f_l - f_n|^p = \|f_l - f_n\|_p^p < \epsilon^p \tag{8.2.5}$$

이다. $< f_n >$의 부분함수열 $< g_k >$가 존재하여

$$\|g_{k+1}-g_k\|_p < 2^{-k},\ k\in\mathbb{N}$$

이다. 함수 g를

$$g(x)=|g_1(x)|+\sum_{k=1}^{\infty}|g_{k+1}(x)-g_k(x)| \tag{8.2.6}$$

라 정의하면 $g \geq 0$이고 g는 가측함수이다. Fatou 보조정리에 의하여

$$\int |g|^p dm \leq \liminf_{n\to\infty} \int\left(|g_1|+\sum_{k=1}^{n}|g_{k+1}-g_k|\right)^p dm$$

이며 Minkowski 부등식에 의하여

$$\begin{aligned}\left\{\int |g|^p dm\right\}^{\frac{1}{p}} &\leq \left[\liminf_{n\to\infty}\int\left(|g_1|+\sum_{k=1}^{n}|g_{k+1}-g_k|\right)^p dm\right]^{\frac{1}{p}}\\ &\leq \liminf_{n\to\infty}\left\{\|g_1\|_p+\sum_{k=1}^{n}\|g_{k+1}-g_k\|_p\right\}\\ &\leq \|g_1\|_p+1\end{aligned}$$

이다.

$$E:=\{x\in[0,1]\mid g(x)<+\infty\}$$

라 하면 E는 가측집합이며 $m([0,1]\setminus E)=0$이다. 왜냐하면 $m([0,1]\setminus E)>0$라면 $\left(\int |g|^p dm\right)^{\frac{1}{p}}=\infty$이며 $\|g_1\|_p+1<\infty$이므로 모순이 된다. 그러므로 (8.2.6)에서 급수는 측도로 수렴하고 $g\chi_E\in L_p$이다. 이제 $f:[0,1]\to\overline{\mathbb{R}}$를

$$f(x)=\begin{cases} g_1(x)+\displaystyle\sum_{k=1}^{\infty}\{g_{k+1}(x)-g_k(x)\}, & x\in E\\ 0, & x\notin E\end{cases}$$

라 정의하자. $|g_k|\leq \sum_{j=k}^{\infty}|g_{j+1}-g_j|\leq g$이고 $g_k\to f$ a.e.이므로 Lebesgue 지배수렴정리에 의하여 $f\in L_p$이다.

$$\begin{aligned}|f-g_k|^p &\leq (|f|+|g_k|)^p\\ &\leq (2\max(|f|,|g_k|)^p\end{aligned}$$

$$= 2^p \max(|f|^p, |g_k|^p)$$
$$\le 2^p g^p$$

이므로 Lebesgue 지배수렴정리에 의하여 $0 = \lim \|f - g_k\|_p$ 이므로 L_p에서 $g_k \to f$ 이다. (8.2.5)에서 $l \ge M(\epsilon)$이고 k가 충분히 크면 $\int |f_l - g_k|^p < \epsilon^p$ 이다. Fatou 보조정리에 의하여 $l \ge M(\epsilon)$이면 $\int |f_l - f|^p \le \liminf_{k \to \infty} \int |f_l - g_k|^p \le \epsilon^p$ 이다. 따라서 L_p는 완비이다.

8.3 L_∞ 공간(The Space L_∞)

정의 8.3.1

측도로 유계이고 가측인 실숫값을 갖는 함수들의 모든 동치류들의 집합을 L_∞ 라 정의한다. $f \in L_\infty$ 일 때

$$\|f\|_\infty = \inf\{S(A) \mid A \in \mathscr{M},\ m(A) = 0\}$$

라 정의한다. 여기서 $S(A) = \sup\{|f(x)| \mid x \not\in A\}$ 이다.

■

(가) L_∞ 의 원소를 **본질적 유계함수**(essentially bounded function)라 부른다.

(나) $f \in L_\infty$ 이면 $|f(x)| \le \|f\|_\infty$ a.e. 이다.

(다) $\|f\|_\infty = \inf\{M : m(\{x \mid |f(x)| \ge M\}) = 0\}$ 이다.

(라) $a < \|f\|_\infty$ 이면 $m(E) > 0$인 가측집합 E가 존재하여 $x \in E$이면 $|f(x)| \ge a$이다.

예제 8.3.2

(i) $f = \chi_{\left[0, \frac{1}{2}\right]} - 2\chi_{\left(\frac{1}{2}, 1\right]}$ 라 하면 $\|f\|_\infty = 2$ 이다.

(ii) 함수 $f : [0, 1] \to \mathbb{R}$ 를

$$f(x)=\begin{cases}1, & x\neq \dfrac{1}{2}\\ -10, & x=\dfrac{1}{2}\end{cases}$$

라 정의하면 $|f(x)| \le \|f\|_\infty = 1$ a.e. 이다.

(iii) 함수 $f:[0,\ 1] \to \mathbb{R}$ 을

$$f(x)=\begin{cases}1-x, & x\in[0,\ 1]\cap\mathbb{Q}^c\\ \dfrac{1}{(x-1)^2}+1, & x\in[0,\ 1)\cap\mathbb{Q}\\ 1, & x=1\end{cases}$$

라 정의하면 $\|f\|_\infty = 1$ 이다.

[정리 8.3.3]

$(L_\infty, \|\cdot\|_\infty)$은 Banach 공간이다.

증명 L_∞ 가 선형공간임은 분명하며 $\|f\|_\infty \ge 0$, $\|0\|_\infty = 0$ 이고 $\|\alpha f\|_\infty = |\alpha|\|f\|_\infty$ 이다. $\|f\|_\infty = 0$ 이면 $m(A_k) = 0$인 $A_k \in \mathscr{M}$가 존재하여 $x \notin A_k$이면 $|f(x)| \le \dfrac{1}{k}$ 이다. $A = \bigcup_{k=1}^{\infty} A_k$라 하면 $A \in \mathscr{M}$, $m(A) = 0$이고 $x \notin A$이면 $|f(x)| = 0$이다. 따라서 $f = 0$ a.e.. f, $g \in L_\infty$ 이면 $m(A_1) = m(A_2) = 0$인 가측집합 A_1, A_2가 존재하여

$$|f(x)| \le \|f\|_\infty,\ x \notin A_1$$
$$|g(x)| \le \|g\|_\infty,\ x \notin A_2$$

이다. 그러므로 $x \notin A_1 \cup A_2$이면

$$|f(x) + g(x)| \le \|f\|_\infty + \|g\|_\infty$$

이고 따라서

$$\|f+g\|_\infty \le \|f\|_\infty + \|g\|_\infty$$

이다. 즉, $\|\cdot\|_\infty$은 L_∞ 위에서 노름이다. L_∞가 완비임을 보이자. $< f_n >$을 L_∞ 에서 Cauchy 함수열이라 하자. A를 $m(A) = 0$인 가측집합으로 $x \notin A$이면

$$|f_n(x)| \le \|f_n\|_\infty,\ n=1,\ 2,\ \cdots$$

이고 모든 $x \notin A$에 대하여

$$|f_i(x)-f_n(x)| \le \|f_i - f_n\|_\infty,\ i,\ n=1,\ 2,\ \cdots$$

을 만족한다고 하자. 그러면 함수열 $\langle f_n \rangle$은 $[0,\ 1] \setminus A$ 위에서 균등수렴한다. 함수 f를

$$f(x)=\begin{cases} \lim\limits_{n\to\infty} f_n(x), & x \notin A \\ 0, & x \in A \end{cases}$$

라 정의하면 f는 가측함수이고 $\|f_n - f\|_\infty \to 0$을 만족한다. 따라서 L_∞은 완비이다.

연습문제 8.3

1. 정의 8.3.1의 (나)를 증명하여라.

2. 정의 8.3.1의 (다)를 증명하여라.

3. 정의 8.3.1의 (라)를 증명하여라.

4. $\|f+g\|_\infty \le \|f\|_\infty + \|g\|_\infty$ 임을 보여라.

5. $f \in L_1$이고 $g \in L_\infty$이면 $\|fg\|_1 \le \|f\|_1 \cdot \|g\|_\infty$ 임을 보여라.

6. $f = \chi_{\mathbb{Q} \cap [0,\ 1]}$일 때, $\|f\|_\infty$를 구하여라.

8.4 L_p에서 수렴성(Convergence in L_p) ($1 \le p \le \infty$)

정의 8.4.1

L_p의 원소들로 이루어진 함수열 $< f_n >$이 $f \in L_p$로 L_p-**수렴**(L_p convergent)한다는 것은 임의의 $\epsilon > 0$에 대하여 $N(\epsilon) \in \mathbb{N}$이 존재하여 $n \ge N$이면 $\|f_n - f\|_p < \epsilon$ 일 때를 말한다. ■

(가) 이 경우 "함수열 $< f_n >$이 f로 p차 **평균수렴**(convergence in mean of order p) 한다"고 말한다.

예제 8.4.2

1. 각 $n \in \mathbb{N}$에 대하여 함수 $f_n : [0, 1] \to \mathbb{R}$을

$$f_n(x) = \begin{cases} n, & 0 \le x \le \dfrac{1}{n} \\ 0, & \dfrac{1}{n} < x \le 1 \end{cases}$$

라 정의하면 $\lim\limits_{n \to \infty} f_n(x) = 0$이지만 $p > 1$에 대하여 $\lim\limits_{n \to \infty} \|f_n\|_p = \infty$ 이다.

2. 각 $n \in \mathbb{N}$에 대하여 $[0, 1]$을 n개의 부분구간

$$\left[0, \frac{1}{n}\right], \left[\frac{1}{n}, \frac{2}{n}\right], \cdots, \left[\frac{n-1}{n}, 1\right]$$

로 나누고

$$E_{nk} = \left[\frac{k-1}{n}, \frac{k}{n}\right], \; k = 1, 2, \cdots, n$$

이라 하자. 이런 모든 구간들을

$$E_{11}, E_{21}, E_{22}, E_{31}, E_{32}, E_{33}, \cdots$$

순서로 나열하자.

$$F_1 = E_{11}, F_2 = E_{21}, F_3 = E_{22}, F_4 = E_{31}, F_5 = E_{32}, F_6 = E_{33}, \cdots$$

라 하고 함수 f_n을 $f_n = \chi_{F_n}$라 정의하면 각 $x \in [0, 1]$에 대하여 무한히 많은 n에 대하여 $f_n(x) = 1$이므로 어떤 $x \in [0, 1]$에 대해서도 $f_n(x) \not\to 0$이다. 그러나 $\lim\limits_{n \to \infty} \|f_n\|_p = 0$ $(1 \le p < \infty)$이다.

[정리 8.4.3]

$f_n, f \in L_p(1 \le p < \infty)$에 대하여 $f_n \to f$ a.e. 라 하자.

$$\lim_{n\to\infty} \|f_n\|_p = \|f\|_p \text{ 이면 } \lim_{n\to\infty} \|f_n - f\|_p = 0$$

이다.

증명 $f_n \ge 0$ a.e., $f \ge 0$ a.e. 라 가정해도 일반성을 잃지 않는다. $a \ge 0$, $b \ge 0$인 두 실수 a, b에 대하여

$$|a-b|^p \le 2^p(|a|^p + |b|^p)$$

이므로 $a = f_n$, $b = f$라 두면

$$2^p(|f_n|^p + |f|^p) - |f_n - f|^p \ge 0 \text{ a.e.}$$

이다. 따라서 Fatou 보조정리와 가정에 의하여

$$\begin{aligned} 2^{p+1}\int |f|^p &= \int \lim_{n\to\infty}[2^p(|f_n|^p + |f|^p) - |f_n - f|^p] \\ &\le \liminf_{n\to\infty}\int [2^p(|f_n|^p + |f|^p) - |f_n - f|^p] \\ &= 2^p \lim_{n\to\infty}\int |f_n|^p + 2^p\int |f|^p + \liminf_{n\to\infty}\left(-\int |f_n - f|^p\right) \\ &= 2^{p+1}\int |f|^p - \limsup_{n\to\infty}\int |f_n - f|^p \end{aligned}$$

이다. $\int |f|^p < \infty$ 이므로

$$\limsup_{n\to\infty}\int |f_n - f|^p = \liminf_{n\to\infty}\int |f_n - f|^p = 0$$

이다. 그러므로 $\lim_{n\to\infty}\int |f_n - f|^p = 0$ 이다. 즉, $\lim_{n\to\infty}\|f_n - f\|_p = 0$ 이다.

[정리 8.4.4]

$< f_n >$이 $L_p(1 \le p < \infty)$에 있는 함수열로서 f에 균등수렴한다면 $f \in L_p$이고 $< f_n >$은 f로 L_p-수렴한다.

증명 $< f_n >$이 f로 균등수렴하므로 $\epsilon > 0$에 대하여 $N(\epsilon) \in \mathbb{N}$가 존재해서 $n \ge N(\epsilon)$이고 $x \in [0,1]$이면 $|f_n(x) - f(x)| < \epsilon$ 이다. $n \ge N(\epsilon)$이면

$$\|f_n - f\|_p = \left\{\int |f_n(x) - f(x)|^p\right\}^{\frac{1}{p}} \le \left\{\int \epsilon^p\right\}^{\frac{1}{p}} = \epsilon$$

이므로 $< f_n >$은 f로 L_p-수렴한다. 또한 $f_n - f \in L_p$이므로 $f = (f - f_n) + f_n = -(f_n - f) + f_n \in L_p$이다.

[정리 8.4.5]

$< f_n >$은 $L_p(1 \le p < \infty)$에 있는 함수열이고 f는 가측함수로서 $f_n \to f$ a.e. 라 하자. 만일 $g \in L_p$가 존재해서

$$|f_n(x)| \le g(x),\ x \in [0, 1],\ n \in \mathbb{N} \tag{8.4.1}$$

이면 $f \in L_p$이고 $< f_n >$은 f로 L_p-수렴한다.

증명 (8.4.1)에 의하여 $|f| \le g$ a.e. 이다. $g \in L_p$이므로 $f \in L_p$이다.

$$|f_n(x) - f(x)|^p \le [2g(x)]^p \text{ a.e.}$$

이고 $\lim|f_n(x) - f(x)|^p = 0$ a.e. , $2^p g^p \in L_1$이므로 Lebesgue 지배수렴정리에 의하여 $\lim \int |f_n(x) - f(x)|^p dm = 0$이다. 그러므로 $< f_n >$은 f로 L_p-수렴한다.

예제 8.4.6

$f_n = n\chi_{\left[\frac{1}{n}, \frac{2}{n}\right]}$ 라면 $f_n \to 0$이지만 $< f_n >$은 L_p-수렴하지 않는다.

연습문제 8.4

1. 예제 8.4.6에서$< f_n >$은 L_p-수렴하지 않음을 보여라.

8.5 L_p공간의 성질(Properties of L_pSpaces)

[정리 8.5.1]

$1 \le q < p \le \infty$라 하면 $L_p \subset L_q$이고 상수 $k > 0$가 존재해서

$$\|f\|_q \le k\|f\|_p, \ \forall f \in L_p$$

이다.

증명 $p = \infty$일 때에는 분명하므로 $1 \le q < p < \infty$라 가정하고 $f \in L_p$라 하자. 그러면 $f^q \in L_{p/q}$이다. $a = \dfrac{p}{q}$라 두면 $a > 1$이다. b를 $\dfrac{1}{a} + \dfrac{1}{b} = 1$을 만족하는 실수라 하자. 그러면

$$\int_0^1 |f|^q = \int_0^1 |f|^q \cdot 1$$

$$\le \left(\int_0^1 |f|^{q^a}\right)^{\frac{1}{a}} \left(\int_0^1 1\right)^{\frac{1}{b}} = \left(\int_0^1 |f|^p\right)^{\frac{q}{p}} \cdot 1$$

이므로 $f \in L_q$이다. $k = 1$라 두면

$$\|f\|_q \le k\|f\|_p$$

이다.

[정리 8.5.2]

$1 \le q < p < \infty$라 하고 $f \in L_p \cap L_q$라 하면 모든 $r(q < r < p)$에 대하여 $f \in L_r$ 이다.

증명 각 $r(q < r < p)$에 대하여

$$r = tq + (1-t)p$$

를 만족하는 $t(0 < t < 1)$가 존재한다. 이제 $f \in L_p \cap L_q$이면 $|f|^{p(1-t)} \in L_{\frac{1}{1-t}}$ 이고 $|f|^{tq} \in L_{\frac{1}{t}}$ 이다. Hölder 부등식에 의하여

$$|f|^r = |f|^{tq} \cdot |f|^{(1-t)p} \in L_1$$

이므로 $f \in L_r$ 이다.

정의 8.5.3

집합 A와 B에 대하여 $B \subset \overline{A}$일 때 A는 B에 관해 **조밀**(dense) 하다고 한다. 거리공간 (X, d)가 **분리가능**(separable)하다라는 것은 X가 가산조밀(countable dense) 집합을 가질 때를 말한다.

■

(가) 유리수 집합 $\mathbb{Q}$는 $\mathbb{R}$에서 조밀하다.
(나) $\mathbb{R}$은 분리가능하다.

예제 8.5.4

(a) $[0, 1]$ 위에서 정의된 모든 연속인 실숫값을 갖는 함수들의 모임인 $C[a, b]$는 $L_p(1 \le p < \infty)$에서 조밀하다.
(b) $[0, 1]$ 위에서 정의된 모든 계단함수들은 $L_p(1 \le p < \infty)$에서 조밀하다.

[정리 8.5.5]

$L_p(1 \le p < \infty)$는 분리가능하다.

증명 $[0, 1]$에 속하는 모든 유리수에서만 불연속인 모든 계단함수 ϕ들의 모임을 P라 하고 ϕ의 함숫값이 유리수라 하자. P는 가산이다. 그러나 각 계단함수는 노름 $\|\cdot\|_p$에 관해 P에 있는 계단함수에 의해서 근사(approximate) 시킬 수 있다. 모든 계단함수들의 모임은 L_p에서 조밀하므로 가산모임 P도 L_p에서 조밀하고 따라서 L_p는 분리가능하다.

[정리 8.5.6]

L_∞는 분리가능하지 않다.

증명 $\|\chi_{[0, c]} - \chi_{[0, d]}\| = 1\,(c \ne d)$이므로

$$A_{\frac{1}{2}}(\chi_{[0, c]}) \cap A_{\frac{1}{2}}(\chi_{[0, d]}) = \varnothing\ (c \ne d)$$

이다. 여기서

$$A_{\frac{1}{2}}(\chi_{[0,\, c]}) = \left\{ f \in L_\infty \mid \|f - \chi_{[0,\, c]}\|_\infty < \frac{1}{2} \right\}$$

이다. 만일 $\mathscr{F}$가 L_∞에서 조밀한 집합이라 하면 각 $c(a < c < b)$에 대하여 함수 $f_c \in \mathscr{F}$가 존재해서

$$\|\chi_{[0,\, c]} - f_c\|_\infty < \frac{1}{2}$$

이다. $c \neq d$이면 $f_c \neq f_d$이다. 따라서 F는 비가산(uncountable)이다. 그러므로 L_∞는 분리가능하지 않다.

연습문제 8.5

1. 함수열 $< f_n >$이 f로 L_p 수렴하고 $< f_n >$의 부분수열이 g로 L_p 수렴하면 $f = g$ a.e. 이다.

측도와 적분

9.1 가측함수와 측도(Measurable Functions and Measures)

정의 9.1.1

X가 주어진 집합이고 $\mathscr{B}$는 X의 부분집합들로 이루어진 σ-대수일 때, $(X, \mathscr{B})$를 **가측공간**(a measurable space)이라 한다.

■

(가) $\mathscr{B}$의 원소들을 "X에서의 가측집합"이라 부른다.

(나) $(X, \mathscr{B})$ 대신에 X로 쓰기도 한다.

정의 9.1.2

X가 가측공간이고 Y가 위상공간일 때 함수 $f : X \to Y$가 **가측**(measurable)이라는 것은 Y의 임의의 열린 부분집합 O에 대하여 $f^{-1}(O)$가 X에서의 가측집합일 때를 말한다.

■

(가) $\mathscr{B} = 2^X$라면 모든 함수 $f : X \to Y$는 가측이다.

(나) Y가 위상공간이고 $\mathscr{B}$가 X의 Borel 집합들의 모임일 때 Y의 임의의 열린 집합 O에 대하여 $f^{-1}(O)$가 Borel 집합이면 $f : X \to Y$가 **Borel 가측함수**(Borel measurable function)이라고 말한다.

(다) $X=\mathbb{R}$이고 $\mathscr{M}$를 2장에서 언급한 가측집합들의 σ-대수일 때, f의 치역의 임의의 열린 부분집합 O에 대하여 $f^{-1}(O)\in\mathscr{M}$일 때 $f:X\to\overline{\mathbb{R}}$를 **Lebesgue 가측함수**(Lebesgue measurable function)이라 부른다.

(라) $(X, \mathscr{B})$가 가측공간이고 $f: X\to Y$가 가측함수이면 f를 $\mathscr{B}$ **가측함수**($\mathscr{B}$-measurable function)이라 부른다.

[정리 9.1.3]

$(X, \mathscr{B})$가 가측공간이고 Y는 위상공간이라 하자. 함수 $f:X\to Y$에 대하여

$$\mathscr{A}=\{A\subset Y\,|\,f^{-1}(A)\in\mathscr{B}\}$$

라면

(i) $\mathscr{A}$는 Y의 부분집합들의 σ-대수이다.

(ii) f가 가측이고 E가 Y의 Borel 부분집합이면 $f^{-1}(E)\in\mathscr{B}$이다.

(iii) $Y=\overline{\mathbb{R}}$이고 임의의 $\alpha\in\mathbb{R}$에 대하여 $f^{-1}((\alpha, \infty])\in\mathscr{B}$이면 f는 가측이다.

증명 (i) $A\in\mathscr{A}$라 하면 $f^{-1}(A^C)=[f^{-1}(A)]^C\in\mathscr{B}$이므로 $A^C\in\mathscr{A}$이다. $\langle A_n\rangle$을 $\mathscr{A}$에 있는 집합들의 집합열이라 하면 $f^{-1}\left(\bigcup_n A_n\right)=\bigcup_n f^{-1}(A_n)$이고 각 n에 대하여 $f^{-1}(A_n)\in\mathscr{B}$이고 $\mathscr{B}$가 σ-대수이므로 $\bigcup_n f^{-1}(A_n)\in\mathscr{B}$이다. 따라서 $\bigcup_n A_n\in\mathscr{A}$ 이다.

(ii) O를 Y의 임의의 열린 부분집합이라면 f가 가측이므로 $f^{-1}(O)\in\mathscr{B}$, 즉 $O\in\mathscr{A}$ 이다. 다시 말해서 $\mathscr{A}$는 Y의 모든 열린 부분집합들을 품는 최소의 σ-대수를 품는다. 즉, $\mathscr{A}$는 Borel 집합들을 품는다.

(iii) $\mathscr{N}=\{E\subset\overline{\mathbb{R}}:f^{-1}(E)\in\mathscr{B}\}$라 두면 (i)에 의하여 $\mathscr{N}$은 σ-대수이다. $\overline{\mathbb{R}}$의 모든 열린 집합들은 $[-\infty, \alpha)$, $(\alpha, +\infty]$, $[-\infty, \beta)\cap(\alpha, +\infty]$ 형태의 선분(segment)들의 가산합집합으로 표시된다. 여기서 α, β는 실수이다. 가정에 의하여 모든 실수 α에 대하여 $(\alpha, +\infty]\in\mathscr{N}$이다.

$$[-\infty, \alpha]=(\alpha, +\infty]^c$$

이고

$$[-\infty, \alpha) = \bigcup_{n=1}^{\infty}\left[-\infty, \alpha - \frac{1}{n}\right] = \bigcup_{n=1}^{\infty}\left(\alpha - \frac{1}{n}, +\infty\right]^c$$

이므로 $[-\infty, \alpha) \in \mathscr{N}$이고 $[-\infty, \beta) \cap (\alpha, +\infty] \in \mathscr{N}$이다.

따라서 $\overline{\mathbb{R}}$의 모든 열린 부분집합 O에 대하여 $f^{-1}(O) \in \mathscr{B}$이다. 즉, f는 가측이다.

[정리 9.1.4]

$f : X \to \overline{\mathbb{R}}$, $g : X \to \overline{\mathbb{R}}$가 가측이라 하고 $c \in \mathbb{R}$라 하면 $f+c$, cf, $f+g$, $f \cdot g$ 도 가측이고 $< f_n >$을 확장실숫값을 갖는 가측함수열이라 하면 $\sup_n f_n$, $\inf_n f_n$, $\overline{\lim_n} f_n$, $\underline{\lim_n} f_n$ 도 가측이다.

증명 5장의 정리 5.2.4와 정리 5.2.6의 증명과 유사하다.

정의 9.1.5

가측공간 X 위에서 정의된 함수 ϕ가 **단순**(simple)하다 함은 ϕ가 가측이고 ϕ의 치역이 $\mathbb{R}$의 유한부분집합일 때를 말한다.

■

(가) $\alpha_1, \alpha_2, \cdots, \alpha_n$이 단순함수 ϕ의 서로 다른 값이고

$$A_i = \{x \mid \phi(x) = \alpha_i\},\ i = 1, 2, \cdots, n$$

라 하면

$$\phi = \sum_{i=1}^{n} a_i \chi_{A_i}$$

이다.

[정리 9.1.6]

X가 가측공간이고 $f : X \to [0, \infty]$가 가측이라 하면 음이 아닌 단조증가인 단순가측함수열 $< f_n >$이 존재해서 모든 $x \in X$에 대하여

$$\lim_{n\to\infty} f_n(x) = f(x)$$

가 성립한다.

증명 정리 5.3.9의 증명과 유사하다.

정의 9.1.7

가측공간$(X, \mathscr{B})$에 대하여 함수 $\mu : \mathscr{B} \to [0, \infty]$가 다음 두 조건을 만족할 때 **측도**(measure)라 부른다.

(i) $\mu(\varnothing) = 0$

(ii) $< E_n >$이 $\mathscr{B}$의 서로소인 집합열이라면

$$\mu\left(\bigcup_{n=1}^{\infty} E_n\right) = \sum_{n=1}^{\infty} \mu(E_n)$$

이 성립한다.

■

(가) 성질 (ii)를 만족하는 μ를 "가산 덧셈가능하다"라고 한다.

예제 9.1.8

(i) $X \neq \varnothing$라 하고 $\mathscr{B} = 2^X$라 하자. $\mu_1 : \mathscr{B} \to [0, \infty]$를 모든 $E \in \mathscr{B}$에 대하여 $\mu_1(E) = 0$라 정의하면 μ_1은 측도이다. 또한 $\mu_2 : \mathscr{B} \to [0, \infty]$를

$$\mu_2(E) = \begin{cases} 0, & E = \varnothing \\ +\infty, & E \neq \varnothing \end{cases}$$

라 정의하면 μ_2도 측도이다.

(ii) $(X, \mathscr{B})$를 (i)에 있는 가측공간이라 하고 $a \in X$라 하자. $\mu : \mathscr{B} \to [0, \infty]$를

$$\mu(E) = \begin{cases} 0, & a \notin E \\ 1, & a \in E \end{cases}$$

라 정의하면 μ는 측도이다.

(iii) $X = \mathbb{N}$라 하고 $\mathscr{B} = 2^{\mathbb{N}}$라 하자. $\mu : \mathscr{B} \to [0, \infty]$를

$$\mu(E) = \begin{cases} n(E), & E: \text{유한집합} \\ +\infty, & E: \text{무한집합} \end{cases}$$

라 정의하면 μ는 측도이다.

정의 9.1.9

측도공간(measure space) $(X, \mathscr{B}, \mu)$는 $\mathscr{B}$ 위에서 정의된 측도 μ를 갖는 가측공간 $(X, \mathscr{B})$를 말한다.

(가) $(X, \mathscr{B}, \mu)$ 대신에 X를 측도공간으로 쓰기도 한다.

[정리 9.1.10]

μ를 가측공간 $(X, \mathscr{B})$ 위에서 정의된 측도라 하면 :

(i) μ는 유한번 덧셈가능하다.

(ii) $A, B \in \mathscr{B}$이고 $A \subset B$이면 $\mu(A) \leq \mu(B)$이다.

(iii) $< E_n >$이 $\mathscr{B}$에 있는 집합들의 단조증가 함수열이고 $E = \bigcup_{n=1}^{\infty} E_n$이면

$$\mu(E) = \lim_{n \to \infty} \mu(E_n)$$

이다.

(iv) $< E_n >$이 $\mathscr{B}$에 있는 집합들의 단조감소 함수열이고 $\mu(E_1) < +\infty$이며 $E = \bigcap_{n=1}^{\infty} E_n$이면

$$\lim_{n \to \infty} \mu(E_n) = \mu(E)$$

이다.

증명 (iii)만 증명한다. 함수열 $< A_n >$을 $A_1 = E_1$, $A_n = E_n - E_{n-1} (n \geq 2)$라 정의하면 A_n들은 $\mathscr{B}$에 있는 서로소인 집합들이다. $E = \bigcup_{n=1}^{\infty} A_n$이고 $E_n = \bigcup_{i=1}^{n} A_i$임을 쉽게 알 수 있다. $\mu(E_n) = \sum_{i=1}^{n} \mu(A_i)$이고 $\mu(E) = \sum_{n=1}^{\infty} \mu(A_n)$이다. 그러므로 $\mu(E_n)$는 급수 $\sum_{n=1}^{\infty} \mu(A_n)$의 부분합으로

$$\mu(E) = \lim_{n \to \infty} \mu(E_n)$$

을 만족한다.

연습문제 9.1

1. $f: X \to Y$가 연속함수이면 f는 Borel가측임을 보여라.

2. 정리 9.1.10의 (i), (ii)와 (iv)를 증명하여라.

9.2 적분(Integration)

이 절에서 $(X, \mathscr{B}, \mu)$를 측도공간이라 하자. 즉, $X \neq \varnothing$, $\mathscr{B}$는 X의 부분집합들의 σ-대수이며 μ는 $\mathscr{B}$ 위에서 측도이다.

정의 9.2.1

$\phi: X \to [0, \infty)$를 $\phi = \sum_{i=1}^{n} \alpha_i \chi_{A_i}$ 형의 가측함수라 하자. 여기서 $\alpha_1, \alpha_2, \cdots, \alpha_n$은 ϕ 의 서로 다른 값이며 $A_i = \{x \mid \phi(x) = \alpha_i\}$, $i = 1, 2, \cdots, n$이다.
$E \in \mathscr{B}$라 하면 ϕ의 E 위에서 적분(integral)을

$$\int_E \phi d\mu = \sum_{i=1}^{n} \alpha_i \mu(A_i \cap E)$$

로 정의한다.

■

(가) 어떤 i에 대하여 $\alpha_i = 0$이고 $\mu(A_i \cap E) = +\infty$라면 $\alpha_i \cdot \mu(A_i \cap E) = 0$이다.

(나) $\phi: X \to [0, \infty)$와 $\psi: X \to [0, \infty)$가 $\phi = \sum_{i=1}^{n} \alpha_i \chi_{A_i}$와 $\psi = \sum_{i=1}^{n} \beta_i \chi_{B_i}$이고 $c \geq 0$이며

$E \in \mathscr{B}$라면

(i) $\int_E (c\phi) = c \int_E \phi$

(ii) $\int_E (\phi + \psi) = \int_E \phi + \int_E \psi$

정의 9.2.2

$f: X \to [0, \infty]$는 가측함수이고 $E \in \mathscr{B}$라면 E 위에서 f의 적분을

$$\int_E f d\mu = \sup_{0 \le \phi \le f} \int_E \phi d\mu$$

로 정의한다. 여기서 ϕ는 정의 9.2.1의 단순가측함수이다.

■

[정리 9.2.3]

$f: X \to [0, \infty]$, $g: X \to [0, \infty]$를 가측함수이고 A, B 그리고 E를 가측집합이며 $c \in [0, \infty)$라 하면 :

(i) $f \le g$이면 $\int_E f d\mu \le \int_E g d\mu$이다.

(ii) $A \subset B$이면 $\int_A f d\mu \le \int_B f d\mu$이다.

(iii) $\int_E (cf) d\mu = c \int_E f d\mu$

(iv) 모든 $x \in E$에 대하여 $f(x) = 0$이면 $\int_E f d\mu = 0$이다.

[정리 9.2.4] (Lebesgue 단조수렴정리)

$< f_n >$이 X 위에서 정의된 음이 아닌 확장실숫값을 갖는 단조증가 가측함수열이고 모든 $x \in X$에 대하여 $\lim_{n \to \infty} f_n(x) = f(x)$라 하면 f는 가측이고

$$\lim_{n \to \infty} \int_X f_n d\mu = \int_X f d\mu$$

이다.

(가) $f, g: X \to [0, \infty]$가 가측함수이면 Lebesgue 단조수렴정리에 의하여

$$\int_X (f+g) = \int_X f + \int_X g$$

[정리 9.2.5]

$f_n : X \to [0, \infty]$, $n = 1, 2, \cdots$는 가측함수이고 $f = \sum_{n=1}^{\infty} f_n$ 라 하면

$$\int_X f d\mu = \sum_{n=1}^{\infty} \int_X f_n d\mu$$

이다.

[정리 9.2.6] (Fatou 보조정리)

$f_n : X \to [0, \infty]$, $n = 1, 2, \cdots$이 가측함수이면

$$\int_X (\underline{\lim}_{n \to \infty} f_n) d\mu \leq \underline{\lim}_{n \to \infty} \int_X f_n d\mu$$

이다.

[정리 9.2.7]

가측함수 $f : X \to [0, \infty]$에 대하여 함수 $\nu : \mathscr{B} \to [0, \infty]$를

$$\nu(E) = \int_E f d\mu$$

라 정의하면 ν는 측도이고 모든 가측함수 $g : X \to [0, \infty]$에 대하여

$$\int_X g d\nu = \int_X g f d\mu \tag{9.2.1}$$

이다.

증명 $< E_n >$을 X의 서로소인 가측집합열이라 하고 $E = \bigcup_{n=1}^{\infty} E_n$라 하자.

$f\chi_E = \sum_{n=1}^{\infty} f\chi_{E_n}$ 임을 보이자. $x \in X$라 하면 $x \in E$ 또는 $x \not\in E$이다.

만일 $x \not\in E$이면

$$(f\chi_E)(x) = 0 = \sum_{n=1}^{\infty} (f\chi_{E_n})(x)$$

이다. $x \in E$이면 n_0가 존재해서 $x \in E_{n_0}$이고 $x \notin E_n$ $(n \neq n_0)$이다. 그러므로

$$\begin{aligned}(f\chi_E)(x) &= f(x)\chi_E(x) \\ &= f(x) = f(x)\chi_{E_{n_0}}(x) \\ &= \sum_{n=1}^{\infty}(f\chi_{E_n})(x)\end{aligned}$$

이다.

$$\nu(E) = \int_E f d\mu = \int_X f\chi_E d\mu$$

이고

$$\nu(E_n) = \int_{E_n} f d\mu = \int_X f\chi_{E_n} d\mu$$

이다. 정리 9.2.5에 의하여

$$\nu(E) = \sum_{n=1}^{\infty}\nu(E_n)$$

이다. $\nu(\varnothing) = 0$이므로 ν는 측도이다. 가측집합 E에 대하여 $g = \chi_E$라 하면

$$\int_X \chi_E d\nu = \nu(E) = \int_E f d\mu = \int_X f\chi_E d\mu = \int_X g f d\mu$$

이다. 따라서 (9.2.1)은 모든 단순가측함수 g에 대하여 성립한다. 가측함수 $g : X \to [0, \infty]$에 대하여 정리 9.1.6에 의하여 단조증가 단순가측함수열 $< g_n > (g_n : X \to [0, \infty])$이 존재하여 $\lim_n g_n = g$가 성립한다. 단조수렴정리에 의하여

$$\begin{aligned}\int g d\nu &= \int \lim_n g_n d\nu = \lim_n \int g_n d\nu = \lim_n \int g_n f d\mu \\ &= \int (\lim_n g_n) f d\mu = \int g f d\mu\end{aligned}$$

이 성립한다.

(가) 정리 9.2.7에 의하여 모든 가측함수 $f : X \to [0, \infty]$은 $(X, \mathscr{B})$위에서 측도를 정의한다.

(나) 함수 $f : X \to \overline{\mathbb{R}}$에 f^+와 f^-를 각각

$$f^+(x) = \max\{f(x), 0\},\ f^-(x) = \max\{-f(x), 0\}$$

로 정의하면 $f = f^+ - f^-$이고 $|f| = f^+ + f^-$이다. 또한 f가 가측이면 f^+와 f^-도 가측이다.

정의 9.2.8

(i) 가측함수 $f : X \to [0, \infty]$가 **적분가능**(integrable)하다 함은

$$\int_X f d\mu < +\infty$$

일 때를 말한다.

(ii) 가측함수 $f : X \to \overline{\mathbb{R}}$가 적분가능하다 함은 f^+, f^-이 적분가능할 때를 말한다. 이 경우에 가측집합 E에 대하여

$$\int_E f = \int_E f^+ - \int_E f^-$$

로 정의한다.

■

[정리 9.2.9]

f와 g가 적분가능하고 $\alpha, \beta \in \mathbb{R}$이면 $\alpha f + \beta g$도 적분가능하고

$$\int_X (\alpha f + \beta g) = \alpha \int_X f + \beta \int_X g$$

이다.

$(X, \mathscr{B}, \mu)$가 측도공간이고 $x \in X$에 대하여 $P(x)$를 명제라 하자. S를 X에서 가측집합이라 하고 $S_0 = \{x \in S \mid P(x) : 거짓\}$라 하면 $\mu(S_0) = 0$일 때 "$P(x)$는 S 위에서 측도로 참이다"라고 말한다.

(가) f, g가 가측집합 S 위에서 적분 가능한 함수이고 $f = g\ \mu-\text{a.e.}$이면

$$\int_S f d\mu = \int_S g d\mu$$

이다.

정의 9.2.10

$(X, \mathscr{B}, \mu)$를 측도공간이라 하자.

$$A \in \mathscr{B}(\mu(A) = 0),\ A_0 \subset A \Rightarrow A_0 \in \mathscr{B}$$

를 만족하는 μ를 **완비측도**(complete measure)라 한다.

■

(가) μ가 완비측도일 때 $(X, \mathscr{B}, \mu)$를 **완비측도공간**(complete measure space)이라 한다.

예제 9.2.11

$X = \{1, 2, 3\}$, $\mathscr{B} = \{\varnothing, X, \{1\}, \{2, 3\}\}$라 하고 $\mu_1 : \mathscr{B} \to [0, +\infty]$를

$$\mu_1(E) = \begin{cases} 1, & 1 \in E \\ 0, & 1 \notin E \end{cases}$$

라 정의하면 μ_1은 측도지만 완비측도는 아니다.

예제 9.2.12

Lebesgue 측도 m은 완비측도지만 Borel 측도 μ는 완비측도가 아니다.(Borel 측도(Borel measure)란 Borel 집합들의 $\sigma-$대수 위에서 정의된 측도이다) 왜냐하면 $E \in \mathscr{M}$, $F \subset E$, $m(E) = 0$라 하자. $m^*(F) \le m^*(E) = m(E) = 0$이므로 $m^*(F) = 0$이다. 따라서 $F \in \mathscr{M}$이다. 그러므로 $(\mathbb{R}, \mathscr{M}, m)$은 완비측도공간이다. $(\mathbb{R}, \mathscr{B}, \mu)$가 완비측도공간이 아님을 보이기 위해 P를 Cantor 집합, $S \notin \mathscr{M}$라 하면 $P \in \mathscr{B}$이고 $\mu(P) = m(P) = 0$이다. 함수 $f : [0, 1] \to [0, 1]$을 $f(x) = \inf\{y \in [0, 1] \mid g(y) = x\}$($g$는 Cantor함수이다)라고 정의하면 $f(S) \subset P$이지만 $f(S) \notin \mathscr{B}$이다. 따라서 $(\mathbb{R}, \mathscr{B}, \mu)$는 완비측도공간이 아니다.

[정리 9.2.13]

$(X, \mathscr{B}, \mu)$를 측도공간이라 하고

$$\mathscr{N} = \{A \subset X \mid \exists E \in \mathscr{B} : A \subset E, \mu(E) = 0\}$$

라 하자. $\overline{\mathscr{B}}$를 $E \cup A$ 형의 모든 집합들의 모임이라 하자. 여기서 $E \in \mathscr{B}$이고 $A \in \mathscr{N}$이다. 그러면 :

(i) $\overline{\mathscr{B}}$는 $\mathscr{B}$를 품는 σ-대수이다.

(ii) $E_1 \cup A_1 = E_2 \cup A_2 (E_1, E_2 \in \mathscr{B}, A_1, A_2 \in \mathscr{N})$이면 $\mu(E_1) = \mu(E_2)$이다.

(iii) 함수 $\overline{\mu} : \overline{\mathscr{B}} \to \overline{\mathbb{R}}$를 $\overline{\mu}(E \cup A) = \mu(E)$라 정의하면 $\overline{\mu}$는 $\overline{\mathscr{B}}$ 위에서 완비측도이다.

증명 (i) $\varnothing \in \mathscr{N}$이므로 $\mathscr{B} \subset \overline{\mathscr{B}}$이다. $X \in \mathscr{B}$이므로 $X \in \overline{\mathscr{B}}$이다. $E_n \in \mathscr{B}$와 $A_n \in \mathscr{N}(n = 1, 2, \cdots)$에 대하여 $\bigcup_n (E_n \cup A_n) = (\bigcup_n E_n) \cup (\bigcup_n A_n)$이므로

$$\bigcup_n (E_n \cup A_n) \in \overline{\mathscr{B}}$$

이다. 마지막으로 $\overline{\mathscr{B}}$가 차(difference)에 관해 닫혀있다는 것을 보이기 위해 우선 $E \in \mathscr{B}$이고 $A \in \mathscr{N}$이면 $E - A \in \overline{\mathscr{B}}$임을 보이자. $A \subset F(F \in \mathscr{B})$ 이고 $\mu(F) = 0$라 하자. $M = F - A$라 하면

$$E - A = (E - F) \cup (E \cap M) \in \overline{\mathscr{B}}$$

이다. $E_1, E_2 \in \mathscr{B}$이고 $A_1, A_2 \in \mathscr{N}$이면

$$(E_1 \cup A_1) - (E_2 \cup A_2)$$
$$= [(E_1 - E_2) - A_2] \cup [(A_1 - A_2) - E_2]$$

이다. 따라서 $\overline{\mathscr{B}}$는 σ-대수이다.

(ii) $(E_1 \cup A_1) - (E_2 \cup A_2) = [(E_1 - E_2) - A_2] \cup [(A_1 - A_2) - E_2]$이므로 $E_1 \cup A_1 = E_2 \cup A_2$이면 $(E_1 - E_2) - A_2 = \varnothing$이므로 $E_1 - E_2 = (E_1 - E_2) \cap A_2$이다. 따라서 $\mu(E_1 - E_2) = 0$이다. 또한 $E_1 = (E_1 \cap E_2) \cup (E_1 - E_2)$이므로 $\mu(E_1) = \mu(E_1 \cap E_2)$이다. 마찬가지로 $\mu(E_2) = \mu(E_1 \cap E_2)$이다. 따라서 $\mu(E_1) = \mu(E_2)$이다.

(iii) $\overline{\mu}(\varnothing) = \mu(\varnothing) = 0$이다. $< E_n \cup A_n >$을 $\overline{\mathscr{B}}$에 있는 서로소인 집합열이

라 하자. 그러면

$$\overline{\mu}(\bigcup_n (E_n \bigcup A_n)) = \overline{\mu}((\bigcup_n E_n) \cup (\bigcup_n A_n)) = \mu(\bigcup_n E_n)$$

$$= \sum_{n=1}^{\infty} \mu(\bigcup_n E_n) = \sum_{n=1}^{\infty} \overline{\mu}(E_n \bigcup A_n)$$

이다. 따라서 $\overline{\mu}$는 $\overline{\mathscr{B}}$ 위에서 측도이다. $S \in \overline{\mathscr{B}}\,(\overline{\mu}(S)=0)$이고 $S_0 \subset S$ 라 하자. 그러면 $E \in \mathscr{B}$와 $A \in \mathscr{N}$가 존재해서 $S = E \cup A$이다. $\overline{\mu}(S) = \overline{\mu}(E \cup A) = \mu(E)$이므로 $\mu(E) = 0$이다. $S_0 \subset S$이므로 $S_0 \subset E$ 이거나 $S_0 \subset A$, 또는 $E_0 \subset E$와 $A_0 \subset A$가 존재해서 $S_0 = E_0 \cup A_0$이다. $S_0 \subset E$이면 $S_0 \in \mathscr{N}$이고 $S_0 = \varnothing \cup S_0$이므로 $S_0 \in \overline{\mathscr{B}}$이다. 또한 $S_0 \subset A$일 때도 마찬가지로 $S_0 \in \overline{\mathscr{B}}$이다. $S_0 = E_0 \cup A_0$이면 $E_0 \in \mathscr{N}$이므로 $E - E_0 \in \overline{\mathscr{B}}$이다. 따라서 $E_0 \in \overline{\mathscr{B}}$이다. $A_0 = \varnothing \cup A_0 \in \overline{\mathscr{B}}$이고 $\overline{\mathscr{B}}$가 σ-대수이므로 $S_0 \in \overline{\mathscr{B}}$이다. 그러므로 $\overline{\mu}$는 완비측도이다.

(가) $\overline{\mu}$를 μ의 **완비화**(completion)라 한다.

(나) $\overline{\mu}$는 μ **최소확장**(a minimal extension of μ)이다. 즉, μ_1을 $\mathscr{B} \subset \mathscr{B}_1$이고 $\mu_1|_{\mathscr{B}} = \mu$를 만족하는 σ-대수 $\mathscr{B}_1$ 위에서 완비측도라면 $\overline{\mathscr{B}} \subset \mathscr{B}_1$이고 $\mu_1|_{\overline{\mathscr{B}}} = \overline{\mu}$이다. 이것을 증명하기 위하여 우선 $A \in \mathscr{N}$일 때 $A \in \mathscr{B}_1$이고 $\mu_1(A) = 0$임을 보이자. $A \in \mathscr{N}$이면 $F \in \mathscr{B}$가 존재해서 $A \subset F$이고 $\mu(F) = 0$이다. $F \in \mathscr{B}$이므로 $\mu_1(F) = 0$이다. 또한 μ_1이 완비이므로 $A \in \mathscr{B}_1$이고 $\mu_1(A) = 0$이다. $\overline{\mathscr{B}} \subset \mathscr{B}_1$은 분명하다. $\mu_1|_{\overline{\mathscr{B}}} = \overline{\mu}$임을 보이자. $E \in \mathscr{B}$이면

$$\mu_1(E) \le \mu_1(E \cup A) \le \mu_1(E) + \mu_1(A) = \mu_1(E)$$

이므로

$$\mu_1(E \cup A) = \mu_1(E) + \mu(E) = \overline{\mu}(E \cup A)$$

이다.

(다) 모든 측도는 완비화 될 수 있기 때문에 앞으로는 주어진 측도가 완비측도라고 가정한다.

[정리 9.2.14] (Lebesgue 지배수렴정리)

$< f_n >$을 가측함수열로서

$$\lim_{n \to \infty} f_n = f \text{a.e.}$$

이고 적분가능한 함수 g가 존재해서 모든 $x \in X$에 대하여

$$|f_n(x)| \le g(x)\ (n = 1, 2, \cdots)$$

라 하자. 그러면 f는 적분가능하고

$$\lim_{n \to \infty} \int_X |f_n - f| = 0\ ;\ \lim_{n \to \infty} \int_X f_n = \int_X f$$

이다.

[정리 9.2.15] (유계수렴정리)

$< f_n >$을 $\mu(E) < +\infty$인 가측집합 E 위에서 정의된 가측함수열이라 하자. 실수 M이 존재해서 모든 n과 x에 대하여 $|f_n(x)| \le M$이라 하자. 각 $x \in E$에 대하여 $f(x) = \lim_n f(x)$ 이면

$$\int_E f = \lim_n \int_E f_n$$

이다.

증명 정리 6.3.11의 증명과 유사하다.

연습문제 9.2

1. $f : X \to \overline{\mathbb{R}}$가 가측이면 f^+, f^- 도 가측임을 보여라.

2. 정의 9.2.1의 (가)를 보여라.

3. (i) 정리 9.2.7의 (가)는 모든 단순가측함수 g에 대하여 성립함을 보여라.
   (ii) 정리 9.2.7의 (가)는 모든 가측함수 g에 대하여 성립함을 보여라.
4. 예제 9.2.12의 $f(S)$가 Borel 집합이 아님을 다음 단계에 의하여 보여라.
   (i) 예제 9.2.12에서 f가 단사함수임을 보여라.

(ii) 예제 9.2.12에서 f는 Borel 가측함수임을 보여라.

(iii) 예제 9.2.12에서 $f(S)$가 Borel 집합이 아님을 보여라.

5. Lebesgue 측도공간 $(\mathbb{R}, \mathscr{M}, m)$은 Borel 측도공간 $(\mathbb{R}, \mathscr{B}, \mu)$의 완비화임을 증명하여라.

9.3 부호측도(Signed Measures)

정의 9.3.1

$(X, \mathscr{B})$를 가측공간이라 하자. 함수 $\nu : \mathscr{B} \to \overline{\mathbb{R}}$가 다음 조건을 만족할 때 $(X, \mathscr{B})$ 위에서 **부호측도**(a signed measure)라 부른다.

(i) ν의 치역은 $-\infty, +\infty$을 동시에 갖지는 않는다.

(ii) $\nu(\varnothing) = 0$이다.

(iii) ν는 가산 덧셈가능하다. 즉, 서로소인 가측집합들 $E_n \in \mathscr{B}$에 대하여

$$\nu\left(\bigcup_{n=1}^{\infty} E_n\right) = \sum_{n=1}^{\infty} \nu(E_n)$$

이다.

■

(가) 측도는 부호측도이지만 역은 성립하지 않는다.

(나) (iii)에서 $\nu(\bigcup_{n=1}^{\infty} E_n) < +\infty$이면 급수 $\sum_{n=1}^{\infty} \nu(E_n)$은 반드시 수렴하며 그렇지 않을 경우는 발산할 수도 있다는 의미이다.

정의 9.3.2

ν를 $\mathscr{B}$ 위에서 부호측도라 하자.

(i) 모든 $E \in \mathscr{B}$에 대하여 $\nu(E \cap P) \geq 0$을 만족하는 $P \in \mathscr{B}$를 ν에 관해 **양집합**(positive set)이라 한다.

(ii) 모든 $E \in \mathscr{B}$에 대하여 $\nu(E \cap N) \leq 0$을 만족하는 $N \in \mathscr{B}$를 ν에 관해 **음집합**(negative set)이라 한다.

(iii) 모든 $E \in \mathscr{B}$에 대하여 $\nu(E \cap M) = 0$을 만족하는 M을 ν에 관해 **영집합**(null set)이라 한다.

■

(가) P가 부호측도 v에 관해 양집합이고 $E \in \mathscr{B}$ $(E \subset P)$이면 E도 v에 관해 양집합이다.

예제 9.3.3

$X = [-1, 1]$이고 $\mathscr{B}$를 X의 Borel 집합들의 $\sigma-$대수라 하자. 함수 $f : X \to \mathbb{R}$을

$$f(x) = \begin{cases} 1, & 0 \le x \le 1 \\ -1, & -1 \le x < 0 \end{cases}$$

라 정의하자. 각 $A \in \mathscr{B}$에 대하여 $\lambda(A) = \int_A f dm$라 정의하면 $[0, 1]$, $(0, 1]$은 양집합이고 $[-1, 0]$, $[-1, 0)$은 음집합이다. 왜냐하면 $A \subset [0, 1]$ 또는 $A \subset (0, 1]$라면

$$\lambda(A) = \int_A f dm = m(A) \ge 0$$

이다. 마찬가지로 $A \subset [-1, 0]$ 또는 $A \subset [-1, 0)$라면

$$\lambda(A) = \int_A f dm = - m(A) \le 0$$

이다.

[보조정리 9.3.4]

$< E_n >$이 양집합열이면 $\bigcup_{n=1}^{\infty} E_n$은 양집합이다.

증명 A는 가측부분집합이며 $E = \bigcup_{n=1}^{\infty} E_n$이고 $A_1 = A \cap E_1$이고 $n > 1$에 대하여 $A_n = A \cap E_n \cap E_{n-1}^c \cap E_{n-2}^c \cdots \cap E_1^c$라 하자. 그러면 A_n은 E_n의 가측부분집합이며 $\nu(A_n) \ge 0$이다. A_n들은 서로소이고 $A \cap E = \bigcup_n A_n$이므로

$$\nu(A \cap E) = \sum_{n=1}^{\infty} \nu(A_n) \ge 0$$

이다. 따라서 E는 양집합이다.

(가) 음집합열의 가산합도 음집합이며 영집합열의 가산합도 영집합이다.

[보조정리 9.3.5]

A가 $0 < \nu(A) < +\infty$인 가측집합이면 양집합 $E \subset A$가 존재해서 $\nu(E) > 0$이다.

증명 A는 양집합이거나 측도가 음인 집합을 포함한다. A가 측도가 음인 집합을 품는 경우 n_1을 가측집합 $A_1 \subset A$가 존재해서 $\nu(A_1) < -\dfrac{1}{n_1}$을 만족하는 최소의 자연수라 하자. 다시 말해서 또 다른 측도가 음인 가측집합 $B \subset A$가 존재한다면 역시 $\nu(B) < -\dfrac{1}{n_k}$를 만족한다. 귀납적으로 이러한 과정을 반복하여 만일 $A - \bigcup_{j=1}^{k-1} A_j$가 양집합이 아니면 n_k를 가측집합 A_k가 존재해서 $A_k \subset A - \bigcup_{j=1}^{k-1} A_j$이고 $\nu(A_k) < -\dfrac{1}{n_k}$을 만족하는 최소의 자연수라 하자. $E = A - \bigcup_{k=1}^{\infty} A_k$라 두면 $A = E \cup \left[\bigcup_{k=1}^{\infty} A_k\right]$이다. $E, A_1, \cdots, A_n, \cdots$가 서로소이므로 $\nu(A) = \nu(E) + \sum_{n=1}^{\infty} \nu(A_n)$이다. $\nu(A_k) < +\infty$이므로 $\sum \dfrac{1}{n_k}$은 수렴하고 따라서 $n_k \to \infty$이다. $\nu(A_k) \le 0$이고 $\nu(A) > 0$이므로 $\nu(E) > 0$이다. E가 양집합임을 보이자. $\epsilon > 0$라 하면 $n_k \to \infty$이므로 충분히 큰 k가 존재해서 $\dfrac{1}{n_k - 1} < \epsilon$이다. $E \subset A - \bigcup_{j=1}^{k} A_j$이므로 만일 E가 측도가 $-\dfrac{1}{n_k - 1}$보다 작은 가측집합 B를 품는다면 $\nu(B) < -\dfrac{1}{n_k - 1} < \nu(A_k) < -\dfrac{1}{n_k}$을 만족한다. 따라서 $\nu(B) < -\dfrac{1}{n_k}$이 만족되어 $\nu(B) \ge -\dfrac{1}{n_k - 1}$이 성립해야 한다. 이는 B의 선택이 모순임을 의미한다. 즉, E는 측도가 $-\dfrac{1}{n_k - 1}$보다 작은 가측집합 B를 품지 못한다. 그러므로 E는 측도가 $-\epsilon$보다 작은 가측집합은 품지 못한다. 따라서 E는 측도가 음인 집합을 품을 수 없다. 따라서 E는 양집합이다.

[정리 9.3.6] (Hahn 분해정리)

ν를 가측공간 $(X, \mathscr{B})$ 위에서 부호측도라 하면 양집합 A와 음집합 B가 존재해서 $X = A \cup B$이고 $A \cap B = \varnothing$이다.

증명 $+\infty$가 ν에 의해 생략된 값이라 가정해도 일반성을 잃지 않는다.

$$\lambda = \sup\{\nu(\mathrm{A}) \mid \mathrm{A}\text{는 } \nu\text{에 관해 양집합}\}$$

라 하자. $\varnothing$은 양집합이므로 $\lambda \ge 0$이다. $< A_n >$을 $\lambda = \lim_{n\to\infty} \nu(A_n)$을 만족하는 양집합열이라 하고 $A = \bigcup_{n=1}^{\infty} A_n$라 하자. 보조정리 9.3.4에 의하여 A는 양집합이고 $\lambda \ge \nu(A)$이다. $A - A_n \subset A$이며 A가 양집합이고 $A_n^c \in \mathscr{B}$이므로 $\nu(A - A_n) = \nu(A_n^c \cap A) \ge 0$이다. 따라서

$$\nu(A) = \nu(A_n) + \nu(A - A_n) \ge \nu(A_n)$$

이다. 그러므로 $\nu(A) \ge \lambda$이다. 따라서 $\nu(A) = \lambda$이며 $\lambda < +\infty$이다. $B = A^c$라 하고 임의의 $F \in \mathscr{B}$에 대하여 $E(\subset B \cap F)$를 양집합이라 하자. 그러면 $E \cap A = \varnothing$이고 보조정리 9.3.4에 의하여 $E \cup A$는 양집합이다. 그러므로

$$\lambda \ge \nu(E \cup A) = \nu(E) + \nu(A) = \nu(E) + \lambda$$

이다. 따라서 $\nu(E) \le 0$이다. 그러므로 $B \cap F$는 양의 측도를 갖는 어떤 양인 부분집합도 품지 못한다. 따라서 보조정리 9.3.5에 의하여 $\nu(B \cap F) \le 0$이다. 그러므로 B는 음집합이다.

(가) Hahn 분해정리에서 $\{A, B\}$를 ν에 대한 Hahn 분해(Hahn decomposition)라 한다.
(나) Hahn 분해는 유일하지 않다.

예제 9.3.7

$X = [0, +\infty]$, $\mathscr{B}$를 Borel $\sigma-$대수라 하자. 또한

$$f(x) = \begin{cases} 1, & x \ge 1 \\ -1, & 0 \le x < 1 \end{cases}$$

라 하고 $\nu(A) = \int_A f\,dm$, $A \in \mathscr{B}$라 하자. 그리고 각 $n \in \mathbb{N}$에 대하여

$$A_n = [1, r_n], (r_n \geq 1, \lim_{n \to \infty} r_n = \infty)$$

이라 하면 A_n은 양집합이다. 그러므로 $[1, +\infty](:= A) = \bigcup_{n=1}^{\infty} A_n$은 양집합이다. 또한 $B := [0, 1)$은 음집합이다.

정의 9.3.8

ν를 가측공간 $(X, \mathscr{B})$ 위에서 부호측도라 하자. 함수 $|\nu| : \mathscr{B} \to [0, \infty]$을

$$|\nu|(E) = \sup \sum_{i=1}^{n} |\nu(E_i)| \, (E \in \mathscr{B})$$

라 정의 하자. 여기서 $\{E_1, E_2, \cdots, E_n\}$들은 $E_i \in \mathscr{B}$이고, $E_i \subset E, i = 1, 2, \cdots, n$인 서로소인 집합들의 모임이다.

(가) $|\nu|(E)$를 E 위에서 ν의 **전변동**(total variation)이라 부르고 함수 $|\nu|$를 ν의 **전변동**이라 한다.

예제 9.3.9

예제 9.3.3에서

$$|\lambda|([-1, 1]) = 2, |\lambda|\left(\left[-\frac{1}{2}, \frac{1}{2}\right]\right) = 1, |\lambda|\left(\left[-\frac{1}{2}, 0\right]\right) = \frac{1}{2}, |\lambda|\left(\left[0, \frac{1}{2}\right]\right) = \frac{1}{2}$$

이다.

[정리 9.3.10]

ν가 가측공간 $(X, \mathscr{B})$ 위에서 부호측도라면 $|\nu|$은 $(X, \mathscr{B})$ 위에서 측도이다.

증명 $|\nu|(\varnothing) = 0$은 분명하다. $< E_n >$을 X에서 서로소인 가측집합열이라 하고

$E = \bigcup_{n=1}^{\infty} E_n$이라 하자. $A_1, A_2, \cdots, A_l$을 E의 서로소인 가측부분집합들이라 하고$A_{in} = A_i \cap E_n \ (i = 1, 2, \cdots, l)$이라 하자.

$$A_i = \bigcup_{n=1}^{\infty} A_{in},\ \nu(A_i) = \sum_{n=1}^{\infty} \nu(A_{in})$$

이고

$$\sum_{i=1}^{l} |\nu(A_i)| \leq \sum_{n=1}^{\infty} \left(\sum_{i=1}^{l} |\nu(A_{in})| \right) \leq \sum_{n=1}^{\infty} |\nu|(E_n)$$

이며, 따라서

$$|\nu|(E) \leq \sum_{n=1}^{\infty} |\nu|(E_n)$$

이다. 역부등식을 증명하기 위하여 $|\nu|(E) = +\infty$라면 $\sum_{n=1}^{\infty} |\nu|(E_n) = +\infty$이므로 $|\nu|$는 가산덧셈 가능하다. 따라서 $|\nu|(E) < +\infty$라 가정하자. $E_n \subset E$이므로 $|\nu|(E_n) < +\infty$이다. 주어진 $\epsilon > 0$에 대하여 E_n의 서로소인 가측집합들의 유한모임 $\{E_{in}\}_{i=1}^{p}$가 존재하여 $\sum_{i=1}^{p} |\nu(E_{in})| > |\nu|(E_n) - \frac{\epsilon}{2^n}$이다. 임의의 자연수 K에 대하여

$$\sum_{n=1}^{K} |\nu|(E_n) < \sum_{n=1}^{K} \left[\sum_{i=1}^{p} |\nu|(E_{\in}) | + \frac{\epsilon}{2^n} \right] \leq |\nu|(E) + \epsilon$$

이다. 따라서 $\sum_{n=1}^{\infty} |\nu|(E_n) \leq |\nu|(E)$이다. 그러므로 $|\nu|(E) = \sum_{n=1}^{\infty} |\nu|(E_n)$이고 $|\nu|$는 측도이다.

정의 9.3.11

ν를 가측공간 $(X, \mathscr{B})$ 위에서 부호측도라 하자.

두 함수 $\nu^+ : \mathscr{B} \to [0, \infty]$와 $\nu^- : \mathscr{B} \to [0, \infty]$를 각각 다음과 같이 정의한다.

$$\nu^+(E) = \frac{1}{2}\{|\nu|(E) + \nu(E)\}$$
$$\nu^-(E) = \frac{1}{2}\{|\nu|(E) - \nu(E)\}$$

■

(가) ν^+와 ν^-는 측도이다.

(나) $E \in \mathscr{B}$이면 $|\nu(E)| \le |\nu|(E)$이다.

(다) $|\nu|(X) < +\infty$이면 $\nu = \nu^+ - \nu^-$이고 $|\nu| = \nu^+ + \nu^-$이다.

(라) $\nu^+(E) = \sup\{\nu(F) | F \subset E,\ F \in \mathscr{B}\}$이며 $\nu^-(E) = -\inf\{\nu(F) | F \subset E,\ F \in \mathscr{B}\}$이다.

(마) ν의 분해인 ν^+와 ν^-를 ν의 **Jordan분해**(Jordan decomposition)라 부른다. ν^+와 ν^-를 각각 ν의 양의 부분과 음의 부분이라 한다.

예제 9.3.12

예제 9.3.3에서

$$\lambda^+([0,\ 1]) = 1,\ \lambda^-([0,\ 1]) = 0,\ \lambda([0,\ 1]) = 1$$

이다.

명제 9.3.13

ν를 가측공간 $(X,\ \mathscr{B})$ 위에서 부호측도라 하고 $\{A,\ B\}$를 ν에 관한 X의 Hahn 분해라 하자. 그러면 각 가측집합 E에 대하여

$$\nu^+(E) = \nu(E \cap A)\ ;\ \nu^-(E) = -\nu(E \cap B)$$

가 성립한다.

증명 $F \in \mathscr{B}$이고 $F \subset E \cap A$ 라 하자. 그러면 $F = F \cap A$이므로 $\nu(F) \ge 0$이다. 따라서 정의 9.3.11 (라)에 의하여 $\nu^-(E \cap A) \ge 0$이다. 즉, $\nu^-(E \cap A) = 0$이다. 같은 방법으로 $\nu^+(E \cap B) = 0$임을 보일 수 있다. $E = (E \cap A) \cup (E \cap B)$이므로

$$\nu^+(E) = \nu^+(E \cap A) + \nu^+(E \cap B) = \nu^+(E \cap A) + 0 = \nu^+(E \cap A) = \nu(E \cap A)$$

이고 따라서 $\nu^+(E) = \nu(E \cap A)$이다. 마찬가지로 $\nu^-(E) = -\nu(E \cap B)$이다. ■

(가) $\{A,\ B\}$가 X의 Hahn 분해이면 $\nu^-(A) = \nu^+(B) = 0$이다.

예제 9.3.14

예제 9.3.3에서 $\{[-1,0), [0,1]\}$은 $[-1,1]$의 Hahn 분해이다.
따라서 $\lambda^+([-1,0)) = \lambda([0,1]\cap[-1,0)) = \lambda(\varnothing) = 0$이며
$\lambda^-([-1,0)) = -\lambda([-1,0)\cap[-1,0)) = -\lambda([-1,0)) = 1$이다.

예제 9.3.15

$(X, \mathscr{B}, \mu)$를 측도공간이라 하고 $f: X \to \overline{\mathbb{R}}$를 적분가능한 함수라 하자. 함수 $\nu: \mathscr{B} \to \overline{\mathbb{R}}$를

$$\nu(E) = \int_E f d\mu$$

라 정의하면 ν는 부호측도이다. 또한

$$\nu^+(E) = \int_E f^+ d\mu,\ \nu^-(E) = \int_E f^- d\mu$$

$$|\nu| = \nu^+ + \nu^-\ ,\ |\nu|(E) = \int_E |f|\, d\mu$$

이다. 이를 보이기 위하여

$$A = \{x \mid f(x) \geq 0\},\ B = \{x \mid f(x) < 0\}$$

라 하면 $\{A, B\}$는 X의 Hahn 분해이다. 왜냐하면 우선 $A \cap B = \varnothing$이다. $E \in \mathscr{B}$라 하면

$$\nu(E \cap A) \geq 0 \text{이고 } \nu(E \cap B) \leq 0$$

이므로 $\{A, B\}$는 ν에 관한 X의 Hahn분해이다. 따라서

$$\nu^+(E) = \nu(E \cap A) = \int_{E \cap A} f d\mu = \int_E f^+ \text{ 이고}$$

$$\nu^-(E) = -\nu(E \cap B) = -\int_{E \cap B} f d\mu = \int_{E \cap B} (-f) d\mu = \int_E f^- d\mu$$

이며 $|\nu|(E) = \nu^+(E) + \nu^-(E) = \int_E |f| d\mu$이다. ν가 부호측도임은 연습문제로 남긴다.

연습문제 9.3

1. P가 부호측도 ν 에 관해 양집합이고 $E \in \mathscr{B}$ 이며 $E \subset P$이면 E도 ν에 관해 양집합임을 보여라.

2. P_1과 P_2가 부호측도 ν에 관해 양집합이면 $P_1 \cup P_2$도 ν에 관해 양집합임을 보여라.

3. $M \in \mathscr{B}$이 부호측도 ν에 관해 영집합일 필요충분조건은 $|\nu|(M) = 0$임을 보여라.

4. ν가 $\mathscr{B}$ 위에서 부호측도이면

$$\nu^+(E) = \sup\{\nu(F) \mid F \subset E,\ F \in \mathscr{B}\},$$
$$\nu^-(E) = -\inf\{\nu(F) \mid F \subset E,\ F \in \mathscr{B}\}$$

   임을 보여라.

5. 예제 9.3.15에서 ν가 부호측도임을 보여라.

6. Hahn 분해는 영집합을 제외하고 유일함을 증명하라.

9.4 절대연속성(Absolute Continuity)

정의 9.4.1

(i) μ를 가측공간 $(X, \mathscr{B})$ 위에서 측도라 하고 ν를 $(X, \mathscr{B})$ 위에서 측도 또는 부호측도라 하자. $\mu(E) = 0$을 만족하는 모든 $E \in \mathscr{B}$에 대하여 $\nu(E) = 0$이 성립할 때 "ν는 μ에 관해 **절대연속**(absolutely continuous)"이라 부르며

$$\nu \ll \mu$$

라 쓰기로 한다.

(ii) ν를 $(X, \mathscr{B})$ 위에서 측도 또는 부호측도라 하자. $A \in \mathscr{B}$가 존재해서 모든 $E \in \mathscr{B}$에 대

하여 "$E\cap A=\varnothing$ 이면 $\nu(E)=0$이다."를 만족할 때 "ν는 A 위에 **집중**(concentrated) 된다."고 한다.

(iii) ν_1, ν_2가 측도 또는 부호측도라 하자. 서로소인 두 집합 A_1, A_2가 존재해서 ν_1은 A_1 위에 집중되고 ν_2는 A_2 위에 집중될 때 "ν_1과 ν_2는 **서로 특이**(mutually singular) 하다."고 하고

$$\nu_1 \perp \nu_2$$

라 쓰기로 한다.

■

(가) ν_1과 ν_2가 $(X, \mathscr{B})$ 위에서 측도이면 $\nu_1 \perp \nu_2$일 필요충분조건은 $E\in\mathscr{B}$가 존재해서 $\nu_1(E)=\nu_2(E^c)=0$이다.

예제 9.4.2

$(X, \mathscr{B}, \mu)$를 측도공간이라 하고 P, N을 $P\cap N=\varnothing$ 인 원소라 하자. $\mu_1, \mu_2 : \mathscr{B} \to [0, \infty]$를 각 $E\in\mathscr{B}$에 대하여

$$\mu_1(E)=\mu(E\cap P),\ \mu_2(E)=\mu(E\cap N)$$

라 정의하면 $\mu_1 \perp \mu_2$이다.

풀이 $P\cap N=\varnothing$ 이므로 $\mu_2(P)=\mu(P\cap N)=0$, $\mu_1(P^c)=\mu(P^c\cap P)=0$이다. 따라서 $\mu_1 \perp \mu_2$이다.

■

명제 9.4.3

$(X, \mathscr{B})$를 가측공간이라 하자. ν, ν_1, ν_2를 $(X, \mathscr{B})$ 위에서 측도 또는 부호측도라 하고 μ를 $(X, \mathscr{B})$ 위에서 측도라 하자. 그러면 다음이 성립한다.

(i) ν가 가측집합 E 위에 집중되면 $|\nu|$도 E 위에 집중된다.

(ii) $\nu_1 \perp \nu_2$이면 $|\nu_1| \perp |\nu_2|$이다.

(iii) $\nu_1 \perp \mu$이고 $\nu_2 \perp \mu$이면 $(\nu_1+\nu_2) \perp \mu$이다.

(iv) $\nu_1 \ll \mu$이고 $\nu_2 \ll \mu$이면 $\nu_1 + \nu_2 \ll \mu$이다.

(v) $\nu \ll \mu$이면 $|\nu| \ll \mu$이다.

(vi) $\nu_1 \ll \mu$이고 $\nu_2 \perp \mu$이면 $\nu_1 \perp \nu_2$이다.

(vii) $\nu \ll \mu$이고 $\nu \perp \mu$이면 $\nu = 0$이다.

증명 (i) $S \in \mathscr{B}$가 $S \cap E = \phi$을 만족한다고 하고 $\{S_1, S_2, \cdots, S_n\}$을 S의 서로소인 가측인 부분집합들의 유한모임이라 하자. 각 $i(1 \le i \le n)$에 대하여 $\nu(S_i) = 0$이므로 $\sum_{i=1}^{n} |\nu(S_i)| = 0$이다. 따라서 $|\nu|(S) = 0$이므로 $|\nu|$는 E 위에 집중된다.

(ii) ν_1과 ν_2를 각각 E_1과 E_2 위에 집중된다고 하자. 단, $E_1 \cap E_2 = \phi$ 이다. 그러면 (i)에 의하여 $|\nu_1|$과 $|\nu_2|$도 E_1과 E_2 위에 집중된다. 따라서 $|\nu_1| \perp |\nu_2|$이다.

(iii) $\nu_i \perp \mu (i = 1, 2)$이므로 서로소인 $A_i, B_i \in \mathscr{B}$가 존재해서 ν_i는 A_i 위에 집중되고 μ는 B_i 위에 집중된다. $E = A_1 \cup A_2, F = B_1 \cap B_2$ 라 하면 $E \cap F = \varnothing$ 이다. 따라서

$$\nu_1(F) = \nu_2(F) = \mu(E) = 0$$

이다. 그러므로 $(\nu_1 + \nu_2)(F) = \mu(E) = 0$이고, 따라서 $(\nu_1 + \nu_2) \perp \mu$이다.

(iv) $E \in \mathscr{B}$가 $\mu(E) = 0$을 만족한다고 하자. $\nu_1 \ll \mu$이고 $\nu_2 \ll \mu$이므로 $\nu_1(E) = \nu_2(E) = 0$이다. 그러므로 $(\nu_1 + \nu_2)(E) = 0$이며 따라서 $\nu_1 + \nu_2 \ll \mu$이다.

(v) $E \in \mathscr{B}$가 $\mu(E) = 0$을 만족한다고 하자. $E_1, E_2, \cdots, E_n$을 E의 서로소인 가측부분집합이라면 μ가 측도이므로 $\mu(E_i) = 0 (1 \le i \le n)$이다. $\nu \ll \mu$이므로 $\nu(E_i) = 0 (1 \le i \le n)$이다. 따라서 $\sum_{i=1}^{n} |\nu(E_i)| = 0$이며 $|\nu|(E) = 0$이다.

(vi) $\nu_2 \perp \mu$이므로 $E \in \mathscr{B}$가 존재해서 ν_2는 E 위에 집중되고 $\mu(E) = 0$이다. μ가 측도이므로 E의 임의의 가측부분집합 A에 대하여 $\mu(A) = 0$이다. $\nu_1 \ll \mu$이므로 $\nu_1(A) = 0$이다. 즉, ν_1은 E^c 위에 집중된다. 따라서 $\nu_1 \perp \nu_2$이다.

(vii) (vi)에 의하여 $\nu \perp \nu$이다. 따라서 $\nu = 0$이다. ■

정의 9.4.4

측도 또는 부호측도 ν가 $\sigma-$**유한**($\sigma-$finite) 라는 것은 각 가측집합 E가 각 n에 대하여 $\nu(E_n)<+\infty$인 가측집합 $E_1, E_2, \cdots, E_n, \cdots$의 가산합으로 표현가능할 때를 말한다. 즉

$$E=\bigcup_{n=1}^{\infty} E_n,\ \nu(E_n)<+\infty$$

측도공간 $(X, \mathscr{B}, \mu)$가 $\sigma-$**유한 측도공간**($\sigma-$finite measure space)이라는 것은 μ가 $\sigma-$유한 측도일 때를 말한다.

■

[보조정리 9.4.5]

λ와 μ를 가측공간 $(X, \mathscr{B})$ 위에서 측도라 하고 $\lambda \ll \mu$, $\mu(X)<+\infty$이며 $\lambda(X)>0$라 가정하자. 그러면 $\alpha>0$와 $S\in\mathscr{B}$가 존재해서 $\mu(S)>0$이고 $\nu:=\lambda-\alpha\mu$는 $\nu^-(S)=0$를 만족하는 $(X, \mathscr{B})$ 위에서 부호측도이다.

증명 $\mu(X)<+\infty$이므로 $\epsilon>0$이라 하면 $\lambda-\epsilon\mu$는 부호측도이다. $\{A_n, B_n\}$을 $\nu_n:=\lambda-\frac{1}{n}\mu(n\in\mathbb{N})$에 관한 Hahn 분해라 하자. $A=\bigcup_{n=1}^{\infty}A_n$이고 $B=\bigcap_{n=1}^{\infty}B_n$이라 하자. $B_n=X-A_n$이므로 $A=X-B$이다. 명제 9.3.13에 의하여

$$0\le \nu_n^-(B)=-\nu_n(B\cap B_n)=-v_n(B)$$

이므로 $0\le\lambda(B)\le\frac{1}{n}\cdot\mu(B)$이다. $\mu(B)<+\infty$이므로 $\lambda(B)=0$이며

$$\lambda(X)=\lambda(A)+\lambda(B)=\lambda(A)>0$$

이다. $\lambda\ll\mu$이므로 $\mu(A)>0$이고 따라서 $n_0\in\mathbb{N}$가 존재해서 $\mu(A_{n_0})>0$이다.

$\alpha:=\frac{1}{n_0}$, $S:=A_{n_0}$라 하면 $\nu=\lambda-\frac{1}{n_0}\mu=v_{n_0}$이며

$$\nu^-(S)=v_{n_0}^-(S)=-v_{n_0}(S\cap B)=-v_{n_0}(\varnothing)=0$$

이다.

예제 9.4.6

$X=\{1, 2, 3, \cdots\}$이고 $\mathscr{B}=2^X$라 하자. $\mu:\mathscr{B}\to\mathbb{R}$를

$$\mu(E)=\begin{cases} n(E), & E:\text{유한} \\ +\infty, & E:\text{무한} \end{cases}$$

라 정의하면 μ는 $\sigma-$유한 측도이다.

예제 9.4.7

함수 $f,g:[0,1]\to\mathbb{R}$를 다음과 같이 정의하자:

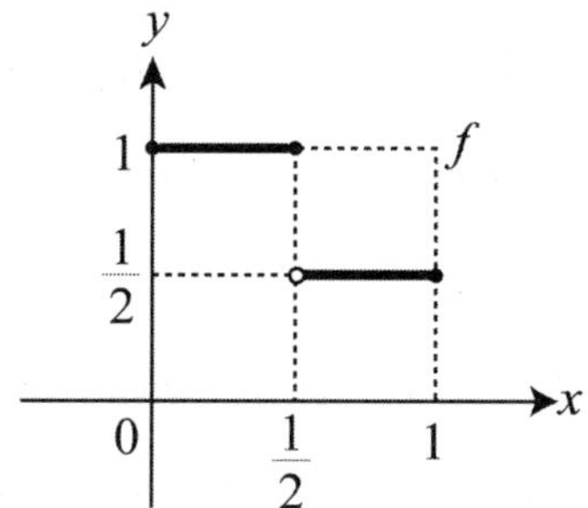

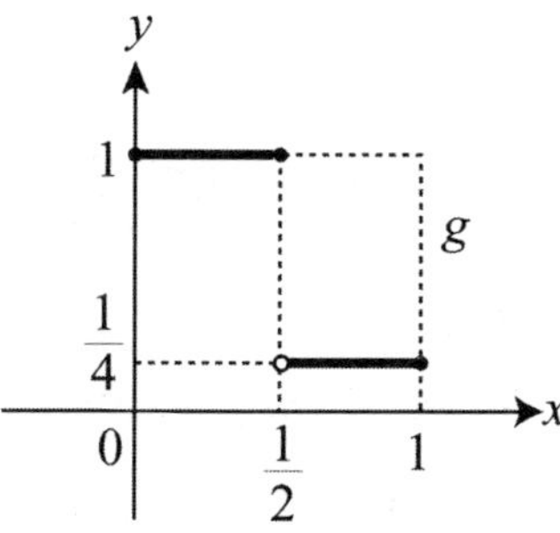

$\mu:\mathscr{B}\to[0,\infty)$와 $\lambda:\mathscr{B}\to[0,\infty)$를 각각 $\mu(A)=\int_A f\,dm$, $\lambda(A)=\int_A g\,dm$라 정의하자. 여기서 $\mathscr{B}$는 $[0,1]$위에서 Borel 대수이며 $A\in\mathscr{B}$이다. 그러면 $\mu(X)=\frac{3}{4}<\infty$이고 $\lambda(X)=\frac{5}{8}>0$이다. $\nu:=\lambda-\mu$라 하자. 그러면 $\nu(A)=\int_A(g-f)dm$이다. $A:=[0,1/2]$, $B:=(1/2,1]$라면 $\{A,B\}$는 ν에 관한 $[0,1]$의 Hahn 분해이다. $S:=A$라 하자. 그러면 $\nu^-(S)=0$이다.

[정리 9.4.8] (Radon-Nikodym 정리)

$(X, \mathscr{B}, \mu)$를 $\sigma-$유한 측도공간이라 하자. ν를 $(X, \mathscr{B})$ 위에서 부호측도로서 $\nu(X) < +\infty$이고 $\nu \ll \mu$라 가정하자. 그러면 함수 $f : X \to \mathbb{R}$이 존재하여

$$\int_X |f| d\mu < +\infty \text{ 이고 } \nu(E) = \int_E f d\mu \ (E \in \mathscr{B})$$

이다. 또한 g가 정리를 만족하는 다른 함수라면 $f = g$ μ-a.e.이다.

증명 (i) $\mu(X) < +\infty$이고 ν가 측도일 때 증명하자. 함수 f의 유일성을 보이기 위해

$$\nu(E) = \int_E f d\mu = \int_E h d\mu$$

라 하자. $E_1 = \{x \mid f(x) > h(x)\}$이고 $E_2 = \{x \mid f(x) < h(x)\}$라면 따름 정리 6.2.4에 의하여 $\int_{E_1} (f-h) = 0$이므로 $\mu(E_1) = 0$이며 또한 $\mu(E_2) = 0$ 이다.

따라서 $f = h$ μ-a.e.이다. $\mathscr{F}$를 측도공간 $(X, \mathscr{B}, \mu)$ 위에서 각 $E \in \mathscr{B}$에 대하여 $\int_E f d\mu \le \nu(E)$를 만족하는 음이 아닌 적분가능한 함수들의 모임이라 하자. 그러면 $0 \in \mathscr{F}$이므로 $\mathscr{F} \neq \phi$이다.

$$c = \sup\left\{\int_X f d\mu \mid f \in \mathscr{F}\right\}$$

라 두면 $\nu(X) < +\infty$이므로 $c < +\infty$이다. $\mathscr{F}$의 함수열 $< f_n >$이 존재해서

$$\lim_{n \to \infty} \int_X f_n d\mu = c$$

를 만족한다. $g_n = \max\{f_1, f_2, \cdots, f_n\}$ 라 정의하자. 각 n에 대하여 g_n은 X 위에서 음이 아닌 적분가능한 함수이다. 각 n에 대하여 $g_n \in \mathscr{F}$을 보이자. $E \in \mathscr{B}$에 대하여

$$E_1 = \{x \mid g_n(x) = f_1(x)\} \cap E$$
$$E_i = \{x \mid g_i(x) = f_i(x)\} \cap (E - E_1 - E_2 - \cdots - E_{i-1}),$$
$$(i = 2, 3, \cdots, n)$$

을 만족하는 유한수열 $< E_i >$를 생각하자. 그러면

$$E = \bigcup_{i=1}^{n} E_i,\ \ E_i \cap E_j = \phi(i \neq j)$$

이다. 또한 $x \in E_i$에 대하여 $g_n(x) = f_i(x)$이다. 그러므로

$$\int_E g_n d\mu = \int_{E_1} f_1 d\mu + \int_{E_2} f_2 d\mu + \cdots + \int_{E_n} f_n d\mu \le \nu(E)$$

이고 따라서 $g_n \in \mathscr{F}$이다.

$g = \sup\{f_n \mid n = 1, 2, \cdots\}$라 하면 g는 가측이다. $< g_n >$은 단조증가이고

$$\lim_{n \to \infty} g_n = g$$

이므로 Lebesgue 단조수렴정리에 의하여

$$\lim_{n \to \infty} \int_E g_n d\mu = \int_E g d\mu \le \nu(E)$$

이며 따라서 $g \in \mathscr{F}$이다. $f_n \le g_n$이므로

$$c = \int_X g d\mu$$

이다. 함수 f를

$$f(x) = \begin{cases} g(x), & g(x) < +\infty \\ 0, & g(x) = +\infty \end{cases}$$

라 하자. $g(x) := +\infty$라면 $\int_X g d\mu \le \nu(X) < +\infty$이므로 $\mu(\{x : g(x) = +\infty\}) = 0$이다. 따라서 $g = f$ μ-a.e.이다. 또한 f는 $(X, \mathscr{B}, \mu)$ 위에서 적분가능하고

$$\int_E f d\mu = \int_E g d\mu \ (E \in \mathscr{B})$$

이다. 그러므로

$$c = \int_X g d\mu = \int_X f d\mu$$

이다. $\lambda : \mathscr{B} \to \mathbb{R}$를

$$\lambda(E) = \nu(E) - \int_E f d\mu$$

라 정의하면 λ는 μ에 관해 절대연속인 측도이다. $\lambda = 0$임을 보이면 된다. $\lambda(X) > 0$이라 하자. 보조정리 9.4.5에 의하여 $\alpha > 0$와 $S \in \mathscr{B}$가 존재하여 $\mu(S) > 0$이고 $\lambda - \alpha\mu$는 부호측도이며 $(\lambda - \alpha\mu)^-(S) = 0$이다. 따라서 정의 9.3.11(라)에 의하여 각 $E \in \mathscr{B}$에 대하여 $\alpha\mu(E \cap S) \le \lambda(E \cap S)$이다. 함수 $h = f + \alpha\chi_S$를 생각하자. $E \in \mathscr{B}$에 대하여

$$\begin{aligned}\int_E h d\mu &= \int_E f d\mu + \alpha\mu(E \cap S) \\ &\le \int_E f d\mu + \lambda(E \cap S) \\ &= \int_E f d\mu + \nu(E \cap S) - \int_{E \cap S} f d\mu \\ &= \int_{E-S} f d\mu + \nu(E \cap S) \\ &\le \nu(E-S) + \nu(E \cap S) \\ &= \nu(E)\end{aligned}$$

이다. 그러므로 h는

$$\int_E h d\mu \le \nu(E) \, (E \in \mathscr{B})$$

를 만족하며 특히 $\int_E h d\mu \le \nu(X)$이다. $h \ge 0$이므로 $h \in \mathscr{F}$이다. 그러나

$$\int_X h d\mu = \int_X f d\mu + \alpha\mu(S) = c + \alpha\mu(S) > c$$

이므로 모순이 된다. 따라서 $\lambda = 0$이며 $E \in \mathscr{B}$에 대하여

$$\nu(E) = \int_E f d\mu$$

이다.

(ii) ν가 측도라는 가정하에서 정리를 증명하자. μ가 σ-유한이므로 각 n에 대

하여 $\mu(X_n) < +\infty$ 인 서로소인 가측집합들 X_n이 존재해서 $X = \bigcup_{n=1}^{\infty} X_n$ 이다. 왜냐하면 μ가 σ-유한이므로 $\mathscr{B}$에 있는 집합들의 집합열 $< S_i >$가 존재해서 $X = \bigcup_{i=1}^{\infty} S_i$이고 $\mu(S_i) < +\infty$ 이다. S_i들이 서로소가 아니라면

$$T_1 := S_1,\ T_i := S_i - (T_1 \cup T_2 \cup \cdots \cup T_{i-1})(i \geq 2)$$

라 정의하면 $< T_i >$들은 서로소인 가측집합열이며 $X = \bigcup_{i=1}^{\infty} T_i$이다. $\mathscr{B}_n = \{A \in \mathscr{B} \mid A \subset X_n\}$라 하자. $\mu|_{\mathscr{B}_n}$을 여전히 μ라 두면 각 n에 대하여 $(X_n, \mathscr{B}_n, \mu)$은 유한측도공간이다. 따라서 (i)에 의하여 음이 아닌 적분가능한 함수 $f_n : X_n \to \mathbb{R}$가 존재해서 각 $E \in \mathscr{B}_n$에 대하여

$$\nu(E) = \int_E f_n d\mu$$

이다. $f : X \to \mathbb{R}$를 $x \in X$이면

$$f(x) = f_n(x)$$

라 정의하자. $E \in \mathscr{B}$이고 $E_n = X_n \cap E$라 하면 $E_n \in \mathscr{B}_n$이고 $E = \bigcup_n E_n$ 이다.

$$\int_E f d\mu = \sum_{n=1}^{\infty} \int_{E_n} f d\mu = \sum_{n=1}^{\infty} \int_{E_n} f_n d\mu$$
$$= \sum_{n=1}^{\infty} \nu(E_n) = \nu(E)$$

이다.

(iii) 일반적인 경우를 증명하자. $\nu = \nu^+ - \nu^-$를 ν의 Jordan 분해라 하자. 명제 9.4.3에 의해서 $\nu \ll \mu$이면 $|\nu| \ll \mu$이고 따라서 $\nu^+ \ll \mu$이고 $\nu^- \ll \mu$ 이다. (ii)에 의해서 음이 아닌 적분가능한 함수 f_1과 f_2가 존재해서 각 $E \in \mathscr{B}$에 대하여

$$\nu^+(E) = \int_E f_1 d\mu,\ \nu^-(E) = \int_E f_2 d\mu$$

이다. $f = f_1 - f_2$ 라 하면 $E \in \mathscr{B}$에 대하여

$$\begin{aligned}\nu(E) &= \nu^+(E) - \nu^-(E) \\ &= \int_E f_1 d\mu - \int_E f_2 d\mu = \int_E f d\mu\end{aligned}$$

이다.

(가) 위의 정리에서 f를 μ에 관한 ν의 **Radon-Nikodym 도함수**(Radon-Nikodym derivarive)라 하고 $\dfrac{d\nu}{d\mu}$라 쓴다.

(나) (i), (ii)에서 ν가 측도라면 Radon-Nikodym 도함수는 음이 아닌 함수이다.

[정리 9.4.9] (Lebesgue 분해정리)

$(X, \mathscr{B}, \mu)$를 σ-유한 측도공간이라 하고 ν를 $(X, \mathscr{B})$ 위에서 σ-유한 부호측도라 하자. 그러면 $(X, \mathscr{B})$ 위에서 σ-유한 측도 ν_1과 ν_2가 존재해서 $\nu = \nu_1 + \nu_2$, $\nu_1 \ll \mu$이고 $\nu_2 \perp \mu$이다. ν_1과 ν_2는 유일하다.

증명 (i) $\mu(X) < +\infty$, $\nu(X) < +\infty$이고 ν를 측도라 가정하자. $\mu + \nu$는 측도이고 $\nu \ll \mu + \nu$이다. 정리 9.4.7의 (나)에 의하여 $\mu + \nu$에 관한 음이 아닌 적분가능한 함수 f가 존재해서 각 $E \in \mathscr{B}$에 대하여

$$\nu(E) = \int_E f d(\mu + \nu)$$

이다. f는 μ와 ν에 관해서 적분가능하다. 따라서

$$\nu(E) = \int_E f d\mu + \int_E f d\nu$$

이다.

$$A_1 = \{x \mid f(x) = 1\},\ A_2 = \{x \mid f(x) > 1\}$$
$$A = A_1 \cup A_2,\ B = \{x \mid f(x) < 1\}$$

이고

$$E_n = \left\{x \mid f(x) \geq 1 + \frac{1}{n}\right\}\ (n = 1, 2, \cdots)$$

라 하면

$$A \cup B = X,\ A \cap B = \phi,\ A_2 = \bigcup_{n=1}^{\infty} E_n$$

이다.

$$\nu(E_n) = \int_{E_n} f d\mu + \int_{E_n} f d\nu$$
$$\geq \left(1 + \frac{1}{n}\right)[\mu(E_n) + \nu(E_n)]$$

이므로 $\mu(E_n) = \nu(E_n) = 0$이고 따라서 $\mu(A_2) = \nu(A_2) = 0$이다. 또한

$$\nu(A_1) = \int_{A_1} f d\mu + \int_{A_1} f d\nu = \mu(A_1) + \nu(A_1)$$

이므로 $\mu(A_1) = 0$이고 따라서 $\mu(A) = 0$이다. $E \in \mathscr{B}$에 대하여 ν_1과 ν_2를

$$\nu_1(E) = \nu(E \cap B),\ \nu_2(E) = \nu(E \cap A)$$

라 정의하자. ν_1과 ν_2는 $\mathscr{B}$ 위에서 측도이고 $\nu = \nu_1 + \nu_2$이다. $\nu_1 \ll \mu$임을 보이자. $E \in \mathscr{B}(\mu(E) = 0)$라면 $\mu(E \cap B) = 0$이고

$$\nu(E \cap B) = \int_{E \cap B} f d\mu + \int_{E \cap B} f d\nu = \int_{E \cap B} f d\nu$$

이다. 따라서

$$0 = \nu(E \cap B) - \int_{E \cap B} f d\nu$$
$$= \int_{E \cap B} 1 d\nu - \int_{E \cap B} f d\nu$$
$$= \int_{E \cap B} (1 - f) d\nu$$

이다. $x \in B$일 때 $1 - f(x) > 0$이므로 $\nu(E \cap B) = \nu_1(E) = 0$이다. 각 $E \in \mathscr{B}$에 대하여 $\nu_2(E \cap B) = 0$이므로 $\nu_2(A^c) = \nu_2(B) = \nu_2(X \cap B) = 0$이다. $\mu(E \cap B) = 0$이므로 $\nu_2 \perp \mu$이다.

(ii) ν를 $\sigma-$유한측도라 가정하자 μ와 ν가 $\sigma-$유한측도이므로 $\mu(X_n) < +\infty$, $\nu(X_n) < +\infty$를 만족하는 서로소인 가측집합열 $< X_n >$이 존재해서 $X = \bigcup_{n=1}^{\infty} X_n$이다. 각 X_n에 대하여 Hahn 분해 $\{A_n, B_n\}$이 존재해서

$A_n \cap B_n = \phi$, $\mu(A_n) = 0$이며 각 $E \in \mathscr{B}$에 대하여 $\mu(E \cap B_n) = 0$이면 $\nu(E \cap B_n) = 0$이다. $A = \bigcup_{n=1}^{\infty} A_n$, $B = X - A$라 두면 $\mu(A) = 0$이다. 어떤 $E \in \mathscr{B}$에 대하여 $\mu(E) = 0$이라 하면 $\mu(E \cap B_n) = 0$이고 $\mu(E \cap B_n) = 0$이므로 $\nu(E \cap B_n) = 0$이다. X_n들이 서로소이므로 $B = \bigcup_{n=1}^{\infty} B_n$이다. 그러므로 $E \cap B = \bigcup_{n=1}^{\infty} (E \cap B_n)$이므로 $\nu(E \cap B) = 0$이다. (i)에서처럼 ν_1과 ν_2를

$$\nu_1(E) = \nu(E \cap B),\ \nu_2(E) = \nu(E \cap A)(E \in \mathscr{B})$$

라 하자. 그러면 $\nu = \nu_1 + \nu_2$이고 ν가 σ-유한이므로 ν_1과 ν_2도 σ-유한이다.

(iii) $\nu = \nu^+ - \nu^-$를 ν의 Jordan 분해라 하면 ν^+와 ν^-가 $\sigma-$유한측도이므로 (ii)에 의하여 A_1과 A_2가 존재해서 $\mu(A_1) = \mu(A_2) = 0$이다. 또한 $B_1 = X - A_1$이고 $B_2 = X - A_2$이며 $\mu(E) = 0$이면

$$\nu^+(E \cap B_1) = \nu^-(E \cap B_2) = 0$$

이다. $A = A_1 \cup A_2$이고 $B = B_1 \cap B_2 = X - A$라 하자. $E \in \mathscr{B}$에 대하여 $\mu(E) = 0$이면 $\mu(E \cap B_2) = \mu(E \cap B_1) = 0$이므로

$$\nu(E \cap B) = \nu^+(E \cap B_1 \cap B_2) - \nu^-(E \cap B_1 \cap B_2) = 0$$

이다. $\mu(A) = 0$이므로 증명되었다.

(iv) 유일성을 증명하기 위해 $\{\nu_3, \nu_4\}$를 ν의 또 다른 분해라 하자. ν가 σ-유한이므로 μ와 ν가 유한이라 가정하면 $\nu_1 - \nu_3 = \nu_4 - \nu_2$이다. 또한 $\nu_1 - \nu_3 \ll \mu$이고 $(\nu_4 - \nu_2) \perp \mu$이므로 명제 9.4.3에 의하여

$$\nu_1 - \nu_3 = \nu_4 - \nu_2 = 0$$

이다. ν가 σ-유한이고 $\nu = \nu_1 + \nu_2 = \nu_3 + \nu_4$라 하자. 임의의 $E \in \mathscr{B}$에 대하여 $E := \bigcup_{n=1}^{\infty} E_n$이고 서로 다른 i와 j에 대하여 $E_i \cap E_j = \varnothing$이며 $\nu(E_i) < \infty$라 하자. 그러면

$$(\nu_1 + \nu_2)(E) = (\nu_1 + \nu_2)\left(\bigcup_{n=1}^{\infty} E_n\right) = \sum(\nu_1 + \nu_2)(E_n) = \sum(\nu_3 + \nu_4)(E_n)$$

이므로

$$(\nu_1 - \nu_3)(E) = (\nu_1 - \nu_3)\left(\bigcup_{n=1}^{\infty} E_n\right) = \sum(\nu_1 - \nu_3)(E_n)$$

$$= \sum(\nu_4 - \nu_2)(E_n) = (\nu_4 - \nu_2)\left(\bigcup_{n=1}^{\infty} E_n\right) = (\nu_4 - \nu_2)(E)$$

이다. 그러므로 명제 9.4.3에 의하여 $\nu_1 - \nu_3 = \nu_4 - \nu_2 = 0$이다.

(가) $\{\nu_1, \nu_2\}$를 μ에 관한 ν의 **Lebesgue 분해**(Lebesgue decomposition)라 부른다.

예제 9.4.10

$(\mathbb{R}, \mathscr{M}, m)$을 Lebesgue측도공간이라 하자. 두 함수 $f, g : \mathbb{R} \to [0, \infty)$를 각 $x \in \mathbb{R}$에 대하여

$$f(x) = \begin{cases} -x, & x \le 0 \\ 0, & x > 0 \end{cases}, \quad g(x) = \begin{cases} x, & x \ge 0 \\ 0, & x < 0 \end{cases}$$

와 같이 정의하자. $\nu, \mu : \mathscr{M} \to \overline{\mathbb{R}}$을 각 $E \in \mathscr{M}$에 대하여

$$\nu(E) = \int_E f\,dm, \quad \mu(E) = \int_E g\,dm$$

와 같이 정의하면 ν와 μ는 $\mathscr{M}$ 위에서 측도이다. 따라서 $(\mathbb{R}, \mathscr{M}, m)$은 측도공간이다. $\nu_1, \nu_2 : \mathscr{M} \to \overline{\mathbb{R}}$을 각 $E \in \mathscr{M}$에 대하여

$$\nu_1(E) = \nu(E \cap (-\infty, 0]), \quad \nu_2(E) = \nu(E \cap (0, \infty))$$

와 같이 정의하면 $\{\nu_1, \nu_2\}$은 μ에 관한 ν의 Lebesgue 분해이다.

풀이 ν가 $\mathscr{M}$ 위에서 측도이므로 ν_1과 ν_2도 $\mathscr{M}$ 위에서 측도이다. $\nu = \nu_1 + \nu_2$는 분명하다.

$$\nu_1((0, \infty)) = \nu((-\infty, 0] \cap (0, \infty)) = \nu(\varnothing) = 0$$

$$\mu((0, \infty)^c) = \mu((-\infty, 0]) = \int_{(-\infty, 0]} g\,dm = 0$$

이므로 정의 9.4.1 (가)에 의하여 $\nu_1 \perp \mu$이다. $\nu_2 \ll \mu$를 보이기 위해 $E \in \mathscr{M}$, $\mu(E) = 0$라 하면 $\int_E g\,dm = \mu(E) = 0$이므로 $g(x) = 0\ m - a.e.\ x \in E$이다.

따라서 $m(E\cap(0,\infty))=0$이다. 각 $E\in\mathscr{M}$에 대하여

$$\nu_2(E)=\nu(E\cap(0,\infty))=\int_{E\cap(0,\infty)} f\,dm=0$$

이므로 $\nu_2 \ll \mu$이다.

연습문제 9.4

1. μ_1, μ_2와 μ_3를 $(X, \mathscr{B})$ 위에서 측도라 할 때
   (i) $\mu_1 \ll \mu_1$
   (ii) $\mu_1 \ll \mu_2$이고 $\mu_2 \ll \mu_3$이면 $\mu_1 \ll \mu_3$임을 보여라. 또한 $\mu_1 \ll \mu_2$라고 해서 $\mu_2 \ll \mu_1$일 필요는 없음을 보여라.

2. $<\mu_n>$을 $\mu_n(X)=1$을 만족하는 $(X, \mathscr{B})$ 위에서 측도열이라고 하자. $E\in\mathscr{B}$에 대하여

$$\lambda(E)=\sum_{n=1}^{\infty}2^{-n}\mu_n(E)$$

   라 정의하면 λ는 측도이고 각 n에 대하여 $\mu_n \ll \lambda$이다.

3. μ를 유한측도라 하고 $\lambda \ll \mu$라 하자. $\{P_n, N_n\}$을 $\lambda-n\mu$에 관한 Hahn 분해라 하고 $P=\bigcap P_n$, $N=\bigcup N_n$, $\lambda(N_n)<\infty$이고 $E\subset P$, $E\in\mathscr{B}$이면 $\lambda(E)=0$ 또는 $\lambda(E)=+\infty$임을 보여라.

4. $(X, \mathscr{B}, \mu)$를 σ-유한측도공간이라면 $(X, \mathscr{B}, \mu)$의 완비화 $(X, \overline{\mathscr{B}}, \overline{\mu})$도 σ-유한측도공간임을 증명하여라.

5. 정의 9.4.1의 (가)를 증명하여라.

6. μ, ν와 λ를 σ-유한측도라 하자. Radon-Nikodym 도함수 $\dfrac{d\nu}{d\mu}$는 다음 성질을 가짐을 보여라.

(i) $\displaystyle\int f d\nu = \int f\left[\frac{d\nu}{d\mu}\right]d\mu$

(ii) $\dfrac{d(\nu_1+\nu_2)}{d\mu} = \dfrac{d\nu_1}{d\mu} + \dfrac{d\nu_2}{d\mu}$

(iii) $\nu \ll \mu \ll \lambda$이면 $\dfrac{d\nu}{d\lambda} = \dfrac{d\nu}{d\mu} \cdot \dfrac{d\mu}{d\lambda}$이다.

(iv) $\nu \ll \mu$이고 $\mu \ll \nu$이면 $\dfrac{d\nu}{d\mu} = \left(\dfrac{d\mu}{d\nu}\right)^{-1}$이다.

곱측도

10.1 데카르트 공간의 가측집합(Measurable Sets in the Cartesian Product)

정의 10.1.1

두 집합 X, Y에 대하여

$$X \times Y = \{(x, y) \mid x \in X,\ y \in Y\}$$

를 X와 Y의 **데카르트 곱**(Cartesian product)라 부른다. $A \subset X$이고 $B \subset Y$일 때 $A \times B$를 $X \times Y$의 **직사각형**(rectangle)이라 한다.

■

명제 10.1.2

$A \subset X$, $B \subset Y$라 하자. $A = \varnothing$ 또는 $B = \varnothing$ 이면 $A \times B = \varnothing$ 이고 역으로 $B \times A = \varnothing$ 이면 $A = \varnothing$ 또는 $B = \varnothing$ 이다.

증명 $A \times B \neq \varnothing$ 라 하면 $(a, b) \in A \times B$가 존재한다. 따라서 $a \in A$이고 $b \in B$이므로 $A \neq \varnothing$ 이고 $B \neq \varnothing$ 이다. 또한 $A \neq \varnothing$ 이고 $B \neq \varnothing$ 라 하면 $a \in A$, $b \in B$가 각각 존재한다. $a \in A$, $b \in B$이므로 $(a, b) \in A \times B$ 즉 $A \times B \neq \varnothing$ 이다.

■

명제 10.1.3

$A_j \subset X$이고 $B_j \subset Y$라 하자. 단, $j=1, 2$. 만일 $A_1 \times B_1 = A_2 \times B_2$이면 $A_1 = A_2$이고 $B_1 = B_2$이다.

증명 $A_1 \neq A_2$라 하자. 그러면 $a \in A_1$이 존재해서 $a \not\in A_2$이거나 $b \in A_2$가 존재해서 $b \not\in A_1$이다. $a \in A_1$이 존재해서 $a \not\in A_2$라 가정하자. $c \in B_1$이라면 $(a, c) \in A_1 \times B_1$이지만 $(a, c) \not\in A_2 \times B_2$이므로 $A_1 \times B_1 \neq A_2 \times B_2$이다.

$B_1 \neq B_2$일 때도 마찬가지로 $A_1 \times B_1 \neq A_2 \times B_2$이다.

■

정의 10.1.4

$(X, \mathscr{A})$, $(Y, \mathscr{B})$를 가측공간이라 하자. $A \in \mathscr{A}$이고 $B \in \mathscr{B}$ 일 때 $A \times B$를 **가측 직사각형**(measurable rectangle)이라 한다.

$$\mathscr{S} = \{A \times B \mid A \in \mathscr{A},\ B \in \mathscr{B}\}$$

$$\mathscr{F} = \left\{ \bigcup_{i=1}^{n} F_i \mid F_i \in \mathscr{S} (i = 1, 2, \cdots, n),\ n = 1, 2, \cdots \right\}$$

라 할 때 $\mathscr{F}$의 원소를 **기본 집합**(elementary set)이라 부른다. $\mathscr{F}$에 의해서 생성된 σ-대수를 $\mathscr{A} \times \mathscr{B}$로 표시한다.

■

(가) $(X \times Y, \mathscr{A} \times \mathscr{B})$는 가측공간이다.

(나) $\mathscr{F}$의 원소를 $\mathscr{S}$의 서로소인 원소들의 유한 합(finite union)으로 표시할 수 있다.

(다) $\mathscr{F}$는 $X \times Y$의 집합대수이다.

정의 10.1.5

집합들의 모임 $\mathscr{Z}$가 다음 조건을 만족할 때 $\mathscr{Z}$를 **단조집합족**(monotone class)이라 부른다.
$A_i \in \mathscr{Z}$, $B_i \in \mathscr{Z}$, $A_i \subset A_{i+1}$, $B_i \supset B_{i+1}$, $i = 1, 2, \cdots$이면

$\bigcup_{i=1}^{\infty} A_i \in \mathscr{Z}$이고 $\bigcap_{i=1}^{\infty} B_i \in \mathscr{Z}$이다.

■

정의 10.1.6

$X \neq \varnothing$, $Y \neq \varnothing$라 하고 $\varnothing \neq E \subset X \times Y$라 하자.

$$E_x = \{y \in Y \mid (x, y) \in E\}$$

$$E^y = \{x \in X \mid (x, y) \in E\}$$

일 때 E_x와 E^y를 각각 E의 x-**절단**(x-section)과 E의 y-**절단** (y-section)이라 한다. ■

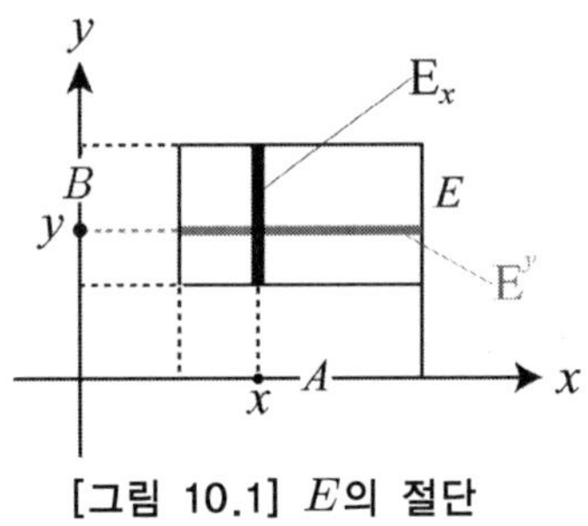

[그림 10.1] E의 절단

명제 10.1.7

$(X, \mathscr{A})$, $(Y, \mathscr{B})$를 가측공간이라 하자. $\mathscr{H}$가 각 $x \in X$ (각각 $y \in Y$)에 대하여 $E_x \in \mathscr{B}$ (각각 $E^y \in \mathscr{A}$)를 만족하는 $E \in \mathscr{A} \times \mathscr{B}$들의 집합족이라면 $\mathscr{H} = \mathscr{A} \times \mathscr{B}$이다.

증명 $\mathscr{H} \subset \mathscr{A} \times \mathscr{B}$이므로 $\mathscr{H} \supset \mathscr{A} \times \mathscr{B}$ 임을 보이자. $E \in \mathscr{S}$ 면 $A \in \mathscr{A}$와 $B \in \mathscr{B}$이 존재해서 $E = A \times B$이다. $x \in A$이면 $E_x = B$이고 $x \notin A$이면 $E_x = \varnothing$이다. 따라서 $E \in \mathscr{H}$이다. $\mathscr{H}$가 σ-대수임을 보이자. $X \times Y \in \mathscr{H}$은 분명하다. $K \in \mathscr{H}$이면 $\mathscr{B}$가 σ-대수이므로 $(K^c)_x = K_x^c$이고 따라서 $K^c \in \mathscr{H}$이다. 또한 $< K_i >$를 $\mathscr{H}$에 있는 집합들의 집합열이라하고 $K = \bigcup_i K_i$라 하면 연습문제 10.1.3에 의해서 $K_x = \bigcup_i (K_i)_x$이고 $\mathscr{B}$가 σ-대수이므로 $K \in \mathscr{H}$이다. 그러므로 $\mathscr{H}$는 σ-대수이다. $\mathscr{A} \times \mathscr{B}$가 $\mathscr{F}$를 품는 최소의 σ-대수이므로 $\mathscr{A} \times \mathscr{B} \subset \mathscr{H}$이다. E^y에 대한 증명도 유사하다. ■

(가) 명제 10.1.7에 의하여 $E \in \mathscr{A} \times \mathscr{B}$이면 E의 모든 x-절단과 y-절단들은 가측집합들이다.

명제 10.1.8

$(X, \mathscr{A})$와 $(Y, \mathscr{B})$를 가측공간이라 하고 $\mathscr{F}$를 $X \times Y$에서 기본 집합들의 집합족이라 하면 $\mathscr{F}$를 품는 최소의 단조집합족이 존재한다.

증명 $2^{X \times Y}$는 $\mathscr{F}$를 품는 단조집합족이다. 따라서 $\mathscr{U}$를 $\mathscr{F}$를 품는 단조집합족들의 모임이라면 $\mathscr{U} \neq \varnothing$ 이다. $\bigcap \mathscr{U}$은 $\mathscr{F}$를 품는 최소의 단조집합족이다. ∎

명제 10.1.9

$(X, \mathscr{A})$, $(Y, \mathscr{B})$와 $\mathscr{F}$를 명제 10.1.8에 있는 것들이라 하자. 그러면 $\mathscr{A} \times \mathscr{B}$는 $X \times Y$에서 모든 기본 집합들을 품는 최소의 단조집합족이다.

증명 명제 10.1.8에 의하여 $X \times Y$에서 $\mathscr{F}$를 품는 최소의 단조집합족 $\mathscr{C}$가 존재한다. $\mathscr{A} \times \mathscr{B}$는 $\mathscr{F}$를 품는 단조집합족이므로 $\mathscr{C} \subset \mathscr{A} \times \mathscr{B}$ 이다. $\mathscr{C} \supset \mathscr{A} \times \mathscr{B}$를 보이기 위해서 $\mathscr{C}$이 $\mathscr{F}$를 품는 σ-대수임을 증명하면 된다. 세 단계로 나누어 증명하자.

(i) $E_1 \in \mathscr{F}$이고 $E_2 \in \mathscr{F}$이면 연습문제 10.1.1에 의하여 $E_1 \cap E_2 \in \mathscr{F}$이고 $E_1 - E_2 \in \mathscr{F}$이다. 또는 $E_1 \cup E_2 = (E_1 - E_2) \cup E_2$이고 $(E_1 - E_2) \cap E_2 = \varnothing$이므로 $E_1 \cup E_2 \in \mathscr{F}$이다.

(ii) $P \in \mathscr{C}$이고 $Q \in \mathscr{C}$이면 $P - Q \in \mathscr{C}$이고 $P \cup Q \in \mathscr{C}$임을 보이자. P를 $X \times Y$의 임의의 부분집합이라 하자. S_P를 $P - Q \in \mathscr{C}$, $Q - P \in \mathscr{C}$ 그리고 $P \cup Q \in \mathscr{C}$를 만족하는 모든 부분집합 $Q \subset X \times Y$들의 집합족이라 하자. 그러면 $Q \in S_P$ 일 필요충분조건은 $P \in S_Q$이다. 더욱이 S_P는 단조집합족이다. 왜냐하면 $< A_i >$를 S_P에 있는 집합들의 단조증가 집합열이라면 $A_i - P \in \mathscr{C}$이고 $A_i - P \subset A_{i+1} - P$이다. $\mathscr{C}$가 단조 집합족이므로

$$\bigcup_{i=1}^{\infty}(A_i - P) = \bigcup_{i=1}^{\infty} A_i - P \in \mathscr{C}$$

이고 따라서 $\bigcup_{i=1}^{\infty} A_i \in S_P$이다. 마찬가지로 $< B_i >$를 S_P에 있는 집합들의 단조감소 집합열이라면 $\bigcap_i B_i \in S_P$이다. $P \in \mathscr{F}$라면 (i)에 의하여 모든 $Q \in \mathscr{C}$에 대하여 $Q \in S_P$이므로 $\mathscr{F} \subset S_P$이다. S_P가 단조 집합족이므로 $\mathscr{C} \subset S_P$이다. 다음으로 $Q \in \mathscr{C}$라 하자. $P \in \mathscr{F}$이면 $Q \in S_P$이다. $Q \in S_P$일 필요충분조건이 $P \in S_Q$이므로 $\mathscr{F} \subset S_Q$이고 따라서 $\mathscr{C} \subset S_Q$이다.

(iii) $\mathscr{C}$가 σ-대수임을 증명하자. $X\times Y\in\mathscr{F}$이므로 $X\times Y\in\mathscr{C}$이다. 또한 $Q\in\mathscr{C}$이면 $X\times Y\in\mathscr{C}$이므로 $Q^c\in\mathscr{C}$이다. $\langle P_i \rangle$를 $\mathscr{C}$에 있는 집합들의 집합열이라 하면 (ii)에 의하여 $P_1\cup P_2\cup\cdots\cup P_n\in\mathscr{C}$이다. $Q_n=P_1\cup P_2\cup\cdots\cup P_n$라 하면 $Q_n\subset Q_{n+1}$이고 $\bigcup_{i=1}^{\infty}P_i=\bigcup_{i=1}^{\infty}Q_n$이다. $\mathscr{C}$가 단조집합족이므로 $\bigcup_{i=1}^{\infty}P_i\in\mathscr{C}$이다. 그러므로 $\mathscr{C}$는 $\mathscr{F}$를 품는 σ-대수이다. $\mathscr{A}\times\mathscr{B}$는 $\mathscr{F}$를 품는 최소의 σ-대수이고 $\mathscr{F}\subset\mathscr{C}\subset\mathscr{A}\times\mathscr{B}$이므로 $\mathscr{C}=\mathscr{A}\times\mathscr{B}$이다.

■

연습문제 10.1

1. $A_j\subset X$, $B_j\subset Y$, $j=1, 2$이면

 (i) $(A_1\times B_1)\cup(A_2\times B_2)$
 $=[(A_1-A_2)\times B_1]\cup[(A_1\cap A_2)\times(B_1\cup B_2)]\cup[(A_2-A_1)\times B_2]$

 (ii) $(A_1\times B_1)\cap(A_2\times B_2)=(A_1\cap A_2)\times(B_1\cap B_2)$

 (iii) $(A_1\times B_1)-(A_2\times B_2)=[(A_1-A_2)\times B_1]\cup[(A_1\cap A_2)\times(B_1-B_2)]$를 증명하여라.

2. 정의 10.1.4의 (나)와 (다)를 증명하여라.

3. E와 F가 $X\times Y$의 부분집합이고 $x\in X$라 할 때

 (i) $(E-F)_x=E_x-F_x$

 (ii) $E_\alpha\subset X\times Y$일 때 $(\bigcup_\alpha E_\alpha)_x=\bigcup_\alpha(E_\alpha)_x$ 임을 보여라.

10.2 곱측도와 Fubini 정리(Product Measures and Fubini's Theorem)

정의 10.2.1

$(X, \mathscr{A})$와 $(Y, \mathscr{B})$를 가측공간이라 하자. 함수 $f : X \times Y \to \overline{\mathbb{R}}$ 에 대하여 함수 $f_x : Y \to \overline{\mathbb{R}}$ 를 f의 x-절편이라 하고 $f_x(y) = f(x, y)$ 라 정의한다. 마찬가지로 $f^y : X \to \overline{\mathbb{R}}$ 를 f의 y-절편이라 하고 $f^y(x) = f(x, y)$ 라 정의한다. ■

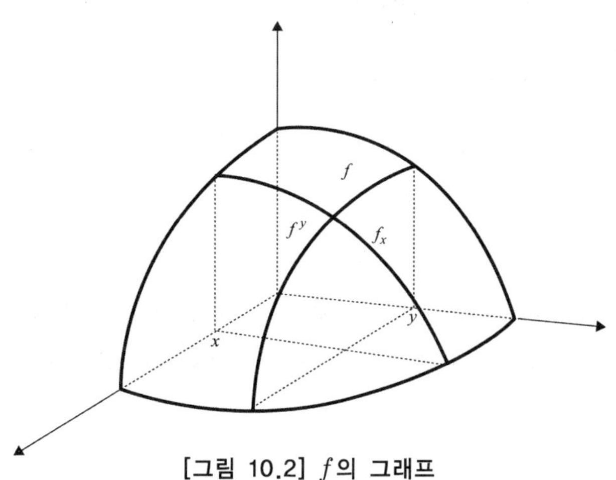

[그림 10.2] f의 그래프

명제 10.2.2

$(X, \mathscr{A})$와 $(Y, \mathscr{B})$를 가측공간이라 하고 $f, g : X \times Y \to \overline{\mathbb{R}}$ 를 함수 그리고 $\alpha \in \overline{\mathbb{R}}$ 라 하면

(i) 각 $x \in X$에 대하여 $(f+g)_x = f_x + g_x$, $(\alpha f)_x = \alpha f_x$

(ii) 각 $y \in Y$에 대하여 $(f+g)^y = f^y + g^y$, $(\alpha f)^y = \alpha f^y$

이다.

증명 (i) $(f+g)_x(y) = (f+g)(x, y) = f_x(y) + g_x(y)$ 이므로 $(f+g)_x = f_x + g_x$ 이다.

$$(\alpha f)_x(y) = (\alpha f)(x, y) = \alpha f(x, y) = \alpha f_x(y)$$

이므로 $(\alpha f)_x = \alpha f_x$ 이다.

(ii) (i)과 같은 방법으로 증명할 수 있다. ■

[정리 10.2.3]

$(X,\ \mathscr{A})$와 $(Y,\ \mathscr{B})$를 가측공간이라 하고 $f: X\times Y \to \overline{\mathbb{R}}$ 를 $\mathscr{A}\times\mathscr{B}$ -가측함수라 하면

(i) 각 $x\in X$에 대하여 f_x는 $\mathscr{B}$-가측함수이다.

(ii) 각 $y\in Y$에 대하여 f^y 는 $\mathscr{A}$-가측함수이다.

증명 O를 $\overline{\mathbb{R}}$에서 열린 집합이라 하고 $V=\{(x,\ y)\mid f(x,\ y)\in O\}$ 라 하자. f가 $\mathscr{A}\times\mathscr{B}$ -가측함수이므로 $V\in\mathscr{A}\times\mathscr{B}$이다. $V_x=\{y\in Y: f_x(y)\in O\}$ 라 하면 명제 10.1.7에 의하여 $V_x\in\mathscr{B}$이므로 f_x는 $\mathscr{B}$ -가측함수이다. f^y에 대한 증명도 유사하다.

정의 9.1.7을 확장하여 집합대수 위에서의 측도를 다음과 같이 정의한다.

정의 10.2.4

집합 X의 원소들로 이루어진 집합대수를 $\mathscr{F}$라 할 때 $\mathscr{F}$ 위에서 정의된 확장실숫값을 갖는 집합함수 $\mu: \mathscr{F}\to[0,\ \infty]$가 다음 두 조건을 만족할 때 집합대수 $\mathscr{F}$ 위에서의 **측도**(measure)라 한다.

(i) $\mu(\varnothing)=0$

(ii) $< E_n >$이 $\mathscr{F}$의 서로소인 집합열로서 $\bigcup_{n=1}^{\infty} E_n\in\mathscr{F}$를 만족한다면

$$\mu\left(\bigcup_{n=1}^{\infty} E_n\right)=\sum_{n=1}^{\infty}\mu(E_n)$$

이 성립한다.

■

다음을 만족하는 함수 $\mu^*: 2^X\to[0,\ \infty]$를 μ의 외측도라 한다.

$$\mu^*(B)=inf\left\{\sum_{n=1}^{\infty}\mu(E_n): B\subset\bigcup_{m=1}^{\infty}E_n\right\}$$

모든 $A\subset X$에 대하여 μ^*가

$$\mu^*(A)=\mu^*(A\cap E)+\mu^*(A\setminus E)$$

를 만족할 때 $E \subset X$를 μ^*-가측집합이라 한다.

[정리 10.2.5] (Caratheodory 확장정리)

$\mathscr{F}$를 집합대수라 하자. 그러면 모든 μ^*-가측집합들의 모임 $\mathscr{F}^*$는 $\mathscr{F}$를 품는 σ-대수이다. 더욱이 만일 $< E_n >$이 $\mathscr{F}^*$의 서로소인 원소들의 수열이라면

$$\mu^*\left(\bigcup_{n=1}^{\infty} E_n\right) = \sum_{n=1}^{\infty} \mu^*(E_n)$$

이 성립한다.

(가) 위의 정리는 집합대수 $\mathscr{F}$ 위에서 정의된 측도를 $\mathscr{F}$를 품는 σ-대수 $\mathscr{F}^*$ 위에서 측도로 확장할 수 있음을 의미한다.

$(X,\ \mathscr{A},\ \mu)$와 $(Y,\ \mathscr{B},\ \nu)$이 측도공간일 때 $\mathscr{A} \times \mathscr{B}$ 위에서 측도를 정의하기로 한다.

[정리 10.2.6] (곱측도의 존재정리)

$(X,\ \mathscr{A},\ \mu)$와 $(Y,\ \mathscr{B},\ \nu)$이 측도공간이라 하자. 그러면 $\mathscr{A} \times \mathscr{B}$ 위에서 다음을 만족하는 측도 $\mu \times \nu$가 존재한다.

$$\mu \times \nu(A \times B) = \mu(A)\nu(B),\ \ A \in \mathscr{A},\ \ B \in \mathscr{B}$$

증명 $A \times B \in \mathscr{A} \times \mathscr{B}$가 가측직사각형 $A_j \times B_j \in \mathscr{F}$들의 서로소인 합으로 표현된다고 하자. 즉, $A \times B = \bigcup_{j=1}^{\infty} A_j \times B_j$이면 모든 $x \in X$, $y \in Y$에 대하여

$$\chi_{A \times B}(x,\ y) = \chi_A(x)\chi_B(y) = \sum_{j=1}^{\infty} \chi_{A_j}(x)\chi_{B_j}(y) \qquad (10.2.1)$$

이 성립한다. 단조수렴정리에 의하여

$$\begin{aligned}\chi_A(x)\nu(B) &= \int \chi_A(x)\chi_B(y)d\nu(y) \\ &= \int \sum_{j=1}^{\infty} \chi_{A_j}(x)\chi_{B_j}(y)d\nu(y) \\ &= \sum_{j=1}^{\infty} \int \chi_{A_j}(x)\chi_{B_j}(y)d\nu(y)\end{aligned}$$

$$= \sum_{j=1}^{\infty} \chi_{A_j}(x)\nu(B_j)$$

이 성립한다. 같은 방법에 의하여

$$\mu(A)\nu(B) = \sum_{j=1}^{\infty} \mu(A_j)\nu(B_j) \tag{10.2.2}$$

이 성립한다. $E \in \mathscr{F}$라 하자. 그러면 정의 10.1.4(나)에 의하여 서로소인 직사각형들 $A_j \times B_j$의 유한 합으로 E를 표현할 수 있다. 즉,

$$E = \bigcup_{j=1}^{n} (A_j \times B_j)$$

라 하자. $\pi_0(E) = \sum_{j=1}^{n} \mu(A_j)\nu(B_j)$로 π_0를 정의하자. $< E_n >$의 $\mathscr{F}$의 서로소인 집합열이라 하자. 그러면 각 n에 대하여, $A_{nj} \in \mathscr{A}$, $B_{nj} \in \mathscr{B}$ $(j = 1, 2, \cdots, m)$가 존재하여 $E = \bigcup_{j=1}^{n} (A_{nj} \times B_{nj})$이다. 따라서 $\bigcup_{n=1}^{\infty} E_n = \bigcup_{n=1}^{\infty} \left(\bigcup_{j=1}^{\infty} A_{nj} \times B_{nj} \right)$이므로 (10.2.2)에 의하여

$$\begin{aligned}
\pi_0\left(\bigcup_{n=1}^{\infty} E_n\right) &= \pi_0\left(\bigcup_{j=1}^{m}\left(\bigcup_{n=1}^{\infty} A_{nj} \times B_{nj}\right)\right) \\
&= \sum_{j=1}^{m} \mu\left(\bigcup_{n=1}^{\infty} A_{nj}\right) \nu\left(\bigcup_{n=1}^{\infty} B_{nj}\right) \\
&= \sum_{j=1}^{m} \left(\bigcup_{n=1}^{\infty} A_{nj}\right) \times \sum_{n=1}^{\infty} \nu(B_{nj}) \\
&= \sum_{j=1}^{m} \left(\sum_{n=1}^{\infty} \mu(A_{nj}) \times \sum_{n=1}^{\infty} \nu(B_{nj})\right) \\
&= \sum_{n=1}^{m} \pi_0(E_n)
\end{aligned}$$

이다. 따라서 π_0는 $\mathscr{F}$ 위에서 정의된 가산덧셈 가능한 함수이다. 즉, π_0는 $\mathscr{F}$ 위에서 정의된 측도이다. 그러므로 Caratheodory 확장정리 10.2.5에 의하여 π_0는 $\mathscr{A} \times \mathscr{B}$ 위로 확장될 수 있다. 확장된 측도를 π라 하면 (10.2.1)을 만족한다.

(가) $(X, \mathscr{A}, \mu)$와 $(Y, \mathscr{B}, \nu)$이 σ-유한측도공간이라면 $\mu\times\nu$는 유일하게 존재한다.
(나) $\mu\times\nu$를 두 측도 μ와 ν의 **곱측도**(product measure)라 부른다.

우선 반복적분(interated integral)에 관한 몇 가지 예를 들어보자.

예제 10.2.7

(a) $I^2=[0, 1]\times[0, 1]$이라 하고

$$f(x, y)=\begin{cases}\dfrac{x^2-y^2}{(x^2+y^2)^2}, & (x, y)\in I^2\setminus\{(0, 0)\}\\ 0, & x=y=0\end{cases}$$

라 하면 $\int f(x, y)dy=\dfrac{y}{x^2+y^2}+C$이므로

$$\int_0^1 f(x, y)dy=\frac{1}{1+x^2}$$

이고

$$\int_0^1\left[\int_0^1 f(x, y)dy\right]dx=\frac{\pi}{4}$$

이다. 그러나 $\int f(x, y)dx=-\dfrac{x}{x^2+y^2}+C$이므로

$$\int_0^1\left[\int_0^1 f(x, y)dx\right]dy=-\frac{\pi}{4}$$

이다. $0<x<1$인 x에 대하여

$$\int_0^x f(x, y)dy=\frac{1}{2x}$$

이므로

$$\int_0^x |f(x, y)|dy\geq\frac{1}{2x}$$

이고

$$\int_0^1\left[\int_0^1 |f(x, y)|dy\right]dx\geq\frac{1}{2}\int_0^1\frac{dx}{x}=\infty$$

가 되어 Lebesgue 적분가능하지 않다.

(b) $J=[0,1]\times[0,2]$이라 하고 $f(x,y)=x^2+xy$라 하자. 이 경우에

$$\int_0^2\left[\int_0^1 f(x,y)dx\right]dy=\int_0^1\left[\int_0^2 f(x,y)dy\right]dx=\frac{5}{3}$$

이다. $f(x,y)$가 J 위에서 음이 아닌 유계이고 연속인 함수이므로 J 위에서 Lebesgue 측도에 관해 적분가능하다.

(c) $(x,y)\neq(0,0)$일 때, $f(x,y)=xy/(x^2+y^2)^2$라 정의하자. 그러면

$$\int f(x,y)dy=-\frac{x}{2(x^2+y^2)}+C$$

이므로 $\int_0^\infty f(x,y)dy=\frac{1}{2x}$이고

$$\int_{-\infty}^0 f(x,y)dy=-\frac{1}{2x}$$

이므로

$$\int_{-\infty}^\infty\left[\int_{-\infty}^\infty f(x,y)dy\right]dx=0$$

이나. 마찬가지로

$$\int_{-\infty}^\infty\left[\int_{-\infty}^\infty f(x,y)dx\right]dy=0$$

이다. 그러나

$$\int_{-\infty}^\infty |f(x,y)|\,dy=\frac{1}{|x|}$$

이므로

$$\int_{-\infty}^\infty\left[\int_{-\infty}^\infty |f(x,y)|\,dy\right]dx=\int_{-\infty}^\infty\frac{1}{|x|}dx=\infty$$

이다. 따라서 f는 적분가능하지 않다.

(d) $I=[0,1]\times[0,1]$이고 $\mu_1,\ \mu_2$를 각각 Lebesgue 측도와 셈측도라 하자. $\Delta=\{(x,y)\in I\mid 0\le x\le 1,\ y=x\}$이고 $f(x,y)=\chi_\Delta(x,y)$라 하면

$$\int_0^1\left[\int_0^1 f(x,y)d\mu_1(x)\right]d\mu_2(y)=0,\quad \int_0^1\left[\int_0^1 f(x,y)d\mu_2(y)\right]d\mu_1(x)=1$$

이다.

[보조정리 10.2.8] (단조집합족 보조정리)

$\mathscr{A}$를 집합대수라면 $\mathscr{A}$에 의해서 생성된 σ-대수 $\mathscr{F}$는 $\mathscr{A}$에 의해서 생성된 단조집합족 $\mathscr{C}$와 같다.

증명 $\mathscr{C} \subset \mathscr{F}$은 분명하다. $\mathscr{F} \subset \mathscr{C}$임을 보이기 위해서 $\mathscr{C}$가 σ-대수임을 보이면 된다. $E \in \mathscr{C}$이면

$$\mathscr{C}(E) = \{F \in \mathscr{C} \mid E - F \in \mathscr{C},\ E \cap F \in \mathscr{C},\ F - E \in \mathscr{C}\}$$

라 하자. $\phi, E \in \mathscr{C}(E)$이고 $\mathscr{C}(E)$은 단조집합족이다. 이를 보이기 위하여 $< E_i >$을 $\mathscr{C}(E)$에 있는 집합들의 단조증가 집합열이라 하자. 그러면

$$E - \bigcup_i E_i = \bigcap_i (E - E_i) \in \mathscr{C},\ E \cap \left(\bigcup_i E_i\right) = \bigcup_i (E \cap E_i) \in \mathscr{C}$$

이고

$$\bigcup_i E_i - E = \bigcup_i (E_i - E) \in \mathscr{C}$$

이므로 $\bigcup_i E_i \in \mathscr{C}(E)$이다. 또한 $< F_i >$를 $\mathscr{C}(E)$에 있는 집합들의 단조감소 집합열이라 하면 $\bigcap_i F_i \in \mathscr{C}(E)$ 임을 보일 수 있다. 더욱이 $F \in \mathscr{C}(E)$일 필요충분조건은 $E \in \mathscr{C}(F)$이다. $E \in \mathscr{A}$이면 $\mathscr{A} \subset \mathscr{C}(E)$ 이다. 그러므로 $E \in \mathscr{A}$ 이고 $F \in \mathscr{A}$이면 $F \in \mathscr{C}(E)$이다. $\mathscr{C}$는 $\mathscr{A}$를 품는 최소의 단조집합족이므로 $E \in \mathscr{A}$이면 $\mathscr{C}(E) = \mathscr{C}$이다. 또한 $E \in \mathscr{A}$이고 $F \in \mathscr{C}$이면 $E \in \mathscr{C}(F)$이고 따라서 $F \in \mathscr{C}$이면 $\mathscr{A} \subset \mathscr{C}(F)$이다. ($E \in \mathscr{A}$이므로 $E^c \in \mathscr{A} \subset \mathscr{C}$이다. $\mathscr{C}$가 단조집합족이므로 $F \cap E^c \in \mathscr{C}$이다. 따라서 $E \in \mathscr{C}(F)$이다.) 그러므로 $F \in \mathscr{C}$이면 $\mathscr{C}(F) = \mathscr{C}$이다. 따라서 $\mathscr{C}$는 교집합과 상대적 여집합에 대하여 닫혀 있다. 그런데 $X \in \mathscr{C}$이므로 $\mathscr{C}$는 대수이다. $\mathscr{C}$가 단조집합족이므로 $\mathscr{C}$는 σ-대수이다.

(가) 위의 보조정리에 의하여 단조집합족 $\mathscr{C}$가 집합대수 $\mathscr{A}$를 품으면 $\mathscr{C}$는 $\mathscr{A}$에 의해서 생성된 σ-대수를 품는다.

[보조정리 10.2.9]

$(X, \mathscr{A}, \mu)$와 $(Y, \mathscr{B}, \nu)$를 σ-유한 측도공간이라 하고 $E \in \mathscr{A} \times \mathscr{B}$라 하면

(i) $f(x)=\nu(E_x)$, $g(y)=\mu(E^y)$라 정의된 함수 f와 g는 가측함수이다.

(ii) $\int_X fd\mu=(\mu\times\nu)(E)=\int_Y gd\nu$이다.

증명 (a) $\mu(X)<+\infty$와 $\nu(Y)<+\infty$일 때를 증명하자. $\mathscr{C}$를 (i)과 (ii)가 성립하는 모든 $E\in\mathscr{A}\times\mathscr{B}$ 들의 모임이라 하자. $\mathscr{C}=\mathscr{A}\times\mathscr{B}$임을 보이자. $A\in\mathscr{A}$와 $B\in\mathscr{B}$에 대하여 $E=A\times B$라면

$$f(x)=\nu(E_x)=\chi_A(x)\nu(B),\ g(y)=\mu(E^y)=\chi_B(y)\mu(A)$$

이고

$$\int_X fd\mu=\mu(A)\nu(B)=\int_Y gd\nu$$

이다. 정의 10.1.4 (나)에 의하여 $\mathscr{F}\subset\mathscr{C}$이다. $\mathscr{C}$가 단조집합족임을 보이자. $\langle E_n\rangle$을 $E=\bigcup_n E_n$인 $\mathscr{C}$에서 단조증가 집합열이라 하면 $f_n(x)=\nu((E_n)_x)$와 $g_n(y)=\mu((E_n)^y)$는 가측함수이고

$$\int_X f_n d\mu=(\mu\times\nu)(E_n)=\int_Y g_n d\nu$$

이다. 정리 9.1.10에 의하여

$$\nu((\bigcup_n E_n)_x)=\nu(\bigcup_n (E_n)_x)=\lim_{n\to\infty}\nu((E_n)_x)=\lim_{n\to\infty}f_n(x)$$

이다. $f(x)=\nu(E_x)$라 하자. 그러면 $f(x)=\lim_{n\to\infty}f_n(x)$이다. 마찬가지로 $g(y)=\mu(E^y)$라 하면 $g(y)=\lim_{n\to\infty}g_n(y)$이다. $\mu\times\nu$가 측도라는 사실과 단조수렴정리 9.2.4에 의하여

$$\begin{aligned}\int_X fd\mu&=\int_X \nu(E_x)d\mu(x)\\&=\int_X \lim_{n\to\infty}f_n(x)d\mu(x)\\&=\lim_{n\to\infty}\int_X f_n(x)d\mu(x)\\&=\lim_{n\to\infty}(\mu\times\nu)(E_n)\\&=(\mu\times\nu)(\textstyle\bigcup_n E_n)\\&=(\mu\times\nu)(E)\end{aligned}$$

이다. 마찬가지로 $\int_Y g d\nu = (\mu \times \nu)(E)$이다. 따라서 $E \in \mathscr{C}$이다. $< F_n >$을 $F = \bigcap_n F_n$을 만족하는 $\mathscr{C}$에서 단조감소 집합열이라 하면 $h_n(x) = \nu((F_n)_x)$와 $k_n(y) = \mu\big((F_n)^y\big)$는 가측함수이고

$$\int_X h_n d\mu = (\mu \times \nu)(F_n) = \int_Y k_n d\nu$$

이다. 정리 9.1.10에 의하여

$$\nu((\bigcap_n F_n)_x) = \nu(\bigcap_n (F_n)_x) = \lim_{n\to\infty} \nu((F_n)_x) = \lim_{n\to\infty} h_n(x)$$

이다. $h(x) = \nu(F_x)$라 하면 $\lim_n h_n(x) = h(x)$이다. 마찬가지로 $k(y) = \mu(F^y)$라 하면 $k(y) = \lim_n k_n(y)$이다. $\mu \times \nu$가 측도라는 사실과 지배수렴 정리 9.2.14로부터

$$\begin{aligned}\int_X h d\mu &= \int_X \nu(F_x) d\mu(x) \\ &= \int_X \lim_n h_n(x) d\mu(x) \\ &= \lim_n \int_X h_n(x) d\mu(x) \\ &= \lim_n (\mu \times \nu)(F_n) \\ &= (\mu \times \nu)(\bigcap_n F_n) \\ &= (\mu \times \nu)(F)\end{aligned}$$

이다. 마찬가지로 $\int_Y k d\nu = (\mu \times \nu)(F)$이다. 따라서 $F \in \mathscr{C}$이다. 그러므로 $\mathscr{C}$는 $\mathscr{F}$를 품는 단조집합족이다. 따라서 단조집합족 보조정리와 명제 10.1.9에 의하여 $\mathscr{C} = \mathscr{A} \times \mathscr{B}$이다.

(b) μ와 ν가 σ-유한측도인 경우를 증명하자. μ가 σ-유한이므로 $\mu(X_n) < +\infty$인 단조증가 집합열 $< X_n >$이 존재하여 $X = \bigcup_n X_n$이다. 마찬가지로 $\nu(Y_n) < +\infty$인 단조증가 집합열 $< Y_n >$이 존재하여 $Y = \bigcup_n Y_n$이다. $E \in \mathscr{A} \times \mathscr{B}$이면 각 n에 대하여

$$E_n = E \cap (X_n \times Y_n)$$

라 정의하자. (a)에 의하여 $f_n(x) = \nu((E_n)_x)$와 $g_n(y) = \mu((E_n)^y)$는 가측함수이고

$$\int_X f_n d\mu = (\mu \times \nu)(E_n) = \int_Y g_n d\nu$$

이다. $f(x) = \nu(E_x)$라 하면

$$\begin{aligned} f(x) &= \nu([E \cap (X \times Y)]_x) \\ &= \nu([E \cap ((\bigcup_n X_n) \times (\bigcup_n Y_n))]_x) \\ &= \nu((\bigcup_n E_n)_x) \\ &= \nu(\bigcup_n (E_n)_x) \\ &= \lim_n \nu((E_n)_x) = \lim_n f_n(x) \end{aligned}$$

이므로 가측함수이다. 마찬가지로 $g(y) = \mu(E^y)$라 하면 $g(y) - \lim_n g_n(y)$ 이므로 g도 가측함수이다.

더욱이 단조수렴정리에 의하여

$$\begin{aligned} \int_X f d\mu &= \int_X \lim_n f_n d\mu \\ &= \lim_n \int_X f_n d\mu \\ &= \lim_n (\mu \times \nu)(E_n) \\ &= (\mu \times \nu)(\bigcup_n E_n) \\ &= (\mu \times \nu)(E) \end{aligned}$$

이고 마찬가지로

$$\int_Y g d\nu = (\mu \times \nu)(E)$$

이다.

예제 10.2.10

$X=Y=I=[0,\ 1]$이고 $\mathscr{A}=\mathscr{B}$를 $[0,\ 1]$의 모든 Lebesgue가측집합들의 모임이라 하자. $\mu=\nu$를 Lebesgue 측도라 하고 $E=\{(x,\ y)\in I\times I \mid 0\le x\le 1,\ 0\le y\le x\}$라 하자. $P: 0=x_0<x_1<\cdots<x_{n-1}<x_n=1\,(x_i=\dfrac{i}{n}(i=1,\ 2,\ \cdots,\ n))$를 $[0,\ 1]$의 한 분할이라 하자. 각 $i\,(i=1,\ 2,\ \cdots,\ n)$에 대하여 E_i를 밑변의 길이가 $\dfrac{1}{n}$이고 높이가 $\dfrac{i}{n}$인 사각형들이라 하자. 이 사각형들의 합을 $E^n\left(:=\bigcup_{i=1}^{n}E_i\right)$이라 하면 $E^n\in\mathscr{F}$이며 $\langle E_n\rangle$은 단조감소수열이며 $\mathscr{A}\times\mathscr{B}$는 단조집합족이므로 $E=\lim\limits_{n\to\infty}E^n=\bigcap\limits_{n=1}^{\infty}E_i\in\mathscr{A}\times\mathscr{B}$이다. $f(x)=\nu(E_x)=x$이므로 f는 $\mathscr{A}$가측함수이다. 또한, $g(y)=\mu(E^y)=1-y$이므로 $\mathscr{B}$가측함수이다. $\int_X f\,d\mu=(R)\int_0^1 x\,dx=\dfrac{1}{2}$이며 $\int_Y g\,d\nu=(R)\int_0^1(1-y)\,dy=\dfrac{1}{2}$이다. 또한

$$(\mu\times\nu)(E)=\lim(\mu\times\nu)(E^n)=\lim\frac{n+1}{2n}=\frac{1}{2}$$

이다. 그러므로 보조정리 10.2.9가 성립한다.

예제 10.2.11

$X=Y=I=[0,\ 1]$이고 $\mathscr{A}=\mathscr{B}$를 $[0,\ 1]$의 모든 Lebesgue가측집합들의 모임이라 하자. I의 비가측 부분집합 A에 대하여 $\mu=\nu$를

$$\mu(\{x\})=\begin{cases}2, & x\in A\\ 1, & x\notin A\end{cases}$$

만족하는 측도라 정의하자. $D=\{(x,\ y)\in I\times I \mid x=y\}$는 연습문제 10.2.3에 의하여 $\mathscr{A}\times\mathscr{B}$-가측이고

$$f(x):=\nu(D_x)=\mu(\{x\})=\chi_A(x)+1$$

라 정의된 함수 f는 A가 비가측 집합이므로 비가측함수이다. 그러므로 보조정리 10.2.9에 의하여 $(X,\ \mathscr{A},\ \mu)$와 $(Y,\ \mathscr{B},\ \nu)$는 $\sigma-$유한측도공간이 아니다.

예제 10.2.12

$X=Y=I=[0,\ 1]$이고 $\mathscr{A}=\mathscr{B}$를 $[0,\ 1]$의 모든 Borel가측집합들의 모임이라 하자. μ를 X 위에서 Lebesgue 측도이고 ν를 Y 위에서 셈측도라 하면 $(X,\ \mathscr{A},\ \mu)$

은 유한측도공간이지만 $(Y, \mathscr{B}, \nu)$는 σ-유한측도공간이 아니다. 또한 $D = \{(x, y) \in I \times I \mid x = y\}$라 하면 $D = E_1 \cap E_2$(E_1은 $(0, 0), (0, 1), (1, 1)$을 꼭짓점으로 하는 삼각형이며 E_2는 $(0, 0), (1, 0), (1, 1)$을 꼭짓점으로 하는 삼각형이다)이므로 $\mathscr{A} \times \mathscr{B}$-가측집합이지만

$$\int \nu(D_x) d\mu(x) = 1 \neq 0 = \int \mu(D^y) d\nu(y)$$

이다.

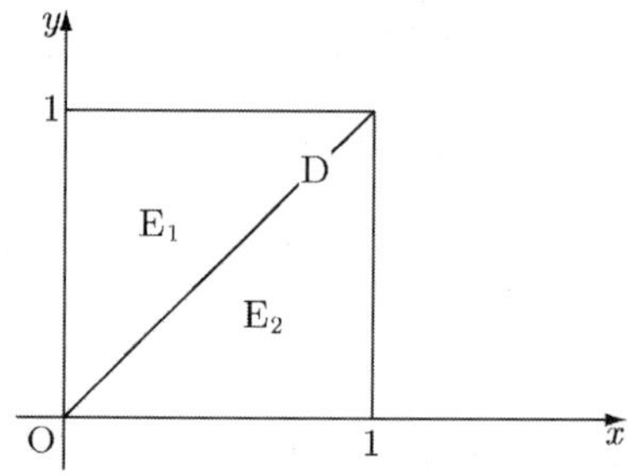

[그림 10.3] D의 그래프

명제 10.2.13

$(X, \mathscr{A}, \mu)$, $(Y, \mathscr{B}, \nu)$를 σ-유한측도공간이라 하면 $(X \times Y, \mathscr{A} \times \mathscr{B}, \mu \times \nu)$도 σ-유한측도공간이다.

증명 $\mu \times \nu$은 음이 아닌 함수이고 $(\mu \times \nu)(\phi) = 0$이다. $\mu \times \nu$가 가산 덧셈가능함을 보이기 위하여 $< E_n >$은 $\mathscr{A} \times \mathscr{B}$에 있는 서로소인 집합들의 집합열이라 하자. 보조정리 10.2.9와 정리 9.2.5에 의하여

$$\begin{aligned}(\mu \times \nu)\left(\bigcup_{n=1}^{\infty} E_n\right) &= \int_X \nu\left(\left[\bigcup_{n=1}^{\infty} E_n\right]_x\right) d\mu \\ &= \int_X \sum_{n=1}^{\infty} \nu([E_n]_x) d\mu \\ &= \sum_{n=1}^{\infty} \int_X \nu([E_n]_x) d\mu \\ &= \sum_{n=1}^{\infty} (\mu \times \nu)(E_n)\end{aligned}$$

이다. $E \in \mathscr{A} \times \mathscr{B}$라 하자. μ와 ν가 σ-유한이므로 $X = \bigcup_n X_n$이고 $Y = \bigcup_m Y_m$인 서로소인 가측집합열 $< X_n >$과 $< Y_m >$이 존재한다. 여기서 $\mu(X_n) < +\infty$이고 $\nu(Y_m) < +\infty$이다. $m, n = 1, 2, \cdots$에 대하여 $E_{mn} = E \cap (X_n \times Y_m)$라 정의하면 $E = \bigcup_{m,n} E_{mn}$이다. 그러면 각 m, n에 대하여

$$
\begin{aligned}
(\mu \times \nu)(E_{mn}) &\le (\mu \times \nu)(X_n \times Y_m) \\
&= \mu(X_n)\nu(Y_m) \\
&< \infty
\end{aligned}
$$

이므로 $\mu \times \nu$는 σ-유한이다.

■

[정리 10.2.14] (Tonelli 정리)

$(X, \mathscr{A}, \mu)$와 $(Y, \mathscr{B}, \nu)$가 σ-유한측도공간이고 $H : X \times Y \to \overline{\mathbb{R}}$가 음이 아닌 가측함수라 하면

(i) $f(x) = \int_Y H_x d\nu$와 $g(y) = \int_X H^y d\mu$라 정의된 함수 f와 g는 가측함수이다.

(ii) $\int_X f d\mu = \int_{X \times Y} H d(\mu \times \nu) = \int_Y g d\nu$이다.

증명 세 단계로 나누어 증명한다.

(a) $H = \chi_E (E = A \times B,\ A \in \mathscr{A}$와 $B \in \mathscr{B})$인 경우 : $H(x, y) = \chi_{A(x)} \chi_B(y)$이다.

$$
\begin{aligned}
f(x) &= \int_Y H_x(y) d\nu(y) \\
&= \int_Y H(x, y) d\nu(y) \\
&= \int_Y \chi_A(x)\chi_B(y) d\nu(y) \\
&= \chi_A(x) \int_Y \chi_B(y) d\nu(y) \\
&= \chi_A(x)\nu(B) = \nu(E_x)
\end{aligned}
$$

이므로 보조정리 10.2.9에 의하여 f는 가측함수이다. 마찬가지로 $g(y) = \mu(E^y)$도 가측이다. 더욱이

$$\int_X fd\mu = \int_X \chi_A(x)\nu(B)d\mu(x) = \mu(A)\nu(B) = (\mu\times\nu)(E)$$

이고

$$\int_{X\times Y} Hd(\mu\times\nu) = \int_{X\times Y} \chi_E d(\mu\times\nu) = (\mu\times\nu)(E)$$

이며

$$\int_Y gd\nu = \int_Y \chi_B(y)\mu(A)d\nu(y) = \mu(A)\cdot\nu(B) = (\mu\times\nu)(E)$$

이다. 따라서

$$\int_X fd\mu = \int_{X\times Y} Hd(\mu\times\nu) = \int_Y gd\nu$$

이다. $\mathscr{C}$를 (i)과 (ii)가 성립하는 모든 $E\in\mathscr{A}\times\mathscr{B}$ 들의 집합족이라 하면 $\mathscr{F}\subset\mathscr{C}$ 이며 보조정리 10.2.9의 증명에 의하여 $\mathscr{C}$는 단조집합족이고 단조집합족 보조정리에 의하여 $\mathscr{C}=\mathscr{A}\times\mathscr{B}$ 이다. 그러므로 $H=\chi_E(E\in\mathscr{A}\times\mathscr{B})$라면 보조정리 10.2.9에 의하여 (i)과 (ii)가 성립한다.

(b) $H=\sum_{i=1}^{n}\alpha_i\chi_{E_i}$, $E_i\in\mathscr{S}$(정의 10.1.4 참조)이 H의 표준형인 경우 : 선형성에 의하여 (i)과 (ii)는 단순가측함수에 대하여도 성립한다.

(c) $H:X\times Y\to\overline{\mathbb{R}}$가 음이 아닌 가측함수인 경우 : 정리 9.1.6에 의하여 음이 아닌 가측인 단조증가 단순가측함수열 $<\Phi_n>$이 존재해서 $X\times Y$ 위에서 $\Phi_n\to H$이다. ϕ_n과 ψ_n을

$$\phi_n(x) = \int_Y (\Phi_n)_x d\nu,\ \ \psi_n(y) = \int_X (\Phi_n)^y d\mu$$

라 정의하면 $<\phi_n>$과 $<\psi_n>$은 단조증가 단순가측함수열이다. 단조수렴정리 9.2.4에 의하여 X 위에서 $\phi_n\to f$이고 Y 위에서 $\psi_n\to g$이다. 단조수렴정리에 의하여

$$\begin{aligned}\int_X fd\mu &= \lim\int_X \phi_n d\mu \\ &= \lim\int_{X\times Y}\Phi_n d(\mu\times\nu)\end{aligned}$$

$$= \lim \int_Y \psi_n d\nu$$

$$= \int_Y g d\nu$$

또한

$$\int_{X\times Y} H d(\mu\times\nu) = \lim_n \int_{X\times Y} \Phi_n d(\mu\times\nu)$$

이다. 그러므로

$$\int_X f d\mu = \int_{X\times Y} H d(\mu\times\nu) = \int_Y g d\nu$$

이다.

다음 예제는 반복적분이 존재한다고 해도 이중적분이 존재하지 않을 수도 있음을 보여준다.

예제 10.2.15

$H:[0,1]\times[0,1]\to\mathbb{R}$을

$$H(x,y)=\begin{cases}\dfrac{1}{|I_k|}, & (x,y)\in I_k^{(1)}\cup I_k^{(3)}\\ -\dfrac{1}{|I_k|}, & (x,y)\in I_k^{(2)}\cup I_k^{(4)}\\ 0, & \text{그렇지 않은 경우}\end{cases}$$

라 하자. 여기서 $I_k^{(i)}$, $i=1, 2, 3, 4$는 I_k를 4등분한 같은 크기의 정사각형이다.

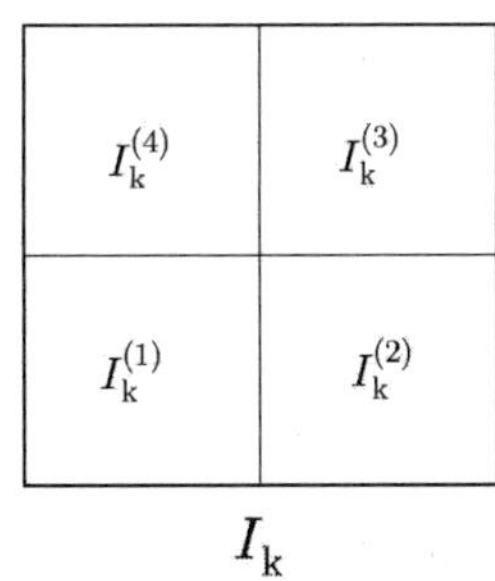

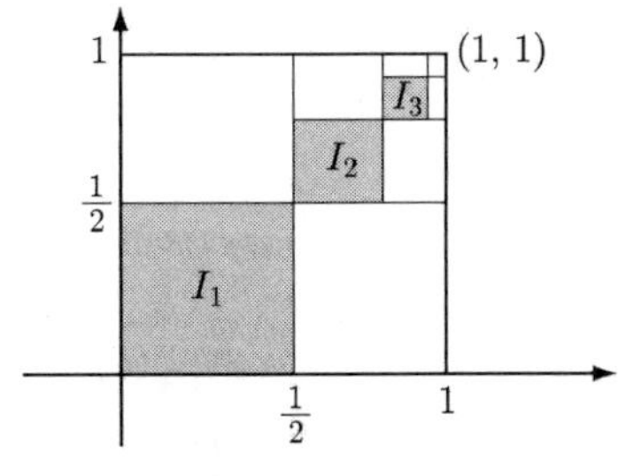

[그림 10.4] I_k의 그래프

그러면 모든 $x\in[0, 1]$에 대하여 $\int_0^1 H(x, y)dy=0$이고 모든 $y\in[0, 1]$에 대하여 $\int_0^1 H(x, y)dx=0$이다. 그러므로

$$\int_0^1\left[\int_0^1 H(x, y)dy\right]dx=0=\int_0^1\left[\int_0^1 H(x, y)dx\right]dy$$

이다. 그러나

$$\begin{aligned}\int\int_{[0, 1]\times[0, 1]}|H(x, y)|\,dxdy&=\sum_k\int\int\frac{1}{|I_k|}dxdy\\&=\sum_k\frac{1}{|I_k|}\int\int_{I_k}dxdy=\sum_k 1\\&=+\infty\end{aligned}$$

이다.

예제 10.2.16

$X=Y=[0, 1]$이고 $\mathscr{A}=\mathscr{B}=2^X$라 하고 $\mu=\nu=m$이라 하자.
함수 $H:X\times Y\to[0, \infty]$를

$$H(x, y)=\begin{cases}1-x-y, & (x, y)\in\{(x, y)\in X\times Y\mid 0\le x+y\le 1\}\\ 0, & \text{그렇지 않은 경우}\end{cases}$$

라 정의하면

$$f(x)=\int_Y H_x d\nu=\int_0^{1-x}(1-x-y)dy=\frac{(x-1)^2}{2},$$
$$g(y)=\int_X H^y d\mu=\int_0^{1-y}(1-x-y)dx=\frac{(y-1)^2}{2}$$

이고

$$\begin{aligned}\int_{X\times Y}Hd(\mu\times\nu)&=\int_0^1\left[\int_0^{1-x}(1-x-y)dy\right]dx\\&=\int_0^1\left[\int_0^{1-y}(1-x-y)dx\right]dy\end{aligned}$$

이다.

[정리 10.2.17] (Fubini 정리)

$(X,\ \mathscr{A},\ \mu)$와 $(Y,\ \mathscr{B},\ \nu)$를 σ-유한측도공간이라 하고 $H: X\times Y\to\mathbb{R}$를 $\mu\times\nu$에 관해 적분가능하다면

$$f(x)=\int_Y H_x d\nu,\ g(y)=\int_X H^y d\mu$$

에 의해서 측도로 정의된 확장된 실수치 함수들 f와 g에 대하여

(i) $\int_X f d\mu<+\infty$이고 $\int_Y g d\nu<+\infty$이다.

(ii) $\int_X f d\mu=\int_{X\times Y} H d(\mu\times\nu)=\int_Y g d\nu$이다.

증명 H가 $\mu\times\nu$에 관해 적분가능하므로 H^+와 H^-도 적분가능하다. f^+와 f^-를 측도로

$$f^+(x)=\int_Y (H^+)_x d\nu,\ f^-(x)=\int_Y (H^-)_x d\nu$$

라 정의하자. Tonelli 정리에 의하여 f^+와 f^-는 가측이고

$$\int_X f^+ d\mu=\int_{X\times Y} H^+ d(\mu\times\nu)<+\infty$$

$$\int_X f^- d\mu=\int_{X\times Y} H^- d(\mu\times\nu)<+\infty$$

이다. $f=f^+-f^-$ μ-a.e.이므로 f는 $\mathscr{A}$-가측이다. $\int_X f^+ d\mu<+\infty$이고 $\int_X f^- d\mu<+\infty$이므로 $\int_X f=\int_X f^+ d\mu-\int_X f^- d\mu<+\infty$이다. 또한,

$$\begin{aligned}\int_X f d\mu&=\int_X f^+ d\mu-\int_X f^- d\mu\\&=\int_{X\times Y} H^+ d(\mu\times\nu)-\int_{X\times Y} H^- d(\mu\times\nu)\\&=\int_{X\times Y} H d(\mu\times\nu)\end{aligned}$$

이다. 같은 방법으로 $g=g^+-g^-$ $\nu-a.e.$ 이므로 g는 $\mathscr{B}$-가측이다. $\int_Y g d\nu<+\infty$이고 $\int_Y g d\nu=\int_{X\times Y} H d(\mu\times\nu)$임을 보일 수 있다. 그러므로 (i)과 (ii)가 성립한다.

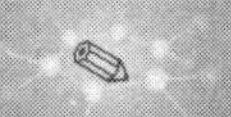

연습문제 10.2

1. $(X, \mathscr{A})$와 $(Y, \mathscr{B})$를 가측공간이라 하자. $f: X \to \overline{\mathbb{R}}$가 $\mathscr{A}$-가측함수이고 $g: Y \to \overline{\mathbb{R}}$가 $\mathscr{B}$-가측함수이면 $h(x, y) = f(x)g(y)$라 정의하면 h는 $\mathscr{A} \times \mathscr{B}$-가측함수임을 증명하여라.

2. $(\mathbb{R}, \mathscr{M}, m)$을 Lebesgue 측도공간이고 $Z = [a, b] \times [c, d] \subset \mathbb{R}^2$라 하자. f가 Z 위에서 연속이면

$$\int_a^b dx \int_c^d f(x, y)dy = \int_Z f(x, y)dxdy = \int_c^d dy \int_a^b f(x, y)dx$$

임을 증명하라.

3. $X = Y = [0, 1]$이고 $\mu = \nu$를 $[0, 1]$ 위에서 Lebesgue 측도라 하자. 그러면 $X \times Y$에서의 모든 열린 집합과 Borel 집합은 가측임을 증명하여라.

4. $X = Y = [0, 1]$이고 μ는 $[0, 1]$ 위에서 Lebesgue 측도이고 ν는 $[0, 1]$ 위에서 셈측도(counting measure)라 하자. 함수 $f: X \times Y \to \mathbb{R}$를

$$f(x, y) = \begin{cases} 1, & x = y \\ 0, & x \neq y \end{cases}$$

라 정의하면

$$\int_Y d\nu(y) \int_X f(x, y)d\mu(x) = 0 \neq 1 = \int_X d\mu(x) \int_Y f(x, y)d\nu(y)$$

임을 보여라.

5. 임의의 $m, n \in \mathbb{N}$에 대하여

$$a_{mn} = \begin{cases} 1, & m = n \\ -1, & m = n+1 \\ 0, & \text{그밖에} \end{cases}$$

라 정의할 때

$$\sum_{m=1}^{\infty}\left(\sum_{n=1}^{\infty} a_{mn}\right)=1,\ \sum_{n=1}^{\infty}\left(\sum_{m=1}^{\infty} a_{mn}\right)=0$$

임을 보여라. 그리고 이것을 이용하여 Fubini 정리에서 적분가능성의 조건이 꼭 필요함을 보여라.

6. $(\mathbb{R}, \mathscr{M}, m)$을 Lebesgue 측도공간이고

$$f(x, y)=\begin{cases}\dfrac{xy}{(x^2+y^2)^2}, & (x, y)\in[-1, 1]\times[-1, 1],\ (x, y)\neq(0, 0)\\ 0, & (x, y)=(0, 0)\end{cases}$$

라 하자. 그러면 $\int_{-1}^{1} dx\int_{-1}^{1} f(x, y)dy=\int_{-1}^{1} dy\int_{-1}^{1} f(x, y)dx$이나 f는 $[-1, 1]\times[-1, 1]$에서 $m\times m$-적분가능이 아님을 보여라.

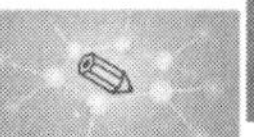

참고문헌

1. N.K. Artemiadis, *Real Analysis*, Feffer & Simons, Inc., 1976.
2. G. Bachman and L. *Narici, Functional Analysis*, Academic Press Inc., 1966.
3. R.G. Bartle, *The elements of Integration and Lebesgue measure*, John Wiley & Sons, Inc., 1995.
4. R.G. Bartle, *The elements of Real Analysis*, 2nd ed., John Wiley & Sons, Inc., 1976.
5. R.G. Bartle and D.R. Sherbert, *Introduction to Real Analysis*, John Wiley & Sons, Inc., 1982.
6. B. Bollobas, *Linear Analysis*, Pi-squared Press, Nottingham, 1990.
7. A.M. Bruchner, J.B. Bruckner and B.S. Thomson, *Real Analysis*, Prentice-Hall, Inc., 1997.
8. D.L. Cohn, *Measure Theory*, Birkhäuser, 1980.
9. J.B. Conway, *A Course in Functional Analysis*, Springer-Vcrlag New-York, Inc., 1985.
10. J. Dugundji, *Topology*, Allyn and Bacon, Inc., 1966.
11. J. Foran, *Fundamentals of Real Analysis*, Marcel Dekker, Inc., 1991.
12. B.R. Gelbaum and J.M.H. Olmsted, *Counter-examples in Analysis*, Holden-Day, Inc., 1964.
13. R.A. Gordon, *The Integrals of Lebesgue*, Denjoy, Perron, and Henstock, Graduate Studies in Mathematics, Vol. 4, 1994.
14. P.R. Halmos, *Measure Theory*, Springer-Verlag New-York Inc., 1974.
15. R. Henstock, *Lectures on the Theory of Integration*, World Scientific Publishing Co., Inc., 1988.
16. E. Hewitt and K. Stromberg, *Real and Abstract Analysis*, Springer-Verlag New-York, Inc., 1965.
17. K. Jacobs, *Measure and Integral*, Academic Press, Inc., 1978.
18. P. K. Jain and V. P. Gupta, Lebesgue Measure and Integration, Rajkandl Electric Press, 1986.

19. J.L. Kelley, *General topology*, D. Van Nostrand Company, Inc., 1955.
20. R. Larsen, *Functional Analysis*, Marcel Dekker, Inc., 1973.
21. J.R. Munkres, *Topology*, Prentice-Hall, Inc., 1975.
22. A. Mukherjea and K. Pothoven, *Real and Functional Analysis*, Mathematical concepts and Methods in Sciences and Engineering, Vol. 6, 1978.
23. M.H. Protter and C.B. Morrey, *A First Course in Real Analysis*, 2nd ed., Springer-Verlag New-York, Inc., 1991.
24. H.L. Royden, *Real Analysis*, 3rd ed., The Macmillan Company, New-York, 1988.
25. W. Rudin, *Functional Analysis*, McGraw-Hill, Inc., 1973.
26. W. Rudin, *Principles of Mathematical Analysis*, McGraw-Hill, Inc., 1976.
27. W. Rudin, *Real and Complex Analysis*, McGraw-Hill, Inc., 1974.
28. M. Stoll, *Introduction to Real Analysis*, Addition-Weseley Educational Publishers Inc., 1997.
29. A. Torchinsky, *Real Variables*, Addison-Wesley, Publishing Company, Inc., 1988.
30. A. Wilansky, *Topology for Analysis*, Ginn and Company, 1970.
31. W.R. Wade, *An Introduction to Analysis*, Prentice-Hall, Inc, 1995.

연습문제 풀이

연습문제 1장

연습문제 1.1

1. (1) ⇒ (2) : $A \subset B$라 하고 $x \in A$라 하자. 그러면 $A \subset B$이므로 $x \in B$이다. 따라서 $A \subset A \cap B$이다. $A \cap B \subset A$은 분명하다. 그러므로 $A \cap B = A$이다.
   (2) ⇒ (3) : $x \in A \cup B$라 하자. 그러면 $x \in A$ 혹은 $x \in B$이다. $x \in A$라 하자. 그러면 가정에 의하여 $x \in B$이다. 그러므로 $x \in B$이다. 그러므로 $A \cup B = B$이다.
   (3) ⇒ (1) : $x \in A$라 하자. 그러면 가정에 의하여 $x \in B$이다. 그러므로 $A \subset B$이다.
2. $A \subset B$이고 $x \in B^c$라 하자. 그러면 $x \not\in B$이다. 가정에 의하여 $x \not\in A$이다. 그러므로 $B^c \subset A^c$이다. 역으로 $B^c \subset A^c$라 하자. 그러면 $A = (A^c)^c \subset (B^c)^c = B$이다.
3. 생략
4. (1) $x \in [\bigcup_{i \in \mathbb{N}} A_i]^c$이면 $x \not\in \bigcup_{i \in \mathbb{N}} A_i$이므로 모든 $i \in \mathbb{N}$에 대하여 $x \not\in A_i$이다. 따라서 $x \in \bigcap_{i \in \mathbb{N}} A_i^c$이다.
   $x \in \bigcap_{i \in \mathbb{N}} A_i^c$이면 모든 $i \in \mathbb{N}$에 대하여 $x \in A_i^c$, 즉 $x \not\in A_i$이다. 따라서 $x \in [\bigcup_{i \in \mathbb{N}} A_i]^c$
   (2) (1)과 같은 방법으로 증명된다.
5. (1) $y \in f(\bigcup_{i \in \mathbb{N}} A_i)$이면 $x \in \bigcup_{i \in \mathbb{N}} A_i$가 존재하여 $y = f(x)$이다. $x \in \bigcup_{i \in \mathbb{N}} A_i$이므로 어떤 $i \in \mathbb{N}$에 대하여 $x \in A_i$이다. 따라서 $y \in f(\bigcup_{i \in \mathbb{N}} A_i)$이다. 역으로 $y \in f(\bigcup_{i \in \mathbb{N}} A_i)$이면 어떤 $i \in \mathbb{N}$에 대하여 $y \in f(A_i)$이다. 따라서 $x \in A_i$가 존재해서 $y \in f(x)$이다. 그러므로 $y \in f(\bigcup_{i \in \mathbb{N}} A_i)$이다.
   (2) (1)과 같은 방법으로 증명된다.
6. (1) $x \in f^{-1}(\bigcup_i B_i)$이면 $y \in \bigcup_i B_i$가 존재하여 $x = f^{-1}(y)$이다. $y \in \bigcup_i B_i$이므로 어떤 i에 대하여 $y \in B_i$이다. 따라서 $x \in \bigcup_i f^{-1}(B_i)$이다. $x \in \bigcup_i f^{-1}(B_i)$이면 어떤 i에 대하여 $x \in f^{-1}(B_i)$이므로 $y \in B_i$가 존재하여 $x = f^{-1}(y)$이다. $y \in \bigcup_i B_i$이므로 $x \in f^{-1}(\bigcup_i B_i)$이다.
   (2) (1)과 같은 방법으로 증명된다.
7. (1) ① $x \in A$이면 $f(x) \in f(A)$이다. 그러므로 $x \in f^{-1}[f(A)]$이다.
   ② $y \in f[f^{-1}(B)]$이면 $x \in f^{-1}(B)$가 존재하여 $y = f(x) \in B$이다. 따라서 $y \in B$이다.
   (2) ① $X = \{1, 2, 3\}$이고 $Y = \{a, b\}$라 하자.
   함수 $f : X \to Y$를 $f(1) = b$, $f(2) = f(3) = a$라 하고 $A = \{2\}$라 하자.

그러면 $f^{-1}[f(A)]=\{2, 3\}\neq\{2\}=A$이다.

② $X=\{a, b\}$이고 $Y=\{1, 2, 3\}$라 하자. 함수 $f: X\to Y$를 $f(a)=1, f(b)=2$라 하고 $B=\{3\}$라 하자. 그러면 $f[f^{-1}(B)]=\varnothing\neq\{3\}=B$이다.

(3) $y\in f[f^{-1}(B)]$라 하면 $x\in f^{-1}(B)$가 존재하여 $y=f(x)$이다. 그런데 f가 전사함수이므로 $y=f(x)\in B$이다.

연습문제 1.2

1. (1) $x\in\bigcup_{n=1}^{\infty}A_n$이면 어떤 n에 대하여 $x\in A_n$이다. 따라서 $x\in B_n$이며 $x\in\bigcup_{n=1}^{\infty}B_n$이다.

   $x\in\bigcup_{n=1}^{\infty}B_n$이면 어떤 n에 대하여 $x\in B_n$이다. 따라서 $x\in\bigcup_{k=n}^{\infty}A_k$이므로 $x\in\bigcup_{n=1}^{\infty}A_n$이다.

   (2) (1)과 같은 방법으로 증명된다.

2. 연습문제 1의 (2)에 의하여 $\bigcap_{n=1}^{\infty}A_n=[(\bigcap_{n=1}^{\infty}A_n)^c]^c=[\bigcup_{n=1}^{\infty}A_n^c]^c$이다.

3. $y\in f[A\cap B]$라 하자 $x\in A\cap B$가 존재하여 $y=f(x)$이다. 따라서 $y=f(A)\cap f(B)$이다. $y\in f(A)\cap f(B)$라 하자. 그러면 $a\in A, b\in B$가 각각 존재하여 $y\in f(A)$이고 $y\in f(B)$이다. 즉, $f(a)=f(b)$이다. f가 단사함수이므로 $a=b$이고 $a=b\in A\cap B$이다. 따라서 $y\in f[A\cap B]$이다.

4. 3과 같은 방법으로 증명할 수 있다.

연습문제 1.3

1. 각각의 $y\in Y$에 대하여 선택공리에 의하여 $g(y)$를 $f^{-1}(\{y\})$의 한 원소라 하면 $(f\circ g)(y)=y$가 된다.

연습문제 1.4

1. 생략

2. 자연수를 원소로 갖는 유한수열들의 집합위에서 유리수들의 집합으로의 함수를 다음과 같이 정의하자.

$$< p, q, 1 > \to \frac{p}{q} \qquad < p, q, 2 > \to -\frac{p}{q} \qquad < 1, 1, 3 > \to 0 \qquad p, q\in\mathbb{N}$$

그러면 이 함수는 전사함수이다. 자연수를 원소로 갖는 유한수열들의 집합은 명제 1.4.2와 명제 1.4.3에 의하여 가산집합이다. 그러므로 유리수들의 집합은 가산집합이다.

연습문제 1.6

1. (a) $(X, <)$를 정렬순서집합이라 하고 $Y\subset X$라 하자. 그러면 $(X, <)$이 정렬순서집합이므로 X의 공집합이 아닌 모든 부분집합이 첫 째 원소를 갖는다. 그러므로 Y의 공집합이 아닌 모든 부분집합들도 첫 째 원소를 갖는다. 그러므로 $(Y, <)$은 정렬순서집합이다.

   (b) $(X, <)$의 공집합이 아닌 모든 부분집합이 최소원소를 가짐으로 임의의 두 원소 $x, y\in X$는 $x<y$이거나 $y<x$이다. 그러므로 $<$은 선형순서이며 동시에 정렬순서이다.

연습문제 2장 풀이

연습문제 2.1

1. 생략

연습문제 2.4

1. $\overline{\lim}x_n = L$에서 $\sup_{i \ge n} x_i = L_n$이라 두면 $\inf_{n \ge 1} L_n = L$이다. 따라서 각 $i \ge n$에 대하여 $x_i \le L_n$이고 각 $n = 1, 2, \cdots$에 대하여 $L_n = L$이다.

   (i) $\inf_{n \ge 1} L_n = L$과 하한의 정의에서 임의의 $\epsilon > 0$에 대하여 $x \in \mathbb{N}$이 존재하여 $L_n < L + \epsilon$이다. 각 $i \ge n$에 대하여 $x_i \le L_n$이므로 $x_i < L + \epsilon$이다.

   (ii) $\sup_{i \ge n} x_i = L_n$과 상한의 정의에서 임의의 $\epsilon > 0$과 각 $n = 1, 2, \cdots$에 대하여 $i \ge n$인 $i \in \mathbb{N}$가 존재하여 $x_i > L_n - \epsilon$이다. 각 $n = 1, 2, \cdots$에 대하여 $L_n \ge L$이므로 $x_i > L - \epsilon$이다.

   역으로 (i)에 의하여 $sup_{i \ge n} x_i < L + \epsilon$이므로 $\overline{\lim} x_i \le L + \epsilon$이다. (ii)에 의하여 각 $n = 1, 2, \cdots$에 대하여 $sup_{i \ge n} x_i \ge L - \epsilon$이므로 $\overline{\lim} x_i \ge L - \epsilon$이다. 따라서

$$L - \epsilon \le \overline{\lim} x_n \le L + \epsilon$$

   이다. 그러므로 $\overline{\lim} x_n = L$이다.

2. 1과 같은 방법으로 증명할 수 있다.
3. 각 $n = 1, 2, \cdots$과 각 $i \ge n$에 대하여 $\inf_{i \ge n} x_i + inf_{i \ge n} y_i \le x_i + y_i$이므로 각 $n = 1, 2, \cdots$에 대하여

$$\begin{aligned}\inf_{i \ge n} x_i + \inf_{i \ge n} y_i &\le \inf_{i \ge n}(x_i + y_i) \\ &\le \sup_{n \ge 1} \inf_{i \ge n}(x_i + y_i) \\ &\le \underline{\lim}(x_n + y_n)\end{aligned}$$

   이다. 따라서

$$\begin{aligned}\underline{\lim} x_n + \underline{\lim} y_n &= \sup_{n \ge 1} \inf_{i \ge n} x_i + \sup_{n \ge 1} \inf_{i \ge n} y_i \\ &\le \underline{\lim}(x_n + y_n)\end{aligned}$$

   이다.

$$\begin{aligned}\underline{\lim} y_n &= \underline{\lim}(x_n + y_n - x_n) \\ &\le \underline{\lim}(x_n + y_n) + \underline{\lim}(-x_n) \\ &= \underline{\lim}(x_n + y_n) - \overline{\lim} x_n\end{aligned}$$

   이므로

$$\overline{\lim} x_n + \underline{\lim} y_n \ge \underline{\lim}(x_n + y_n)$$

   이다.

$$\overline{\lim}(x_n + y_n) = -\underline{\lim}(-x_n - y_n)$$

$$\geq -\left\{\overline{\lim}(-y_n)+\underline{\lim}(-x_n)\right\}$$
$$=\overline{\lim}x_n+\underline{\lim}y_n$$

이다. 또한

$$\begin{aligned}\overline{\lim}x_n+\overline{\lim}y_n &= -\underline{\lim}(-x_n)-\underline{\lim}(-y_n)\\ &= -\left\{\underline{\lim}(-x_n)+\underline{\lim}(-y_n)\right\}\\ &\geq -\underline{\lim}(-x_n-y_n)\\ &= \overline{\lim}(x_n+y_n)\end{aligned}$$

이다.

4. (i) 각 $n=1, 2, \cdots$와 $i \geq n$에 대하여 $\bigcap_{i=n}^{\infty} A_i \subset A_i$이므로

$$\bigcup_{n=1}^{\infty}\bigcap_{i=n}^{\infty} A_i \subset A_i \subset \bigcup_{i=n}^{\infty} A_i$$

이다. 따라서

$$\underline{\lim}A_n=\bigcup_{n=1}^{\infty}\bigcap_{i=n}^{\infty} A_i \subset \bigcap_{n=1}^{\infty}\bigcup_{i=n}^{\infty} A_i=\overline{\lim}A_n$$

이다.

(ii) $X=\{1, -1\}$라 하고 각 $n=1, 2, \cdots$에 대하여 $A_{2n}=\{1\}$, $A_{2n-1}=\{-1\}$라 하면 $\underline{\lim}A_n=\varnothing$이고 $\overline{\lim}A_n=X$이다.

연습문제 2.5

1. 각 $n=1, 2, \cdots$에 대하여 F_n을 닫힌집합이라 하고 $\bigcap_{n=1}^{\infty} F_n$이 닫힌집합임을 보이자. 정의에 의하여 $\left(\bigcap_{n=1}^{\infty} F_n\right)^c$가 열린집합임을 보이면 된다. $\left(\bigcap_{n=1}^{\infty} F_n\right)^c=\bigcup_{n=1}^{\infty} F_n^c$이고 F_n^c이 열린집합이므로 명제 2.5.3에 의하여 $\bigcup_{n=1}^{\infty} F_n^c$은 열린집합이다.

2. 각 $i=1, 2, \cdots, n$에 대하여 F_i를 닫힌집합이라 하고 $\bigcup_{i=1}^{n} F_i$가 닫힌집합임을 보이자. 정의에 의하여 $\left(\bigcup_{i=1}^{n} F_i\right)^c=\bigcap_{i=1}^{n} F_n^c$가 열린집합임을 보이자. F_i^c가 열린집합이므로 명제 2.5.2에 의하여 $\bigcap_{i=1}^{n} F_i$는 열린집합이다.

3. (i) $[a, b] \subset \bigcap_{n=1}^{\infty}\left(a-\frac{1}{n}, b+\frac{1}{n}\right)$은 분명하다. $x \in \bigcap_{n=1}^{\infty}\left(a-\frac{1}{n}, b+\frac{1}{n}\right)$라 하면 모든 $n=1, 2, \cdots$에 대하여 $a-\frac{1}{n}< x < b+\frac{1}{n}$이다. $a \leq x$임을 보이자. 만일 $x < a$라면 자연수 m이 존재

하여 $x < a - \dfrac{1}{m}$이다. 이는 모순이다. 같은 방법으로 $x \le b$임을 보일 수 있다. 따라서 $x \in [a, b]$이다.

(ii) (i)과 같은 방법으로 증명할 수 있다.

4. $A \subset A \cup B$이므로 $\overline{A} \subset \overline{A \cup B}$이다. 마찬가지로 $\overline{B} \subset \overline{A \cup B}$ 그러므로 $\overline{A} \cup \overline{B} \subset \overline{A \cup B}$이다. $x \notin \overline{A} \cup \overline{B}$라 하면 $\delta_1 > 0$가 존재하여 $|x-y| < \delta_1$을 만족하는 $y \in A$가 존재하지 않는다. 마찬가지로 $\delta_2 > 0$가 존재하여 $|x-y| < \delta_2$을 만족하는 $y \in B$가 존재하지 않는다. 따라서 $\delta = \min(\delta_1, \delta_2)$라 하면 $|x-y| < \delta$를 만족하는 $y \in A \cup B$는 존재하지 않는다. 그러므로 $x \notin \overline{A \cup B}$이다. 따라서 $\overline{A \cup B} \subset \overline{A} \cup \overline{B}$이다.
5. F를 닫힌집합이라 하고 $x \notin F$라 하자. $x \in F^c$이고 F^c가 열린집합이므로 $x \in I_x \subset F^c$를 만족하는 개구간 I_x가 존재한다. 따라서 x는 F의 닫힌 점이 아니다. 즉, $x \notin \overline{F}$이다. 따라서 $F \supset \overline{F}$이다. 항상 $F \subset \overline{F}$이므로 $\overline{F} = F$이다. 역으로 $\overline{F} = F$라 하자. F^c가 열린집합임을 보이자. $x \in F^c$라 하면 $x \in \overline{F}^c$이므로 $\delta > 0$가 존재하여 $|x-y| < \delta$이면 $y \notin F$이다. $I_x = (y-\delta, y+\delta)$라 하면 $x \in I_x \subset F^c$이므로 F^c는 열린집합이다.

연습문제 2.6

1. 생략
2. $x = 0$
3. 생략

연습문제 2.7

1. 정리 2.6.2에서 모든 n에 대하여 z_n=0이라 하면 $0 \in F$이므로 $F \neq \varnothing$이다.

연습문제 2.8

1. $(a, b] = \bigcap_{n=1}^{\infty}\left(a, b + \dfrac{1}{n}\right)$이므로 Borel 대수는 모든 반개구간 $(a, b]$들의 집합족에 의해서 생성된다.
2. $(a, \infty) = \bigcup_{n=1}^{\infty}(a, n]$이므로 Borel 대수는 모든 무한개구간 (a, ∞)들의 집합족에 의해서 생성된다.

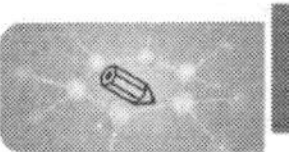

연습문제 3장 풀이

연습문제 3.1

1. $(R)\overline{\int_0^2} f(x)dx = 2$, $(R)\underline{\int_0^2} f(x)dx = 2$이므로 f는 $[0, 2]$ 위에서 Riemann 적분가능하다.
2. 0
3. 주어진 $\epsilon > 0$에 대하여 a의 근처에서 $c \in (a, b)$를 선택한다. Q_ϵ을 $U(Q_\epsilon; f) - L(Q_\epsilon; f) < \epsilon$를 만족하는 $[c, b]$의 한 분할이라 하자. $P_\epsilon = \{a\} \bigcup Q_\epsilon$라 하면 $U(P_\epsilon; f) - L(P_\epsilon; f) < \epsilon$이다. 따라서 f

는 $[a, b]$ 위에서 Riemann 적분가능하며 $(R)\int_a^b f(x)dx = \lim_{c\to a^+}(R)\int_c^b f(x)dx$이다.

4. 주어진 $\epsilon > 0$에 대하여 전체의 길이가 $\frac{\epsilon}{4K}$보다 작은 K개의 서로소인 닫힌구간 $[a_k, b_k]$들의 불연속점들을 덮는다고 하자. 그리고 $b_k < a_{k+1}$, $k = 1, 2, \cdots, K$라 하자. $[a, a_1], [b_1, a_2], \cdots, [b_K, b]$ 위에서 f는 균등연속이다. 따라서 정리 3.1.6에 의하여 각각의 닫힌구간에서 f는 Riemann 적분가능하며 따라서 $[a,b]$ 위에서 Riemann 적분가능하다.

연습문제 3.3

1. $(R)\int_{-1}^1 \mathrm{sgn}(x)dx = 0$이므로 sgn은 $[-1, 1]$ 위에서 Riemann 적분가능하다. 만일 원시함수 G를 갖는다면 $G'(x) = \mathrm{sgn}(x)$이다. 그러나 $G'(x) = \mathrm{sgn}(x)$을 만족하는 미분가능한 함수 G는 존재하지 않는다. 두 번째 주장은 분명하다.
2. (a) $H(x) = |x|$는 $[0, 1]$ 위에서 연속이며 모든 $x \in (0, 1)$에 대하여 $H'(x) = 1 = \mathrm{sgn}(x)$이므로 정리 3.3.1에 의하여 $\int_0^b \mathrm{sgn}(x)dx = H(b) - H(0) = b$이다.

(b)
$$\begin{aligned}\int_a^b \mathrm{sgn}(x)dx &= \int_a^0 \mathrm{sgn}(x)dx + \int_0^b \mathrm{sgn}(x)dx \\ &= H(0) - H(a) + H(b) - H(0) = H(b) - H(a) = b + a\end{aligned}$$

3. $x \le 0$이면 $\int_{-1}^x \mathrm{sgn} = H(x) - H(-1) = -x - 1 = |x| - 1$이다. 그리고 $x > 0$이면

$$\begin{aligned}\int_{-1}^x \mathrm{sgn} &= \int_{-1}^0 \mathrm{sgn} + \int_0^x \mathrm{sgn} \\ &= H(0) - H(-1) + H(x) - H(0) \\ &= H(x) - H(-1) = x - 1 = |x| - 1\end{aligned}$$

4. $G'(x) = 2x\sin\frac{\pi}{x^2} - \frac{\pi}{x}\cos\frac{\pi}{x^2}$이므로 g는 유계하지 않으며 따라서 Riemann 적분불가능하다.
5. Thomae 함수 h가 $[0, 1]$ 위에서 원시함수 G를 갖는다면 Darboux 정리([5] 정리 6.2.12)에 의하여 $G'(a) < k < G'(b)$ $(0 < a < b < 1)$를 만족하는 임의의 실수 k에 대하여 $G'(c) = h(c) = k$를 만족하는 $c \in (0, 1)$가 존재하여야 한다. 그러나 $k \in (0, 1)$가 무리수라면 $G'(c) = h(c) = k$를 만족하는 $c \in (0,1)$는 존재하지 않는다.
6. $H(x) = (R)\int_1^x h(t)dt = 0$이다. $x \in [1, 2] \cap \mathbb{Q}$에 대하여 $H'(x) = 0 \ne \frac{1}{q} = h(x)$이다.

연습문제 3.6

1. 임의의 $\epsilon > 0$과 $[a, b]$의 임의의 분할 $P: x_0(=a) < x_1 < \cdots < x_n(=b)$에 대하여

$$\begin{aligned}S(P; f, g) &= \sum_{k=1}^n f(\xi_k)(g(x_k) - g(x_{k-1})) \\ &= \sum_{k=1}^n c(g(x_k) - g(x_{k-1})) \\ &= c(g(b) - g(a))(:= I)\end{aligned}$$

이므로 $|S(P;f,g)-I|=0<\epsilon$이며 따라서 f는 Riemann-Stieltjes 적분가능하며

$$(R:S)\int_a^b fdg=c(g(b)-g(a))$$

이다.

2. f가 $x=a$에서 연속이라 하자. 임의의 $\epsilon>0$에 대하여 $[a,b]$의 분할 P_ϵ을 $P_\epsilon: a<a+\frac{b-a}{n}<a+\frac{2(b-a)}{n}<\cdots<a+\frac{n(b-a)}{n}=b$라 하자. 여기서 $\frac{b-a}{n}<\epsilon$이다. 그러면 P_ϵ의 세분할 P에 대하여

$$S(P;f,g)=\sum_{k=1}^{n} f(\xi_k)(g(x_k)-g(x_{k-1}))=f(\xi_1)$$

이다. f가 $x=a$에서 연속이므로

$$\lim_{n\to\infty} S(P;f,g)=\lim_{n\to\infty} f(\xi_1)=f(a)$$

이다. 따라서 f는 g에 관해 Riemann-Stietjes 적분가능하며 $I=f(a)$이다. 역은 분명하다.

3. 연습문제 3.6.2의 증명방법과 유사한 방법으로 증명할 수 있다.

4. 정리 3.6.7에 의하여

$$(R:S)\int_a^b fdf+(R:S)\int_a^b fdf=f(b)f(b)-f(a)f(a)$$

이므로 $(R:S)\int_a^b fdf=\frac{1}{2}\{(f(b))^2-(f(a))^2\}$이다.

5. 임의의 $\epsilon>0$에 대하여 $[0,2]$의 한 분할을 $P: 0<1<2$라 하자. (여기서 $\frac{b-a}{n}<\epsilon$) 그러면

$$\begin{aligned} S(P;f,f)&=f(\xi_1)(f(1)-f(0))+f(\xi_2)(f(2)-f(1)) \\ &=f(\xi_1)+f(\xi_2) \end{aligned}$$

이다. 여기서 $0\le\xi_1\le 1$이며 $1\le\xi_2\le 2$이다. 만일 $\xi_1=0$이고 $\xi_2=1$이면 $S(P;f,f)=1$이며 $\xi_1=0$이고 $\xi_2=2$이면 $S(P;f,f)=2$가 되어 $|S(P;f,f)-I|<\epsilon$을 만족하는 I가 존재하지 않는다. 그러므로 f는 $[0,2]$ 위에서 f에 관해 Riemann-Stieltjes 적분가능하지 않다.

6. f가 $\left[0,\frac{\pi}{2}\right]$ 위에서 연속함수이며 g가 $\left[0,\frac{\pi}{2}\right]$ 위에서 단조증가함수이므로 정리 3.6.10에 의하여 f는 g에 관해 Riemann-Stieltjes 적분가능하다. $g'(x)=\cos x$이므로 연속함수이다. 그러므로 정리 3.6.8에 의하여

$$\begin{aligned} (R:S)\int_a^b fdg&=(R)\int_a^b fg' \\ &=(R)\int_0^{\frac{\pi}{2}}\cos^2 dx \\ &=\frac{\pi}{4} \end{aligned}$$

이다.

7. $(R:S)\int_0^2 fdg = 0^3+1^3+2^3=9$이다.

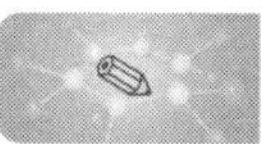

연습문제 4장 풀이

연습문제 4.1

1. $<f_n>$과 $<g_n>$이 A_0 위에서 각각 $f:A_0\to\mathbb{R}$와 $g:A_0\to\mathbb{R}$에 균등수렴한다고 하자. 그러면 $\epsilon>0$에 대하여 N_1과 N_2가 존재하여 $n\ge N_1$이고 $n\ge N_2$이면

$$|f_n(x)-f(x)|<\frac{\epsilon}{2} \text{ 이고 } |g_n(x)-g(x)|<\frac{\epsilon}{2}$$

이다. $N=\max(N_1, N_2)$라 하면 $n\ge N$에 대하여

$$|(f_n+g_n)(x)-(f+g)(x)|\le|f_n(x)-f(x)|+|g_n(x)-g(x)|<\epsilon$$

이다. 그러므로 $<f_n+g_n>$은 A_0 위에서 $f+g$로 균등수렴한다.

2. $x\in\mathbb{R}$ 위에서 $f_n(x)=x+\frac{1}{n}$이고 $f(x)=x$라 정의하면 $\mathbb{R}$ 위에서 $<f_n>$은 f로 균등수렴한다. 그러나 $f_n^2(x)=x^2+\frac{2x}{n}+\frac{1}{n^2}$이므로 $<f_n^2>$은 f^2으로 균등수렴하지 않는다.

3. 생략

연습문제 4.2

1. $[0, 1]$ 위에서 f_n과 f를 다음과 같이 구성하자.

$$f_n(x)=\begin{cases}\frac{1}{n}, & x\in[0,1]\cap\mathbb{Q}\\ 0, & x\in[0,1]\cap\mathbb{Q}^c\end{cases}$$
$$f(x)=0$$

그러면 $[0, 1]$ 위에서 f_n들은 불연속함수이며 f는 연속함수이다.

2. $x=0$이면 $f_n(x)=0$이고 $x\in(0,\infty)$이면 $f_n'(x)=0$을 풀면 $x=\frac{1}{\sqrt{n}}$이므로 모든 $n\in\mathbb{N}$에 대하여 $f_n(x)\le\frac{1}{2}\sqrt{n}$이므로 A 위에서 유계하다. 그러나

$$f(x)=\begin{cases}0, & x=0\\ \frac{1}{x}, & x\in(0,\infty)\end{cases}$$

이므로 f는 유계하지 않다. $<f_n>$은 f로 균등수렴하지 않는다.

3. $\|f_n-f\|\le\frac{1}{n}$이므로 $<f_n>$은 $f:=0$로 균등수렴한다. $f_n'(x)=x^{n-1}$이다. g를

$$g(x)=\begin{cases}1, & x=1\\ 0, & 0\le x<1\end{cases}$$

라 정의하면 $< f_n{}' >$은 g로 수렴하지만 $g(1)=1\neq 0=f'(1)$이다.

4. $(R)\int_a^x f_n{}' = f_n(x)-f_n(a)$이다. $< f_n >$이 g로 균등수렴하므로 정리 4.2.5에 의하여 g는 Riemann 적분가능하며

$$\begin{aligned}(R)\int_a^x g(t)dt &= \lim_{n\to\infty}(R)\int_a^x f_n{}'(t)dt \\ &= \lim_{n\to\infty}\{f_n(x)-f_n(a)\} \\ &= f(x)-f(a)\end{aligned}$$

이다. 그러므로 $f'(x)=g(x)$이다.

5. 정리 4.2.5에 의하여

$$\lim_{n\to\infty}(R)\int_1^2 e^{-nx^2}dx=(R)\int_1^2\lim_{n\to\infty}e^{-nx^2}dx=(R)\int_1^2 0dx=0$$

이다.

6. $a>0$인 경우는 정리 4.2.5에 의하여

$$\lim_{n\to\infty}(R)\int_a^\pi \frac{\sin nx}{nx}dx=(R)\int_a^\pi\lim_{n\to\infty}\frac{\sin nx}{nx}dx=(R)\int_a^\pi 0dx=0$$

이다. $a=0$인 경우는 정리 4.2.6에 의하여

$$\begin{aligned}\lim_{n\to\infty}(R)\int_0^\pi\frac{\sin nx}{nx}dx &= \lim_{n\to\infty}\left[\lim_{c\to 0^+}(R)\int_c^\pi\frac{\sin nx}{nx}dx\right] \\ &= \lim_{c\to 0^+}\left[\lim_{n\to\infty}(R)\int_c^\pi\frac{\sin nx}{nx}dx\right] \\ &= \lim_{c\to 0^+}(R)\int_c^\pi\lim_{n\to\infty}\frac{\sin nx}{nx}dx \\ &= \lim_{c\to 0^+}(R)\int_c^\pi 0\,dx \\ &= 0\end{aligned}$$

이다.

7. $[0, 1]$ 위에서 f를 다음과 같이 정의하자.

$$f(x)=\begin{cases}0, & x=0\\ 1, & x\in(0, 1]\end{cases}$$

그러면 $< f_n >$은 f로 점별수렴한다. 그러나 $n_k=k,\ x_k=\frac{1}{k}$이라 하면 $|f_{n_k}(x_k)-f(x_k)|=\frac{1}{2}$이므로 $< f_n >$은 f로 균등수렴하지 않는다.

$$(R)\int_0^1 f_n(x)\,dx=1-\frac{1}{n}\ln(1+n)$$

이므로 $\lim_{n\to\infty}(R)\int_0^1 f_n(x)dx=1=(R)\int_0^1 f(x)dx$이다.

연습문제 5장 풀이

연습문제 5.1

1. 모든 $n\in\mathbb{N}$에 대하여 $m^*(\varnothing) \le l\left(-\dfrac{1}{n}, \dfrac{1}{n}\right) = \dfrac{2}{n}$이므로 $m^*(\varnothing)=0$이다.
2. 모든 $n\in\mathbb{N}$에 대하여 $m^*(\{a\}) \le l\left(a-\dfrac{1}{n}, a+\dfrac{1}{n}\right) = \dfrac{2}{n}$이므로 $m^*(\{a\})=0$이다.
3. 외측도의 정의로부터 분명하다.
4. Cantor 삼진집합 F는 $m^*(F)=0$이지만 정리 2.7.4에 의하여 가산집합은 아니다.
5. $O_1=\bigcup_{i=1}^{\infty} I_i$이고 $O_2=\bigcup_{i=1}^{\infty} J_i$라 하면 $O_1\bigcup O_2=\bigcup_{i=1}^{\infty}(I_i\bigcup J_i)$이다.

$$|O_1\bigcup O_2| = \sum_{i=1}^{\infty} l(I_i\bigcup J_i) \le \sum_{i=1}^{\infty} l(I_i) + \sum_{i=1}^{\infty} l(J_i) = |O_1+O_2|$$

특히 $O_1\bigcap O_2=\varnothing$이면 $I_i\bigcap J_i=\varnothing$이고 따라서 $l(I_i\bigcup J_i)=l(I_i)+l(J_i)$이다.
따라서 $|O_1\bigcup O_2|=|O_1|+|O_2|$이다.

6. $|O|$의 정의로부터 분명하다.
7. $x\in\mathbb{R}$라 하면 임의의 개구간 I_n에 대하여 $l(I_n)=l(I_n+x)$이다. 왜냐하면 $I_n=(a_n, b_n)$이라 하면 $I_n+x=(a_n+x, b_n+x)$이므로 $l(I_n+x)=l(I_n)$이다. 따라서 임의의 집합 $A\subset\mathbb{R}$에 대하여

$$\begin{aligned} m^*(A) &= \inf_{A\subset \bigcup_n I_n}\sum l(I_n) \\ &= \inf_{A+x\subset \bigcup_n (I_n+x)}\sum l(I_n+x) \\ &= \inf_{A+x\subset \bigcup_n J_n}\sum l(J_n)\,(J_n := I_n+x) \\ &= m^*(A+x) \end{aligned}$$

이다.

8. $\mathbb{R}$과 $\varnothing$은 가측이고 $E\subset\mathbb{R}$가 가측이면 임의의 집합 $A\subset\mathbb{R}$에 대하여

$$m^*(A)=m^*(A\cap E)+m^*(A\cap E^c)$$

이므로 $m^*(A)=m^*(A\cap E^c)+m^*(A\cap(E^c)^c)$이다. 따라서 E^c도 가측이다. 보조정리 5.1.6에 의하여 E_1, E_2가 가측이면 $E_1\cup E_2$도 가측이므로 가측집합들의 모임은 집합대수이다.

9. 정리 5.1.9에 의하여 각 구간 I에 대하여 $m(I)=m^*(I)=l(I)$가 성립하고 연습문제 5.1.7에 의하여 m^*가 이동불변이므로 m도 이동불변이다.
10. i)⇒ii)⇒iv)⇒i), i)⇒iii)⇒v)⇒i)을 증명하면 된다.

i)⇒ii) : 우선 $m^*(E)<+\infty$일 때 증명하자.

$m^*(E)=\inf_{E\subset\bigcup_n I_n}\sum l(I_n)$이므로 임의의 $\epsilon>0$에 대하여 열린구간들의 모임 $\{I_n\}$이 존재하여 $E\subset\bigcup_n I_n$이고 $\sum l(I_n)\le m^*(E)+\dfrac{\epsilon}{2}$을 만족한다. $O=\bigcup_n I_n$라 두면 $E\subset O$이고 O는 열린집합이다. 한편 $m^*(O)=m^*(\bigcup_n I_n)\le \sum l(I_n)\le m^*(E)+\dfrac{\epsilon}{2}$이므로 $m^*(O)-m^*(E)\le\dfrac{\epsilon}{2}<\epsilon$

이다. 그러나 E, O가 가측집합이므로 $O-E$도 가측집합이고 $E\subset O$이다. 따라서 $m^*(O-E)=m^*(O)-m^*(E)<\epsilon$이다. $m^*(E)=\infty$라면, $E_n=E\cap[n, n+1]$라 하자. 여기서 $n\in I$이고 $I=\{0, 1, -1, 2, -2, 3, -3, \cdots\}$은 정수 전체집합의 다른 정렬(enumeration)이다. 그러면 $m^*(E_n)\le 1<\infty$이므로 임의의 $\epsilon>0$에 대하여 열린집합 $O_n\supset E_n$이 존재하여 $m^*(O_n-E_n)<\frac{1}{n}\cdot\frac{\epsilon}{2^{|n|}}$이다.

$O=\bigcup_{n\in I}O_n$이라 하고 $E=\bigcup_{n\in I}E_n$이라 하자. 그러면

$$m^*(O-E)=m^*(\bigcup_{n\in I}O_n-\bigcup_{n\in I}E_n)\le m^*(\bigcup_{n\in I}(O_n-E_n))$$

이다. 그러므로

$$\begin{aligned}m^*(O-E)&\le m^*(\bigcup_{n\in I}(O_n-E_n))\\&\le\sum_{n\in I}m^*(O_n-E_n)\\&<\sum_{n\in I}\frac{1}{3}\cdot\frac{\epsilon}{2^{|n|}}\\&=\left\{\epsilon+2\left(\frac{\epsilon}{2}+\frac{\epsilon}{2^2}+\cdots\right)\right\}\times\frac{1}{3}\\&=\epsilon\end{aligned}$$

ii)⇒iv) : 임의의 $\epsilon>0$에 대하여 열린집합 $O\supset E$가 존재하여 $m^*(O-E)<\epsilon$라 하자. 그러면 $n\in\mathbb{N}$에 대하여 열린집합 $O_n\supset E$이 존재하여 $m^*(O_n-E)<\frac{1}{n}$이다. $G=\bigcap_{n=1}^{\infty}O_n$라 하면 $m^*(G-E)\le m^*(O_n-E)<\frac{1}{n}$이다. 따라서 $m^*(G-E)=0$이고 G는 G_δ-집합이다.

iv)⇒i) : $E\subset G$이고 $m^*(G-E)=0$인 G_δ-집합 G가 존재한다고 하자. 임의의 집합 $A\subset\mathbb{R}$에 대하여 $m^*(A-E)=m^*(A-G)$이다. 또한 G는 가측집합이다. 따라서

$$\begin{aligned}m^*(A\cap E)+m^*(A\cap E^c)&=m^*(A\cap E)+m^*(A\cap G^c)\\&=m^*(A\cap E)+m^*(A)-m^*(A\cap G)\le m^*(A)\end{aligned}$$

이므로 E는 가측이다.

i)⇒iii) : E가 가측이라면 E^c도 가측이므로 임의의 $\epsilon>0$에 대하여 열린집합 $O\supset E^c$가 존재하여 $m^*(O-E^c)<\epsilon$이다.

$F=O^c$라 하면 $F\subset E$이고 $m^*(E-F)<\epsilon$이다.

iii)⇒v) : 가정에 의하여 각 n에 대하여 $F_n\subset E$이고 $m^*(E-F_n)<\frac{1}{n}$인 F_n인 존재한다.

$F=\bigcup_{n=1}^{\infty}F_n$라 하면 $F\subset E$이고 $m^*(E-F)<\frac{1}{n}$이다. 따라서 $m^*(E-F)=0$이며 F는 $F\subset E$인 F_δ-집합이다.

v)⇒i) : $F\subset E$이고 $m^*(E-F)=0$인 F_δ-집합 F가 존재한다고 하자. 그러면 $m^*(E^c-F^c)=0$이며, 임의의 집합 $A\subset R$에 대하여 $m^*(A-E^c)=m^*(A-F^c)$이다. 또한 F가 가측이므로 F^c도 가측이다. 그러므로

$$m^*(A)=m^*(A\cap F^c)+m^*(A-F^c)$$

이다. 따라서

$$\begin{aligned} m^*(A\cap E)+m^*(A\cap E^c) &\le m^*(A-E^c)+m^*(A\cap E^c) \\ &=m^*(A-F^c)+m^*(A\cap E^c) \\ &=m^*(A\cap E^c)+m^*(A)-m^*(A\cap F^c) \\ &\le m^*(A) \end{aligned}$$

이므로 E는 가측이다.

연습문제 5.2

1. 임의의 $\alpha\in\mathbb{R}$에 대하여

$$\{x\mid\chi_E(x)>\alpha\}=\begin{cases}\varnothing, & \alpha\ge 1\\ E, & 0\le\alpha<1\\ \mathbb{R}, & \alpha<0\end{cases}$$

이므로 χ_E가 가측함수일 필요충분조건은 E가 가측이다.

2. 임의의 $\alpha\in\mathbb{R}$에 대하여

$$\{x\mid f(x)\ge\alpha\}=\begin{cases}[0,1], & \alpha<1\\ \left[0,\dfrac{1}{\alpha}\right]\cup\{1\}, & 1\le\alpha\le 2\\ \left(0,\dfrac{1}{\alpha}\right]\cup\{1\}, & 2<\alpha\le 3\\ \left(0,\dfrac{1}{\alpha}\right], & \alpha>3\end{cases}$$

이므로 f는 가측함수이다.

3. 임의의 $\alpha\in\mathbb{R}$에 대하여 유리수 r_n이 존재하여 $\alpha+\dfrac{1}{n+1}<r_n<\alpha+\dfrac{1}{n}$을 만족한다면 $\{r_n\}$은 α에 수렴하는 단조감소수열이다. 따라서

$$\{x\mid f(x)>\alpha\}=\bigcup_{n=1}^{\infty}\{x\mid f(x)>r_n\},\ r_n\in\mathbb{Q}$$

$\{x\mid f(x)>r_n\}$이 가측이므로 $\{x\mid f(x)>\alpha\}$도 가측이고 따라서 f는 가측함수이다.

4. f는 가측함수이고 B를 Borel 집합이라 하자. $\mathscr{A}=\{E\subset\mathbb{R}\mid f^{-1}(E):\text{가측}\}$라 하면 $\mathscr{A}$는 $\sigma-$대수이다. 임의의 $\alpha\in\mathbb{R}$에 대하여 $f^{-1}((\alpha,\infty))$가 가측이므로 $(\alpha,\infty)\in\mathscr{A}$이다. 따라서 Borel-대수 $\mathscr{B}$는 $\mathscr{B}\subset\mathscr{A}$이다. $B\in\mathscr{B}$이므로 $B\in\mathscr{A}$이다. 따라서 $f^{-1}(B)$는 가측집합이다.

5. (i) 임의의 $\alpha\in\mathbb{R}$에 대하여 $\{x\mid f(x)>\alpha\}$가 Borel 집합이므로 정리 5.1.7(라)에 의하여 $\{x\mid f(x)>\alpha\}$은 가측이고, 따라서 f는 가측함수이다.

(ii) $\mathscr{A}=\{B\mid f^{-1}(B):\text{Borel 집합}\}$라 하면 $\mathscr{A}$는 $\sigma-$대수이다. 그리고 임의의 $\alpha\in\mathbb{R}$에 대하여 $f^{-1}((\alpha,\infty))\in\mathscr{B}$이고 f가 Borel 가측함수이므로 $\mathscr{B}\subset\mathscr{A}$이다. 그러므로 $B\in\mathscr{B}$이면 $B\in\mathscr{A}$이고 따라서 $f^{-1}(B)$는 Borel 집합이다.

(iii) 임의의 $\alpha\in\mathbb{R}$에 대하여$\{x\mid(f\circ g)(x)>\alpha\}=g^{-1}\{f^{-1}(a,\infty)\}$이고 f가 Borel 가측함수이

므로 $f^{-1}(a, \infty) \in \beta$이다. (ii)에 의하여 $g^{-1}\{f^{-1}(a, \infty)\}$은 Borel 집합이다. 그러므로 $f \circ g$는 Borel 가측함수이다.

(iv) 임의의 $\alpha \in \mathbb{R}$에 대하여 f가 Borel 가측함수이므로 $f^{-1}(a,\infty)$는 Borel 집합이다. $g^{-1}\{f^{-1}(a, \infty)\}$가 가측임을 보이기 위하여 다음 사실을 기억하자. :

f가 가측함수이고 B가 Borel 집합이면 $f^{-1}(B)$는 가측이다.

이 사실에 의하여 $g^{-1}\{f^{-1}(a, \infty)\}$는 가측이다.

6. f가 가측함수라 하자. 임의의 $\alpha \in \mathbb{R}$에 대하여

$$\{x \mid (f|_D)(x) > \alpha\} = D \cap \{x \in D \cup E \mid f(x) > \alpha\}$$

이므로 $f|_D$는 가측함수이다. 마찬가지로 $g|_D$도 가측함수이다. 역으로 $f|_D$와 $f|_E$가 가측함수라 하자. 임의의 $\alpha \in \mathbb{R}$에 대하여

$$\{x \in D \cup E \mid f(x) > \alpha\} = \{x \in D \mid (f|_D)(x) > \alpha\} \cup \{x \in E \mid (f|_E)(x) > \alpha\}$$

이므로 f는 가측함수이다.

7. (a) (i) f_1이 연속함수이므로 f도 연속함수이다.

(ii) $f(x) = f(y)$라 하자. 그러면 $(f_1(y) - f_1(x)) + (y - x) = 0$이다. $y > x$이면 f_1는 단조 증가인 함수이므로 $f_1(y) \geq f_1(x)$이다. 따라서 $(f_1(y) - f_1(x)) + (y - x) > 0$이 되어 모순이 된다. $y < x$인 경우도 모순이 된다. 그러므로 $y = x$이다. 즉, f는 단사함수이다.

(iii) $f(0) = f_1(0) + 0 = 0$이고 $f(1) = f_1(1) + 1 = 2$이고 f_1의 정의에 의하여 f는 전사함수이다.

(iv) D를 $[0, 1]$에서 닫힌집합이라 하자. f가 연속함수이고 $D \subset [0, 1]$가 유계이고 닫힌집합이므로 $f(D)$는 $[0, 2]$에서 닫힌집합이다. 그러므로 $f(D)$는 닫힌집합이다. 즉, f^{-1}는 연속함수이다.

(i)~(iv)에 의하여 f는 위상동형사상이다.

(b) f_1는 $\left(\dfrac{1+3\cdot 2(i-1)}{3^n}, \dfrac{2+3\cdot 2(i-1)}{3^n}\right) := J_{n,i}\ (n = 1, 2, \cdots; i = 1, 2, \cdots, 2^{n-1})$ 위에서 상수함수이므로

$$\begin{aligned} m(f(F)) &= 2 - m\left(f\left(\bigcup_{n=1}^{\infty}\bigcup_{i=1}^{2^{n-1}} J_{n,i}\right)\right) \\ &= 2 - \sum_{n=1}^{\infty}\sum_{i=1}^{2^{n-1}} m(f(J_{n,i})) \\ &= 2 - \sum_{n=1}^{\infty}\sum_{i=1}^{2^{n-1}} m(J_{n,i}) \\ &= 1 \end{aligned}$$

이다. $f|_F : F \to f(F) (:= C)$는 전사함수이다.

(c) $f(F) = C$이므로 $B \subset f(F) = C$를 만족하는 비가측집합 B가 존재하여 $f^{-1}(B) \subset F$이다. 따라서 $m^*(f^{-1}(B)) \leq m^*(F) = 0$이므로 $m^*(f^{-1}(B)) = 0$가 되어 $f^{-1}(B)$는 가측이다. $A = f^{-1}(B)$라 하면 $g^{-1}(A) = g^{-1}(f^{-1}(B)) = f(f^{-1}(B)) = B$는 가측집합이 아니지만 A는 가측집합이다.

(d) $g = f^{-1}$이라 하고 $h = \chi_A$라 하자. 여기서 $A = f^{-1}(B) = g(B)$이다. 그러면

$$(h \circ g)^{-1}(\{1\}) = g^{-1}(h^{-1}(\{1\}) = g^{-1}(A) = g^{-1}(g(B)) = B$$

이므로 $h \circ g$는 가측함수가 아니다.

(e) $A = f^{-1}(B) = g(B)$라 하자. 그러면 A가 가측집합이다. g가 연속함수이므로 g가 가측함수이다. 따라서 A가 Borel 집합이면 연습문제 5.2.4에 의하여 $f(A) = g^{-1}(A) = B$는 가측집합이다. 그러나 (c)에 의하여 B는 가측집합이 아니다. 그러므로 A는 Borel 집합이 아니다.

연습문제 5.3

1. $f = \sum_{i=1}^{n} \alpha_i \chi_{E_i}$, $g = \sum_{j=1}^{m} \beta_j \chi_{F_j}$라 하자. 그러면 $|f| = \sum_{i=1}^{n} |\alpha_i| \chi_{E_i}$이므로 $|f|$는 단순함수이다. $cf = \sum_{i=1}^{n} (c\alpha_i) \chi_{E_i}$이므로 cf는 단순함수이다. $f+g = \sum_{i=1}^{n}\sum_{j=1}^{m} (\alpha_i + \beta_j) \chi_{E_i \cap F_j}$이므로 $f+g$는 단순함수이다.

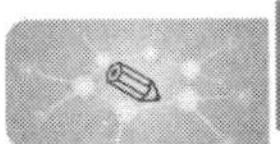

연습문제 6장 풀이

연습문제 6.1

1. $\chi_E = 1 \cdot \chi_E$이므로 $\int \chi_E = 1 \cdot m(E) = m(E)$이다.

2. $f = \sum_{i=1}^{n} \alpha_i \chi_{E_i}$라 하면

$$\begin{aligned} \int_{a+c}^{b+c} f(x)dx &= \sum_{i=1}^{n} \alpha_i m(E_i \cap [a+c, b+c]) \\ &= \sum_{i=1}^{n} \alpha_i m((E_i - c) \cap [a, b]) \\ &= \int_a^b f(x+c)dx \end{aligned}$$

이다.

3. (i) 임의의 ν에 대하여 $\Delta_\nu \subset \Delta$이므로 $\bigcup_\nu \Delta_\nu \subset \Delta$이다. 또한 $x \not\in \bigcup_\nu \Delta_\nu$이면 모든 ν에 대하여 $x \not\in \Delta_\nu$이다. 따라서 모든 ν에 대하여 $g(x) \geq h(x) - \frac{1}{\nu}$이므로 $g(x) > h(x)$이고 그러므로 $x \not\in \Delta$이다.

(ii) $\left\{x \mid \phi_n(x) < \psi_n(x) - \frac{1}{n}\right\} = C$라 하면

$$\frac{1}{\nu} m(C) = \int_C \frac{1}{\nu} < \int_C (\psi_n - \phi_n) < \int_E (\psi_n - \phi_n) < \frac{1}{n}$$

이다. 따라서 $m(C) \leq \frac{\nu}{n}$이다.

4. $\int_a^b f = 0$

5. $(R)\overline{\int_a^b} f = 1$이고 $(R)\underline{\int_a^b} f = 0$이므로 $(R)\underline{\int_a^b} f \neq (R)\overline{\int_a^b} f$이고 f는 Riemann 적분가능하지 않다.

연습문제 6.2

1. f와 g를 가측집합 E 위에서 정의된 0가 아닌 가측함수라 하자.

(i) $f \le g$이면 $\int_E f = \sup_{0 \le \phi \le f} \int_E \phi$ (여기서 ϕ는 단순함수이다)

이고 $\sup_{0 \le \phi \le f} \int_E \phi \le \sup_{0 \le \psi \le g} \int_E \psi$ (여기서 ψ는 단순함수이다)

이므로 $\int_E f \le \int_E g$이다.

(ii) $\int_B f = \infty$이면 분명하다. 따라서 $\int_B f < \infty$라 하자. ϕ가 $0 \le \phi \le f$인 단순함수이면 정의에 의해서 $\int_B \phi = \int_A \phi + \int_{B \setminus A} \phi$이므로 $\int_B f \ge \int_A f$이다.

(iii) $c > 0$라 하면 정의에 의하여

$$\begin{aligned}\int_E cf &= \sup_{0 \le \phi \le cf} \int_E \phi \\ &= \sup_{0 \le \phi' \le f} \int_E c\phi' \\ &= c\sup_{0 \le \phi' \le f} \int_E \phi' = c\int_E f\end{aligned}$$

이다.

(iv) E 위에서 $f = 0$ $a.e.$이면 $m(\{x \in E \mid f(x) > 0\}) = 0$이다. 따라서 $0 \le \phi \le f$를 만족하는 단순함수 ϕ에 대하여 $m(\{x \in E \mid \phi(x) > 0\}) = 0$이다. 그러므로 $\int_E f = \sup_{0 \le \phi \le f} \int_E \phi = 0$ 이다.

(v) $0 \le \phi \le f$인 ϕ에 대하여 $\phi = \sum_{i=1}^n \alpha_i \chi_{E_i}$라 하면

$$\begin{aligned}\int_E \phi &= \sum_{i=1}^n \alpha_i m(E \cap E_i) \\ &\le \sum_{i=1}^n \alpha_i m(E) = 0\end{aligned}$$

이므로

$$\int_E f = \sup_{0 \le \phi \le f} \int_E \phi = 0$$

이다.

(vi) $\int_A f = \sup_{0 \le \phi \le f} \int_A \phi = \sup_{0 \le \phi \le f} \int_E \phi\chi_A = \sup_{0 \le \phi' \le f\chi_A} \int_E \phi' = \int_E f\chi_A$

이다.

2. $< f_n >$을 가측집합 E 위에서 정의된 음이 아닌 가측함수열이라 하고

$$\sum_{k=1}^{n} f_k = g_n$$

라 하면 $< g_n >$은 음이 아닌 단조증가 가측함수열이다. 따라서 Lebesgue 단조수렴정리에 의하여

$$\lim_{n\to\infty}\int_E g_n = \int_E\left(\lim_{n\to\infty} g_n\right)$$

이다. 그런데 따름정리 6.2.7에 의하여

$$\int_E g_n = \sum_{k=1}^{n}\int_E f_k \text{이므로 } \lim_{n\to\infty}\int_E g_n = \sum_{n=1}^{\infty}\int_E f_n \text{이고 } \int_E\left(\lim_{n\to\infty} g_n\right) = \int_E\sum_{n=1}^{\infty} f_n \text{이므로}$$

$$\sum_{n=1}^{\infty}\int_E f_n = \int_E\sum_{n=1}^{\infty} f_n$$

이다.

3. f가 가측집합 E 위에서 정의된 음이 아닌 적분가능한 함수라 하자. $\{x \mid f(x) = \infty\} := A$라 하고 $m(A) > 0$라 하면

$$\int_E f = \int_A f + \int_{E-A} f \ge \int_A f = \infty$$

이므로 f는 적분가능하지 않으므로 모순이다.

연습문제 6.3

1. $\int f = \int f^+ - \int f^-$이므로

$$\begin{aligned}\left|\int f\right| &= \left|\int f^+ - \int f^-\right| \\ &\le \left|\int f^+\right| + \left|\int f^-\right| \\ &= \int f^+ + \int f^- \\ &= \int |f|\end{aligned}$$

이다.

2. f가 적분가능하고 $M > 0$이 조재하여 $|g| \le M$이라 하자.

$$\int |fg| \le M\int |f| < +\infty$$

이므로 fg도 적분가능하다.

3. 임의의 자연수 n에 대하여 $|f| \ge n$이라 하자. 그러면 $\int_E |f| \ge n \cdot m(E) \to \infty$이므로 $\int_E |f| = \infty$이다. 따라서 정리 6.3.3에 의하여 f도 적분가능하지 않다.

4. 4

연습문제 6.4

1. $(R)\int_0^1 f=(R)\int_1^\infty \frac{\sin t}{t}dt=\frac{\pi}{2}$이므로 f는 Riemann 적분가능하다.

$$g_n(x)=\begin{cases}\left|\frac{1}{x}\sin\frac{1}{x}\right|, & \frac{1}{n}\le x\le 1\\ 0 & 0\le x<\frac{1}{n}\end{cases}$$

라 정의하면 $\langle g_n\rangle$은 단조증가수열로서 $g_n\to|f|$이다.

$$\int_0^1 g_n=\int_{\frac{1}{n}}^1 \frac{1}{x}\left|\sin\frac{1}{x}\right|\ge\int_{\frac{1}{n}}^1\left|\sin\frac{1}{x}\right|\to\infty$$

이다. Lebesgue 단조수렴정리에 의하여

$$\int_0^1|f|=\lim_{n\to\infty}\int_0^1 g_n\ge\lim_{n\to\infty}\left|\sin\frac{1}{x}\right|=\infty$$

이므로 정리 6.3.3에 의하여 f는 Lebesgue 적분가능하지 않다.

2. $$(R)\int_0^1 f(x)dx=\sum_{n=1}^\infty(R)\int_{\frac{1}{n+1}}^{\frac{1}{n}}(-1)^n ndx$$
$$=\sum_{n=1}^\infty(-1)^n\frac{1}{n+1}<\infty$$

이고 $\int_0^1|f|=\sum_{n=1}^\infty\frac{1}{n+1}=\infty$이다. 그러므로 f는 $[0,1]$ 위에서 Riemann 이상적분가능하지만 Lebesgue 적분가능하지 않다.

3. $$(R)\int_\epsilon^M\frac{1-\cos x}{x^2}dx=\left[\left(-\frac{1}{x}\right)(1-\cos x)\right]_\epsilon^M+(R)\int_\epsilon^M\frac{\sin x}{x}dx$$
$$=\frac{1-\cos\epsilon}{\epsilon}-\frac{1-\cos M}{M}+(R)\int_\epsilon^M\frac{\sin x}{x}dx$$

이고 $\lim_{\epsilon\to 0}\frac{1-\cos\epsilon}{\epsilon}=0$이고 $\lim_{M\to\infty}\frac{1-\cos M}{M}=0$이므로 $(R)\int_0^\infty\frac{\sin x}{x}dx=(R)\int_0^\infty\frac{1-\cos x}{x^2}dx$ $=\frac{\pi}{2}$이다.

연습문제 7장 풀이

연습문제 7.1

1. $P: a=x_0<x_1<\cdots<x_n=b$를 $[a,b]$의 한 분할이라 하고 $f:[a,b]\to\mathbb{R}$을 단조증가함수라 하자. $f(b)-f(a)=K$라 두면

$$\sum_{k=1}^n|f(x_k)-f(x_{k-1})|\le K$$

이므로 f는 유계변동이다.

f가 단조감소함수일 때도 유사한 방법에 의하여 f는 유계변동이다.

2. (1) 각 $n \in \mathbb{N}$에 대하여

$$\sum_{k=1}^{n}\left|f\left(\frac{1}{2k}\right)-f\left(\frac{1}{2k+1}\right)\right|=\sum_{k=1}^{n}\frac{1}{2k}$$

이므로 f는 유계변동이 아니다.

(2) 각 n에 대하여

$$\sum_{k=1}^{n}\left|f\left(\sqrt{\frac{2}{k\pi}}\right)-f\left(\sqrt{\frac{2}{(k+1)\pi}}\right)\right| \geq \sum_{k=1}^{n}\frac{2}{(k+1)\pi}$$

이므로 f는 유계변동이 아니다.

(3) g는 $[-1, 1]$ 위에서 유계변동이다.

3. $x \in A$이면 $D_+f(x) < D^+f(x)$이므로 유리수 p, q가 존재하여 $D_+f(x) < p < q < D^+f(x)$이다.

4. $f : [a, b] \to \mathbb{R}$이 유계변동이면 정리 7.1.10에 의하여 $f = f_1 - f_2$이다.
여기서 f_1, f_2는 단조증가함수들이다. 따라서 $\{x \in [a, b] \mid f_1$는 x에서 불연속$\}$와 $\{x \in [a, b] \mid f_2$는 x에서 불연속$\}$은 가산집합이다. 따라서 $\{x \in [a, b] \mid f$는 x에서 불연속$\}$은 가산집합이다.

연습문제 7.2

1. 함수 f, g가 $[a, b]$에서 연속이고 λ를 상수라 하자.

(i) f, g가 절대연속이므로 임의의 $\epsilon > 0$에 대하여 $\delta_1, \delta_2 > 0$가 존재하고

$$\sum_{i=1}^{n}(y_i - x_i) < \delta_1, \ \sum_{i=1}^{n}(y_i - x_i) < \delta_2$$

인 서로소인 구간 $[x_i, y_i) \subset [a, b]\ (i = 1, 2, \cdots, n)$에 대하여 각각

$$\sum_{i=1}^{n}|f(y_i) - f(x_i)| < \frac{\epsilon}{2}, \ \sum_{i=1}^{n}|g(y_i) - g(x_i)| < \frac{\epsilon}{2}$$

$\delta = \min(\delta_1, \delta_2)$라고 하면

$$\sum_{i=1}^{n}(y_i - x_i) < \delta$$

인 서로소인 구간 $[x_i, y_i) \subset [a, b]\ (i = 1, 2, \cdots, n)$에 대하여

$$\begin{aligned}\sum_{i=1}^{n}|(f+g)(y_i) - (f+g)(x_i)| &\leq \sum_{i=1}^{n}|f(y_i) - f(x_i)| + \sum_{i=1}^{k}|g(y_i) - g(x_i)| \\ &< \frac{\epsilon}{2} + \frac{\epsilon}{2}\end{aligned}$$

이므로 $f+g$는 $[a, b]$ 위에서 절대연속이다.

(ii) 생략

(iii) f와 g는 $[a, b]$ 위에서 연속이므로 $M > 0$이 존재하여 $[a, b]$ 위에서 $|f(x)| \leq M$이고 $|g| \leq M$이다.

f, g가 $[a, b]$ 위에서 절대연속이므로 임의의 $\epsilon > 0$에 대하여 $\delta > 0$가 존재하고

$$\sum_{i=1}^{n}(y_i - x_i) < \delta$$

인 서로소인 구간 $[x_n, y_n) \subset [a, b]\ (i=1, 2, \cdots a, n)$에 대하여 각각

$$\sum_{i=1}^{n}|f(y_i)-f(x_i)|<\frac{\epsilon}{2M},\ \sum_{i=1}^{n}|g(y_i)-g(x_i)|<\frac{\epsilon}{2M}$$

이다. 따라서

$$\begin{aligned}\sum_{i=1}^{n}|(fg)(y_i)-(fg)(x_i)| &\le \sum_{i=1}^{n}|f(y_i)(g(y_i)-g(x_i))+g(x_i)(f(y_i)-f(x_i))| \\ &\le \sum_{i=1}^{n}|f(y_i)||g(y_i)-g(x_i)|+\sum_{i=1}^{n}|g(x_i)||f(y_i)-f(x_i)| \\ &\le M\sum_{i=1}^{n}|g(y_i)-g(x_i)|+M\sum_{i=1}^{n}|f(y_i)-f(x_i)| \\ &< M\cdot\frac{\epsilon}{2M}+M\cdot\frac{\epsilon}{2M}=\epsilon\end{aligned}$$

이므로 fg는 $[a, b]$ 위에서 절대연속이다.

2. $\int_0^1 f=0$이므로 정리 7.2.6에 의하여 $F'=f$ a.e.이다.

3. 임의의 $\epsilon>0$에 대하여 $\delta=\frac{\epsilon}{K}$라 하자.

$\sum_{i=1}^{n}(y_i-x_i)<\delta$를 만족하는 겹쳐지는 부분이 없는 구간들의 모든 유한모임 $\{(x_i, y_i)\}$에 대하여

$$\sum_{i=1}^{n}|f(y_i)-f(x_i)|<\sum_{i=1}^{n}K|y_i-x_i|<K\cdot\delta=\epsilon$$

이므로 f는 절대연속이다.

4. 정리 2.6.6에 의하여 Cantor 함수 $f:[0, 1]\to[0, 1]$는 단조증가인 연속함수이다.

$\epsilon=\frac{1}{2}$이라 하고 $\delta>0$가 주어졌다고 가정하자.

Cantor 삼진집합 F는 $m(F)=0$이므로 서로소인 개구간들의 가산모임 $\{(a_k, b_k)\}_{k=1}^{\infty}$가 존재하여

$F\subset\bigcup_{k=1}^{\infty}(a_k, b_k)$이며 $m\left(\bigcup_{k=1}^{\infty}(a_k, b_k)\right)<\delta$이다.

$f(F)=[0, 1]$이므로 $m(f[F])=1$이다. 그리고 $f(F)\subset\bigcup_{k=1}^{\infty}f((a_k, b_k))$이다. 그러므로

$$\begin{aligned}1=m(f(F)) &\le m\left(\bigcup_{k=1}^{\infty}f((a_k, b_k))\right)\le\sum_{k=1}^{\infty}m(f((a_k, b_k))) \\ &=\sum_{k=1}^{\infty}|f(b_k)-f(a_k)|\ (f\text{가 단조이므로})\end{aligned}$$

이다. 따라서 $N(\delta)$가 존재하여

$$\sum_{k=1}^{N(\delta)}|f(b_k)-f(a_k)|\ge\frac{1}{2}=\epsilon$$

이므로 f는 절대연속이 아니다.

5. $f(x)=\int_0^x f'(x)dx$이므로 f는 절대연속이다.

$$h(x)=\begin{cases} x^2\sin\frac{1}{x}, & 0<x\le 1 \\ 0, & x=0 \end{cases}$$

라 정의하면 $h(x)=\int_0^x h'(x)dx$이므로 h도 절대연속이며 따라서 $g=|h|$도 절대연속이다.

$$\sum_{i=1}^{n}\left|(f\circ g)\left(\frac{2}{4i\pi}\right)-(f\circ g)\left(\frac{2}{(4i+1)\pi}\right)\right|=\sum_{i=1}^{n}\frac{2}{(4i+1)\pi}\to\infty$$

이므로 $f\circ g$는 유계변동이 아니다. 그러므로 보조정리 7.2.11이나 4.2.18 [22]에 의하여 $f\circ g$는 절대연속이 아니다.

연습문제 8장 풀이

연습문제 8.3

1. $\|f\|_\infty$의 정의에 의하여 임의의 $n\in\mathbb{N}$에 대하여 M_n이 존재해서 $M_n<\|f\|_\infty+\frac{1}{n}$이고 $m(\{x:|f(x)|>M_n\})=0$이다. $A_n=\{x:|f(x)|>M_n\}$라 하면 $m(A_n)=0$이다.

$$\begin{aligned} x\notin\bigcup_{n=1}^{\infty}A_n &\Rightarrow \text{모든 } n\in\mathbb{N}\text{에 대하여 } |f(x)|\le M_n \\ &\Rightarrow \text{모든 } n\in\mathbb{N}\text{에 대하여 } |f(x)|\le M_n<\|f\|_\infty+\frac{1}{n} \\ &\Rightarrow |f(x)|\le\|f\|_\infty \end{aligned}$$

이고 $m\left(\bigcup_{n=1}^{\infty}A_n\right)\le\sum_{n=1}^{\infty}m(A_n)=0$이므로 $|f(x)|\le\|f\|_\infty$ a.e.이다.

2. $\inf\{M\,|\,m(\{x\,||f(x)|>M\})=0\}=B$라 하면 임의의 $\epsilon>0$에 대하여 M_ϵ이 존재하여 $m(\{x\,||f(x)|>M_\epsilon\})=0$와 $B+\epsilon>M_\epsilon$을 만족한다.
$\{x\,||f(x)|>M_\epsilon\}=A_\epsilon$이라 하면 $A_\epsilon\in\mathscr{M}$이며 $m(A_\epsilon)=0$이고 $\sup_{x\notin A_i}|f(x)|\le M_\epsilon$이다. 따라서 $\|f\|_\infty\le M_\epsilon<B+\epsilon$이며 $\|f\|_\infty\le B$이다. 역으로 임의의 자연수 n에 대하여 $m(A)=0$을 만족하는 $A\in\mathscr{M}$가 존재해서 $S(A)<\|f\|_\infty+\frac{1}{n}$이다. 그러므로 $B<\|f\|_\infty+\frac{1}{n}$이고 따라서 $B\le\|f\|_\infty$이다.

3. $\|f\|_\infty$의 정의로부터 분명하다.
4. 연습문제 8.3.2에 의하여
$|f(x)|\le\|f\|_\infty$ a.e.이고 $|g(x)|\le\|g\|_\infty$ a.e.이므로
$|f(x)|+|g(x)|\le\|f\|_\infty+\|g\|_\infty$ a.e.이고
$|f(x)+g(x)|\le|f(x)|+|g(x)|\le\|f\|_\infty+\|g\|_\infty$ a.e.이다.

따라서 $m(\{x : |f(x)+g(x)| > \|f\|_\infty + \|g\|_\infty\}) = 0$이고 $\|f+g\|_\infty \le \|f\|_\infty + \|g\|_\infty$이다.

5. $f \in L_1$이고 $g \in L_\infty$라 하면 $|g(x)| \le \|g\|_\infty$ a.e.이므로

$$\int |fg| \le \int |f| \, \|g\|_\infty = \|g\|_\infty \cdot \int |f| = \|g\|_\infty \cdot \|f\|_1$$

이다.

6. $\|f\|_\infty = 0$

연습문제 8.4

1. $\int_0^1 |f_n|^p = n^{p-1}$이므로 L_p－수렴하지 않는다.

연습문제 8.5

1. $m(\{x : |f(x)-g(x) \ne 0\}) > 0$라면

$$|f(x)-g(x)| \le |f(x)-f_n(x)| + |g(x)-f_{n_i}(x)-f_n(x)|$$

이므로 $\int_0^1 |f-g| = 0$이다. 그러나 이것은 모순이다.

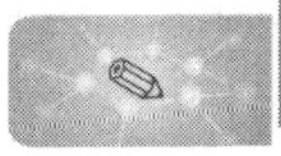

연습문제 9장 풀이

연습문제 9.1

1. $f : X \to Y$가 연속함수이고 O를 Y의 임의의 열린집합이라 하면 f가 연속이므로 $f^{-1}(O)$는 X의 열린집합이다. 열린집합은 Borel 집합이므로 $f^{-1}(O)$는 Borel 집합이며, 따라서 f는 Borel가측이다.
2. 따름정리 5.1.11과 같은 방법으로 증명할 수 있다.

연습문제 9.2

1. $f^+(x) = \max\{f(x), 0\}$이고 $f(x)$와 0이 가측함수이므로 f^+도 가측함수이다. 마찬가지로 f^{-1}도 가측함수이다.
2. $\phi = \sum_{i=1}^n \alpha_i \chi_{A_i}$라면 $c\phi = \sum_{i=1}^n (c\alpha_i)\chi_{A_i}$이므로

$$\int_E (c\phi) d\mu = \sum_{i=1}^n (c\alpha_i) \cdot \mu(A_i \cap E) = c \cdot \sum_{i=1}^n \alpha_i \mu(A_i \cap E) = c\int_E \phi d\mu$$이다.

3. (i) $g = \sum_{i=1}^n \alpha_i \chi_{A_i}$라 하면

$$\int_X g\, d\nu = \sum_{i=1}^n \alpha_i \int_X \chi_{A_i} d\nu = \sum_{i=1}^n \alpha_i \int_X \chi_{A_i} f d\mu = \int_X \left(\sum_{i=1}^n \alpha_i \chi_{A_i}\right) f d\mu = \int_X g f d\mu$$

(ii) g를 가측함수라 하면 정리 9.1.6에 의하여 음이 아닌 단조증가인 단순 가측 함수열 $< g_n >$이

존재해서 $\lim_n g_n = g$이다.

단조수렴정리에 의하여

$$\int_X g d\nu = \lim_n \int_X g_n d\nu = \lim_n \int_X g_n d\mu = \int_X (\lim g_n) f d\mu = \int_X g f d\mu$$

4. (i) g가 연속함수이므로 모든 $x \in [0, 1]$에 대하여 $(g \circ f)(x) = x$이다. 따라서 f는 단사함수이다.
   (ii) g가 단조증가함수이므로 f도 단조증가함수이다. f가 단조증가함수이므로 임의의 $\alpha \in \mathbb{R}$에 대하여 $\{x \in \mathbb{R} \mid f(x) < \alpha\}$의 구간이거나 단 한 점으로 이루어진 집합이거나 혹은 공집합이다. 따라서 f는 Borel 가측함수이다.
   (iii) $f(S) := B$가 Borel 집합이라면 $f^{-1}(B)$는 Borel 집합이다. 그러나 f가 단사함수이므로 $f^{-1}(B) = S$이다. S가 가측집합이 아니므로 $f^{-1}(B)$도 가측집합이 아니다. 따라서 $f^{-1}(B)$는 Borel 집합이 아니다. 이는 모순이다. 그러므로 $f(S)$는 Borel 집합이 아니다.
5. $\overline{\mathscr{B}} = \{E \cup N \mid E \in \mathscr{B},\ N \subset M \in \mathscr{B},\ \mu(M) = 0\}$이며 $\overline{\mu}(E \cup N) = \mu(E)$이다. $\mathscr{M} = \overline{\mathscr{B}}$임을 보이자. $E \cup N \in \overline{\mathscr{B}}$이면 $E \in \mathscr{B}$이다. 또한

$$m^*(N) \le m^*(M) = m(M) = \mu(M) = 0$$

이므로 $N \in \mathscr{M}$이므로 $E \cup N \in \mathscr{M}$이다. 즉, $\overline{\mathscr{B}} \subset \mathscr{M}$이다. $F \in \mathscr{M}$라 하면 $E, G \in \mathscr{B}$가 존재해서 $\mu(G) = \mu(E)$, $E \subset F \subset G$이고 $m^*(F - E) = m^*(G - F) = 0$이다. $F - E \subset G - E$이고 $G - E \in \mathscr{B}$이다. $\mu(G - E) = 0$이고 $F = E \cup (F - E)$이므로 $F \in \overline{\mathscr{B}}$이다. 그러므로 $\mathscr{M} \subset \overline{\mathscr{B}}$이다.

연습문제 9.3

1. $B \in \mathscr{B}$라 하자. $E \in \mathscr{B}$이므로 $B \cap E \in \mathscr{B}$이다.
   $\nu(B \cap E) = \nu(B \cap E \cap P) \ge 0$이므로 E도 ν에 관해 양집합이다.
2. P_1과 P_2를 ν에 관해 양집합이라 하자. $B \in \mathscr{B}$라 하면 $P_1 - P_2 \in \mathscr{B}$이고 $P_1 - P_2 \subset P_1$이므로 $\nu(B \cap (P_1 \cup P_2)) \ge 0$이다.

$$\nu(B \cap (P_1 \cup P_2)) = \nu(B \cap (P_2 \cup (P_1 - P_2))) = \nu(B \cap P_2) + \nu(B \cap (P_1 - P_2)) \ge 0$$

   이므로 $P_1 \cup P_2$는 ν에 관해 양집합이다.
3. $M \in \mathscr{B}$이 ν에 관해 영집합이라 하고 $\{A, B\}$를 ν에 대한 Hahn 분해라 하면 $\nu^+(M) = \nu(M \cap A) = 0$이고 $\nu^-(E) = -\nu(M \cap B) = 0$이다.
   $|\nu|(M) = \nu^+(M) + \nu^-(M)$이므로 $|\nu|(M) = 0$이다. 역으로 $|\nu|(M) = 0$이면 분명히 $M \in \mathscr{B}$은 ν에 관해 0이다.
4. $\{A, B\}$를 ν에 대한 Hahn 분해라 하자. 그러면 $E \in \mathscr{B}$에 대하여
   $|\nu|(E)$의 정의에 의하여 $\epsilon > 0$에 대하여

$$|\nu|(E) < \sum_{i=1}^{n} |\nu(E_i)| + \epsilon$$

   을 만족하는 E의 서로소인 부분집합들의 $\{E_1, \cdots, E_n\}$ $\left(\bigcup_{i=1}^{n} E_i = E\right)$가 존재한다. 이 부분집합들 중 $\nu(E_i) \ge 0$인 집합들의 합집합을 F라 하면

$$\frac{1}{2}\left\{\sum_{i=1}^{n} |\nu(E_i)| + \nu(E)\right\} = \nu(F) \le sup\{\nu(F) \mid F \subset E,\ F \in \mathscr{B}\}$$

이므로

$$\nu^+(E)=\frac{1}{2}\{|\nu|(E)+\nu(E)\}\le \sup\{\nu(F)\mid F\subset E,\ F\in\mathscr{B}\}$$

이다. 또한, $F\subset E$이고 $F\in\mathscr{B}$이라 하면

$$\nu(F)=\nu^+(F)-\nu^-(F)\le \nu^+(F)\le \nu^+(E)$$

이므로

$$\nu^+(E)\ge \sup\{\nu(F)\mid F\subset E,\ F\in\mathscr{B}\}$$

이다. 그러므로

$$\nu^+(E)=\sup\{\nu(F)\mid F\subset E,\ F\in\mathscr{B}\}$$

이다. 같은 방법으로

$$\nu^-(E)=\sup\{-\nu(F)\mid F\subset E,\ F\in\mathscr{B}\}$$

임을 보일 수 있다. 따라서

$$\nu^-(E)=-\inf\{\nu(F)\mid F\subset E,\ F\in\mathscr{B}\}$$

이다.

5. $\nu(\phi)=0$이다. 또한 ν는 가부번 덧셈가능하므로 ν는 부호측도이다.
6. ν를 측도공간 $(X,\mathscr{B})$ 위에서 부호측도라 하고 $\{A_1, B_1\}$와 $\{A_2, B_2\}$를 ν에 관한 Hahn 분해라 하면 $A_1\cap B_2$와 $A_2\cap B_1$은 영집합이다. 따라서

$$A_1\triangle A_2=(A_1\cap B_2)\cup(A_2\cap B_1),\quad B_1\triangle B_2=(B_1\cap A_2)\cup(B_2\cap A_1)$$

은 영집합들이다. 그러므로 ν에 대한 Hahn 분해는 영집합들을 제외하고는 유일하다.

연습문제 9.4

1. (i)과 (ii)는 분명하다. $\mathscr{B}=2^X$라 하자. 측도 μ_1, μ_2를

$$\mu_1(E)=0,$$
$$\mu_2(E)=\begin{cases}0, & E=\varnothing\\ +\infty, & E\ne\varnothing\end{cases}$$

라 정의하면 $\mu_1\ll\mu_2$이지만 $\mu_2\ll\mu_1$은 아니다.

2. λ가 측도임을 보이자.

$\lambda(\varnothing)=0$이고, 모든 $E\in\mathscr{B}$에 대하여 $\lambda(E)\ge 0$이다. 더욱이 $\langle E_n\rangle$을 $\mathscr{B}$의 서로소인 집합들의 집합열이라 하면

$$\lambda\left(\bigcup_n E_m\right)=\sum_{n=1}^{\infty}2^{-n}\mu_n\left(\bigcup E_m\right)=\sum_{n=1}^{\infty}2^{-n}\left(\sum_{m=1}^{\infty}\mu_m(E_m)\right)=\sum_{m=1}^{\infty}\left(\sum_{n=1}^{\infty}2^{-n}\mu_n(E_m)\right)=\sum_{m=1}^{\infty}\lambda(E_m)$$

이다. 따라서 λ는 측도이다.

$E\in\mathscr{B}$에 대하여 $\lambda(E)=0$라 하면 $\sum_{n=1}^{\infty}2^{-n}\cdot\mu_n(E)=0$이다. 따라서 모든 $n\in\mathbb{N}$에 대하여 $\mu_n(E)=0$이므로 모든 n에 대하여 $\mu_n\ll\lambda$이다.

3. 모든 n에 대하여 $(\lambda-n\mu)(N_n)\le 0$이므로 $\lambda(N_n)\le n\cdot\mu(N_n)<+\infty$이다. 그러므로 N은 $\sigma-$

유한이다. 또한 $E \subset P$이고 $E \in \mathscr{B}$이면 모든 $n \in \mathbb{N}$에 대하여 $E \subset P_n$이므로 모든 $n \in \mathbb{N}$에 대하여 $\lambda(E) \geq n \cdot \mu(E)$이다. 그러므로 $\mu(E)=0$이면 $\lambda \ll \mu$이므로 $\lambda(E)=0$이다. $\mu(E) \neq 0$이면 $\lambda(E)=+\infty$이다.

4. μ가 $\sigma-$유한측도이므로 $X=\bigcup_{n=1}^{\infty} X_n$, $X_n \in \mathscr{B}$, $\mu(X_n)<+\infty$ $(n=1, 2, \cdots)$이다.

   $\overline{\mu}(X_n)=\mu(X_n)<+\infty$이므로 $\overline{\mu}$도 $\sigma-$유한측도이다.

5. $E \in \mathscr{B}$가 존재해서 $\nu_1(E)=\nu_2(E^c)=0$라 하자. $A_1=E^c$, $A_2=E$라 하면 $A_1, A_2 \in \mathscr{B}$이고 $A_1 \cap A_2=\varnothing$이다. 임의의 $B \in \mathscr{B}$에 대하여 $B \cap A_1=\varnothing$이면 $\nu_1(B) \leq \nu_1(E)=0$이므로 $\nu_1(B)=0$이고 따라서 ν_1은 A_1 위에 집중된다. 마찬가지로 ν_2는 A_2 위에 집중된다. 역으로 $\nu_1 \perp \nu_2$라 하자. 그러면 $A_1, A_2 \in \mathscr{B}$ $(A_1 \cap A_2=\varnothing)$가 존재해서 ν_i는 A_i 위에 집중된다. 단, $i=1, 2$. $E^c=A_1$라 하면 $E \in \mathscr{B}$이고 $\nu_2(E^c)=0$이다. 마찬가지로 ν_2가 A_2 위에 집중되므로 $\nu_1(E)=0$이다.

6. (i) $\nu(E)=\int_E g\,d\mu$라 하면 $g=\dfrac{d\nu}{d\mu}$ a.e.이다. 정리 9.2.7에 의하여

   $\int f\,d\nu=\int fg\,d\mu=\int f\left(\dfrac{d\nu}{d\mu}\right)d\mu$이다.

   (ii) $\nu_1(E)=\int_E g_1\,d\mu$, $\nu_2(E)=\int_E g_2\,d\mu$라면

   $(\nu_1+\nu_2)(E)=\int_E (g_1+g_2)\,d\mu$이므로

$$\frac{d(\nu_1+\nu_2)}{d\mu}=\frac{d\nu_1}{d\mu}+\frac{d\nu_2}{d\mu}$$

   이다.

   (iii) $\nu(E)=\int_E g\,d\mu$, $\mu(F)=\int_F f\,d\lambda$라면 (i)에 의하여

$$\nu(E)=\int_E g\,d\mu=\int_E g\left(\frac{d\mu}{d\lambda}\right)=\int_F gf\,d\lambda$$

   이므로 $\dfrac{d\nu}{d\lambda}=\dfrac{d\nu}{d\mu}\cdot\dfrac{d\mu}{d\lambda}$이다.

   (iv) $\nu \ll \mu \ll \nu$이므로 (iii)에 의하여

$$\frac{d\nu}{d\nu}=\frac{d\nu}{d\mu}\cdot\frac{d\mu}{d\nu}$$

   이다. $\nu(E)=\int_E d\nu$이므로 $\dfrac{d\nu}{d\nu}=1$이다. 따라서 $\dfrac{d\nu}{d\mu}=\left(\dfrac{d\mu}{d\nu}\right)^{-1}$이다.

연습문제 10장 풀이

연습문제 10.1

1. (i) $x \in (A_1 \times B_1) \cup (A_2 \times B_2)$이면 $x \in A_1 \times B_1$ 또는 $x \in A_2 \times B_2$이다. $x \in A_1 \times B_1$이면

$x \in (A_1 - A_2) \times B_1$ 또는 $x \in (A_1 \cap A_2) \times B_1$이다. 또한 $x \in A_2 \times B_2$이면 $x \in (A_1 \cap A_2) \times B_2$ 또는 $x \in (A_2 - A_1) \times B_2$이다. 따라서

$$x \in [(A_1 - A_2) \times B_1] \cup [(A_1 \cap A_2) \times (B_1 \cup B_2)] \cup [(A_2 - A_1) \times B_2]$$

이다. 마찬가지로

$$x \in [(A_1 - A_2) \times B_1] \cup [(A_1 \cap A_2) \times (B_1 \cup B_2)] \cup [(A_2 - A_1) \times B_2]$$

이면 $x \in (A_1 \times B_1) \cup (A_2 \times B_2)$임을 보일 수 있다.

(ii) (i)의 증명방법과 같은 방법으로 보일 수 있다.

(iii) (i)의 증명방법과 같은 방법으로 보일 수 있다.

2. (i) $F \in \mathscr{F}$이면 $F = \bigcup_{i=1}^{n} F_i$, $F_i \in \mathscr{T}\ (i = 1, 2, \cdots, n)$이다.

$$H_1 = F_1,\ \ H_i = F_i \cap F_1^c \cap \cdots \cap F_{i-1}^c\ (i = 1, 2, \cdots, n)$$

와 같이 두면 $H_i \subset F_i$, $H_i \cap H_j = \varnothing\ (i \neq j)$이고 $\bigcup_{i=1}^{n} F_i = \bigcup_{i=1}^{n} H_i$, H_i는 유한개의 서로소인 $\mathscr{T}$의 원소들의 합으로 표시된다. 예를 들어

$$F_1 = A_1 \times B_1,\ F_2 = A_2 \times B_2,\ A_1,\ A_2 \in \mathscr{A},\ \ B_1, B_2 \in \mathscr{B}$$

라 하자. 그러면 $H_1 = F_1 = A_1 \times B_1 \in \mathscr{F}$이다. 연습문제 10.1.1(i)에 의하여

$$\begin{aligned} H_2 = F_2 \cap F_1^c &= (A_2 \times B_2) \cap (A_1 \times B_1)^c \\ &= (A_2 \times B_2) \cap ((A_1^c \times Y) \cup (A_1 \times B_1^c)) \\ &= ((A_2 \times B_2) \cap (A_1^c \times Y)) \cup ((A_2 \times B_2) \cap (A_1 \times B_1^c)) \\ &= ((A_2 \cap A_1^c) \times (B_2 \cap Y)) \cup ((A_2 \cap A_1) \times (B_2 \cap B_1^c)) \end{aligned}$$

이므로 H_2는 유한개의 서로소인 $\mathscr{T}$의 원소들의 합으로 표시된다. 따라서 $F = \bigcup_{i=1}^{n} H_i$도 유한개의 서로소인 $\mathscr{T}$의 원소들의 합으로 표시된다.

(ii) (i)에 의하여 $\mathscr{F}$의 원소를 $\mathscr{T}$의 서로소인 원소들의 유한개 합으로 표시된다고 가정할 수 있다.

$\mathscr{F}$의 원소들의 유한합은 다시 $\mathscr{F}$의 원소임은 분명하다. 연습문제 1의 (ii)와 (iii)에 의하여 $\mathscr{T}$의 원소들의 여집합도 $\mathscr{F}$의 원소가 된다. 따라서 $\mathscr{F}$의 원소들의 여집합도 $\mathscr{F}$의 원소가 된다. 그러므로 $\mathscr{F}$는 집합대수이다.

3. (i) $y \in (E - F)_x$이면 $(x, y) \in E - F$이므로 $(x, y) \in E$이고 $(x, y) \notin F$이다. 따라서 $y \in E_x$이고 $y \neq F_x$이다. 그러므로 $y \in E_x - F_x$이다. 즉, $(E - F)_x \subset E_x - F_x$이다.

$E_x - F_x \subset (E - F)_x$도 같은 방법으로 증명할 수 있다.

(ii) (i)과 같은 방법으로 증명할 수 있다.

연습문제 10.2

1. $F(x, y) = f(x)$, $G(x, y) = g(y)$라 두자. 그러면

$$\begin{aligned} F^{-1}(O) &= \{(x, y) \in X \times Y \mid F(x, y) \in O\} \\ &= \{(x, y) \in X \times Y \mid f(x) \in O\} \\ &= f^{-1}(O) \times Y \end{aligned}$$

이므로 $F^{-1}(O) \in \mathscr{A}\times\mathscr{B}$이다. 마찬가지로 $G^{-1}(O)\in\mathscr{A}\times\mathscr{B}$이다. $h(x, y) = F(x, y)G(x, y)$ 이므로 h는 $\mathscr{A}\times\mathscr{B}$-가측이다.

2. f가 Z 위에서 연속이면 $f\in L_1(\mu\times\nu)$이다. Fubini 정리에 의하여

$$\int_a^b dx\int_c^d f(x, y)dy = \int_Z f(x, y)dxdy = \int_c^d dy\int_a^b f(x, y)dx$$

이다.

3. $X\times Y$에서의 열린집합 G는 $X\times Y$에서의 열린 직사각형들의 서로소인 가산 합으로 표현할 수 있다. 즉, $G=\bigcup_i I_i\times J_i$. 여기서 I_i, J_i는 $[0, 1]$에서 열린구간들이다. 그러면 각 $I_i\times J_i$는 $X\times Y$에서 가측직사각형이다. 그러므로 G는 가측이고 $\mathscr{M}\times\mathscr{M}$는 모든 열린집합을 품는 σ-대수이다. $\mathscr{B}$를 Borel 대수라 하면 $\mathscr{B}$는 모든 열린집합을 품는 최소의 σ-대수이므로 모든 Borel 집합도 가측이다.

4. $\int_X f(x, y)d\mu(x) = 0$이므로 $\int_Y d\nu(y)\int_X f(x, y)d\mu(x) = \int_Y 0\, d\nu(y) = 0$이다.
한편 $\int_Y f(x, y)d\nu(y) = 1$이므로 $\int_X d\mu(x)\int_Y f(x, y)d\nu(y) = \int_X 1\, d\mu(y) = 1$이다.

5. i) $\sum_{m=1}^{\infty} a_{mn} = 1+(-1) = 0$이므로 $\sum_{n=1}^{\infty}(\sum_{m=1}^{\infty} a_{mn}) = 0$ 이며

$$\sum_{n=1}^{\infty} a_{mn} = \begin{cases} 1, & m=1 \\ 0, & m>1 \end{cases} \text{ 이므로 } \sum_{m=1}^{\infty}(\sum_{n=1}^{\infty} a_{mn}) = 1$$

ii) $X=Y=\mathbb{N}$이고 $\mu=\nu$를 $X=Y$ 위에서의 셈측도라 하자.
함수 $F: X\times Y\to\mathbb{R}$를 $F(m, n) = a_{mn}$라 정의하면

$$\begin{aligned}\int_{X\times Y} Fd(\mu\times\nu) &= \int_{\bigcup_{m, n=1}^{\infty}\{(m, n)\}} a_{mn}d(\mu\times\nu) \\ &= \sum_{m,n=1}^{\infty} a_{mn}\mu(\{m\})\nu(\{n\}) = \sum_{m, n=1}^{\infty} a_{mn}\end{aligned}$$

이므로 F는 $\mu\times\nu$에 관해 적분가능하지 않다. 또한

$$\int_X\left(\int_Y Fd\nu\right)d\mu = \sum_{m=1}^{\infty}\sum_{n=1}^{\infty} a_{mn} = 1 \text{ 이고 } \int_Y\left(\int_X Fd\mu\right)d\nu = \sum_{n=1}^{\infty}\sum_{m=1}^{\infty} a_{mn} = 0 \text{ 이다.}$$

6. $\int_0^1 f(x, y)dy = \frac{1}{2x} - \frac{x}{2(x^2+1)}$이고 $\int_{-1}^0 f(x, y)dy = -\frac{1}{2x} + \frac{x}{2(x^2+1)}$이다. 그러므로

$$\int_{-1}^1 |f(x, y)|dy = \frac{1}{x} - \frac{x}{x^2+1}$$

이다. 따라서

$$\begin{aligned}\int_{-1}^1\left[\int_{-1}^1 |f(x, y)|dy\right]dx &= \int_{-1}^1\left(\frac{1}{x} - \frac{x}{x^2+1}\right)dx \\ &= \int_{-1}^1 \frac{1}{x}dx\end{aligned}$$

이다. 그러므로 $f(x, y)$는 $m\times m$ 적분가능하지 않다.

찾아보기

| B |

| C |

| D |

| H |

| L |

| M |

| R |

| T |

| V |

| σ |

| ㄱ |

| ㄴ |

| ㄷ |

| ㅁ |

| ㅂ |

| ㅅ |

| ㅇ |

| ㅈ |

| ㅊ |

| ㅌ |

| ㅍ |

| ㅎ |

▪ 저자 약력

조 성 진　부경대학교 응용수학과 교수
이 병 수　경성대학교 수학과 교수
강 미 광　동의대학교 수학과 교수

실해석학 제4판

제4판 1쇄 발행 2019년 2월 25일
제4판 2쇄 발행 2022년 11월 25일

지은이 조성진 · 이병수 · 강미광
펴낸이 오판근
펴낸곳 (주) 교우
주　소 서울시 동대문구 약령시로 8 교우빌딩 2층 (주)교우
전　화 02-925-2861 / **팩　스** 02-925-2860. **편집부** 02-925-2825
홈페이지&북스토어 www.kyowoo.co.kr / 이메일 kyowoo@kyowoo.co.kr

등　록 1994년 3월 24일 제1994-000013호
ISBN 979-11-251-0277-9 (93410)

Published by Kyowoo Co., Ltd. Printed in Korea

값 24,000원

교우미디어는 (주) 교우의 Imprint 사입니다.
수학정원·과학정원은 (주) 교우의 새로운 브랜드명입니다.

잘못된 책은 구입하신 서점에서 교환해 드립니다.